全国建筑业企业项目经理培训教材

施工组织设计与进度管理

（修订版）

全国建筑业企业项目经理培训教材编写委员会

中国建筑工业出版社

图书在版编目（CIP）数据

施工组织设计与进度管理/全国建筑业企业项目经理
培训教材编写委员会编 .—修订版 .—北京：中国建筑
工业出版社，2001
　　全国建筑业企业项目经理培训教材
　　ISBN 978-7-112-04919-6

　Ⅰ．施…　Ⅱ．全…　Ⅲ．①建筑工程-施工组织-设计
②建筑工程-施工进度计划-施工管理　Ⅳ．TU72

中国版本图书馆 CIP 数据核字（2001）第 087787 号

　　本书主要阐述工程施工组织学研究的对象和任务，施工准备工作内容，施工组织设计的概念、内容、任务、作用和分类；施工组织的基本原则；流水施工理论、方法和应用实例；工程网络计划技术的理论、绘图、计算和应用；施工组织总设计的编制内容、方法和应用；单位工程施工组织设计的编制内容、方法和应用；施工项目进度控制的理论和方法。

　　本书作为全国建筑业企业项目经理培训教材之一，也可作为高等学校土木工程、工程管理等专业的教学参考书籍。

＊　　＊　　＊

　　责任编辑：时咏梅

全国建筑业企业项目经理培训教材
施工组织设计与进度管理
（修订版）
全国建筑业企业项目经理培训教材编写委员会

＊

中国建筑工业出版社出版、发行（北京西郊百万庄）
各地新华书店、建筑书店经销
北京世知印务有限公司印刷

＊

开本：787×1092 毫米　1/16　印张：12¾　字数：307 千字
2001 年 12 月第一版　2012 年 7 月第三十次印刷
定价：**18.00** 元
ISBN 978-7-112-04919-6
（14800）

本社网址：http://www.cabp.com.cn
网上书店：http://www.china-building.com.cn

全国建筑业企业项目经理培训教材
修订版编写委员会成员名单

顾　问：
　　金德钧　　建设部总工程师、建筑管理司司长
主任委员：
　　田世宇　　中国建筑业协会常务副会长
副主任委员：
　　张鲁风　　建设部建筑管理司巡视员兼副司长
　　李竹成　　建设部人事教育司副司长
　　吴之乃　　中国建筑业协会副秘书长
委员（按姓氏笔画排序）：
　　王瑞芝　　北方交通大学教授
　　毛鹤琴　　重庆大学教授
　　丛培经　　北京建筑工程学院教授
　　孙建平　　上海市建委经济合作处处长
　　朱　嬿　　清华大学教授
　　李竹成　　建设部人事教育司副司长
　　吴　涛　　中国建筑业协会工程项目管理委员会秘书长
　　吴之乃　　中国建筑业协会副秘书长
　　何伯洲　　东北财经大学教授
　　何伯森　　天津大学教授
　　张鲁风　　建设部建筑管理司巡视员兼副司长
　　张兴野　　建设部人事教育司专业人才与培训处调研员
　　张守健　　哈尔滨工业大学教授
　　姚建平　　上海建工（集团）总公司副总经理
　　范运林　　天津大学教授
　　郁志桐　　北京市城建集团总公司总经理
　　耿品惠　　中国建设教育协会副秘书长
　　燕　平　　建设部建筑管理司建设监理处处长
办公室主任：
　　吴　涛（兼）
办公室副主任：
　　王秀娟　　建设部建筑管理司建设监理处助理调研员

3

全国建筑施工企业项目经理培训教材
第一版编写委员会成员名单

主任委员：

姚 兵　　　建设部总工程师、建筑业司司长

副主任委员：

秦兰仪　　　建设部人事教育劳动司巡视员

吴之乃　　　建设部建筑业司副司长

委员（按姓氏笔画排序）：

王瑞芝　　　北方交通大学工业与建筑管理工程系教授

毛鹤琴　　　重庆建筑大学管理工程学院院长、教授

田金信　　　哈尔滨建筑大学管理工程系主任、教授

丛培经　　　北京建筑工程学院管理工程系教授

朱 嬿　　　清华大学土木工程系教授

杜 训　　　东南大学土木工程系教授

吴 涛　　　中国建筑业协会工程项目管理专业委员会会长

吴之乃　　　建设部建筑业司副司长

何伯洲　　　哈尔滨建筑大学管理工程系教授、高级律师

何伯森　　　天津大学管理工程系教授

张 毅　　　建设部建筑业司工程建设处处长

张远林　　　重庆建筑大学副校长、副教授

范运林　　　天津大学管理工程系教授

郁志桐　　　北京市城建集团总公司总经理

郎荣燊　　　中国人民大学投资经济系主任、教授

姚 兵　　　建设部总工程师、建筑业司司长

姚建平　　　上海建工（集团）总公司副总经理

秦兰仪　　　建设部人事教育劳动司巡视员

耿品惠　　　建设部人事教育劳动司培训处处长

办公室主任：

吴 涛（兼）

办公室副主任：

李燕鹏　　　建设部建筑业司工程建设处副处长

张卫星　　　中国建筑业协会工程项目管理专业委员会秘书长

修 订 版 序 言

随着我国建筑业和建设管理体制改革的不断深化，建筑业企业的生产方式和组织结构也发生了深刻的变化，以施工项目管理为核心的企业生产经营管理体制已基本形成，建筑业企业普遍实行了项目经理责任制和项目成本核算制。特别是面对中国加入 WTO 和经济全球化的挑战，施工项目管理作为一门管理学科，其理论研究和实践应用也愈来愈加得到了各方面的重视，并在实践中不断创新和发展。

施工项目是建筑业企业面向建筑市场的窗口，施工项目管理是企业管理的基础和重要方法。作为对施工项目施工过程全面负责的项目经理素质的高低，直接反映了企业的形象和信誉，决定着企业经营效果的好坏。为了培养和建立一支懂法律、善管理、会经营、敢负责、具有一定专业知识的建筑业企业项目经理队伍，高质量、高水平、高效益地搞好工程建设，建设部自 1992 年就决定对全国建筑业企业项目经理实行资质管理和持证上岗，并于 1995 年 1 月以建建［1995］1 号文件修订颁发了《建筑施工企业项目经理资质管理办法》。在 2001 年 4 月建设部新颁发的企业资质管理文件中又对项目经理的素质提出了更高的要求，这无疑对进一步确立项目经理的社会地位，加快项目经理职业化建设起到了非常重要的作用。

在总结前一阶段培训工作的基础上，本着项目经理培训的重点放在工程项目管理理论学习和实践应用的原则，按照注重理论联系实际，加强操作性、通用性、实用性，做到学以致用的指导思想，经建设部建筑市场管理司和人事教育司同意，编委会决定对 1995 年版《全国建筑施工企业项目经理培训教材》进行全面修订。考虑到原编委工作变动和其他原因，对原全国建筑施工企业项目经理培训教材编委会成员进行了调整，产生了全国建筑业企业项目经理培训教材（修订版）编委会，自 1999 年开始组织对《施工项目管理概论》、《工程招投标与合同管理》、《施工组织设计与进度管理》、《施工项目质量与安全管理》、《施工项目成本管理》、《计算机辅助施工项目管理》等六册全国建筑施工企业项目经理培训教材及《全国建筑施工企业项目经理培训考试大纲》进行了修订。

新修订的全国建筑业企业项目经理培训教材，根据建筑业企业项目经理实际工作的需要，高度概括总结了 15 年来广大建筑业企业推行施工项目管理的实践经验，全面系统地论述了施工项目管理的基本内涵和知识，并对传统的项目管理理论有所创新；增加了案例教学的内容，吸收借鉴了国际上通行的工程项目管理做法和现代化的管理方法，通俗实用，操作性、针对性强；适应社会主义市场经济和现代化大生产的要求，体现了改革和创新精神。

我们真诚地希望广大项目经理通过这套培训教材的学习，不断提高自己的理论创新水平，增强综合管理能力。我们也希望已经按原培训教材参加过培训的项目经理，通过自学修订版的培训教材，补充新的知识，进一步提高自身素质。同时，在这里我们对原全国建筑施工企业项目经理培训教材编委会委员以及为这套教材做出杰出贡献的所有专家、学者和企业界同仁表示衷心的感谢。

全套教材由北京建筑工程学院丛培经教授统稿。

由于时间较紧，本套教材的修订中仍然难免存在不足之处，请广大项目经理和读者批评指正。

全国建筑业企业项目经理培训教材编写委员会

2001 年 10 月

修 订 版 前 言

本次对《施工组织设计与进度管理》1995年版的修订主要有以下几点：

1. 对全书的内容和用语进行了规范性校正，对第六章的内容作了补充与修订。

2. 根据《工程网络计划技术规程》（JGJ/T 121—99）对第三章内容进行了修改；补充了"双代号时标网络计划"一节；在第三章之后，附进了该规程全文，以资贯彻和应用。

3. 在第一章中增加了"标前施工组织设计"和"标后施工组织设计"的分类，并简单说明了其特点、联系和内容。

进度控制是施工项目管理重要目标控制之一。我们希望本次修订能为施工项目经理提供一份更为适用的进度控制教材；我们也希望施工项目经理们通过认真学习与编制施工组织设计，做好施工项目管理规划工作，从而提高施工项目管理的效益。

本书共分六章，主要包括：施工组织概论，建筑流水施工，网络计划技术，施工组织总设计，单位工程施工组织设计，施工项目进度控制等内容。

本书由张守健、许程洁主编，刘志才、杨晓林同志参编。

本书主要作为全国建筑业企业项目管理培训教材，也可作为高等院校土木工程专业、工程管理专业的参考用书。

由于水平所限，本书在编写中难免有不妥之处恳望读者批评指正。

第 一 版 前 言

《施工组织设计与进度管理》一书，是在建设部建筑业司和全国建筑企业项目经理培训教材编写委员会的领导下，按照《全国建筑企业项目经理培训教学大纲》编写而成。

本书在编写过程中，既考虑了施工项目经理具有较为丰富的实践经验，又遵循了定性与定量、现代组织与传统组织方法、理论与实践相结合的原则。

本书共分六章，主要包括：施工组织概论，建筑工程流水施工，网络计划技术，施工组织总设计，单位工程施工组织设计，施工项目进度控制等内容。

本书由任玉峰、刘金昌、张守健主编。参加编写的还有《以下按姓氏笔画排列》李文斌、许程洁、杨晓林、罗中才等同志。本书由张远林同志主审。

本书主要作为全国建筑企业项目经理培训教材，也可作为高等院校工业与民用建筑、管理工程等专业的参考用书。

由于水平所限，本书在编写中难免有不妥当之处，恳望读者批评指正。

全套教材由北京建筑工程学院丛培经教授统稿。

目　　录

第一章　施工组织概论 …………………… 1
　第一节　施工组织研究的对象和任务 …… 1
　第二节　施工项目产品及其生产的
　　　　　特点 ……………………………… 1
　第三节　施工项目的施工准备工作 ……… 3
　第四节　施工组织设计 ………………… 10
　第五节　组织项目施工的基本原则 …… 17
第二章　建筑流水施工 ………………… 21
　第一节　流水施工的基本概念 ………… 21
　第二节　等节拍专业流水 ……………… 34
　第三节　异节拍专业流水 ……………… 37
　第四节　无节奏专业流水 ……………… 41
　第五节　流水施工实例——某高
　　　　　层住宅工程 …………………… 45
第三章　网络计划技术 ………………… 48
　第一节　概述 …………………………… 48
　第二节　双代号网络计划 ……………… 50
　第三节　单代号网络计划 ……………… 73
　第四节　双代号时标网络计划 ………… 83
　第五节　单代号搭接网络计划 ………… 89
　第六节　网络计划优化 ………………… 99

第七节　网络计划的计算机应用 …… 110
第四章　施工组织总设计 …………… 113
　第一节　施工组织总设计的编制
　　　　　内容与依据 ………………… 113
　第二节　施工部署 …………………… 115
　第三节　施工总进度计划 …………… 117
　第四节　资源需要量计划 …………… 121
　第五节　全场性暂设工程 …………… 124
　第六节　施工总平面图 ……………… 138
第五章　单位工程施工组织设计 …… 148
　第一节　概述 ………………………… 148
　第二节　施工方案的设计 …………… 150
　第三节　单位工程施工进度计划的
　　　　　编制 ………………………… 161
　第四节　单位工程施工平面图的设计 … 170
第六章　施工项目进度控制 ………… 177
　第一节　施工项目进度控制原理 …… 177
　第二节　施工项目进度计划的实
　　　　　施与检查 …………………… 180
　第三节　施工项目进度计划调整
　　　　　与施工进度控制总结 ……… 183

第一章 施工组织概论

第一节 施工组织研究的对象和任务

随着社会经济的发展和建筑技术的进步，现代施工过程已成为一项十分复杂的生产活动。一个大型建设项目的建筑施工安装工作，不仅包括要组织成千上万各种专业的建筑工人和数量众多的各类建筑机械、设备有条不紊地投入到施工中，而且包括要组织种类繁多、数以几十甚至几百万吨计的建筑材料、制品和构配件的生产、运输、贮存和供应工作，组织施工机具的供应、维修和保养工作，组织施工现场临时供水、供电、供热，以及安排施工现场的生产和生活所需要的各种临时建筑物等工作。这些工作的组织与协调，对于多快好省地进行工程建设具有十分重要的意义。

施工组织就是针对项目施工的复杂性，研究工程建设的统筹安排与系统管理客观规律的一门学科，它研究如何组织、计划施工项目的全部施工，寻求最合理的组织管理方法。施工组织的任务是根据项目产品生产的技术经济特点，国家基本建设方针和各项具体的技术政策，实现工程建设计划和设计的要求，提供各阶段的施工准备工作内容，对人力、资金、材料、机械和施工方法等进行科学合理的安排，协调工程建设中各施工单位、各工种、各项资源之间，以及资源与时间之间的合理关系。在整个建设过程中，按照客观的技术、经济规律，做出科学、合理的安排，使项目施工取得相对最优的效果。

现阶段施工组织学科的发展特点是广泛利用数学、网络技术、计算技术等定量方法，应用现代化的计算手段——电子计算机，采取各种有效措施，对整个施工项目进行工期、成本、质量的控制，达到工期短、质量好和成本低的目的。

项目的组织管理者必须充分认识施工的特点，对各个环节要做到精心组织、严格管理，全面协调好施工中的各种关系。对于特殊、复杂的施工过程，要进行科学的分析，弄清主次矛盾，找出关键线路，有的放矢地采取措施，合理组织各种资源的投入顺序、数量、比例，进行科学合理的安排，组织平行交叉流水作业，提高对时间、空间的利用，以取得全面的经济效益和社会效益。

施工组织管理的对象是千差万别的，施工过程中内部工作与外部联系是错综复杂的，没有一种固定不变的组织管理方法可运用于一切工程。因此，在不同的条件下，项目管理者对不同的施工对象需采取不同的管理方法。

第二节 施工项目产品及其生产的特点

一、施工项目产品的特点

由于施工项目产品的使用功能、平面与空间组合、结构与构造形式等的特殊性，以及

1

施工项目产品所用材料的物理力学性能的特殊性，决定了施工项目产品的特殊性。其具体特点如下：

（一）施工项目产品在空间上的固定性

一般的施工项目产品均由自然地面以下的基础和自然地面以上的主体两部分组成（地下建筑全部在自然地面以下）。基础承受主体的全部荷载（包括基础的自重），并传给地基；同时将主体固定在地球上。任何施工项目产品都是在选定的地点上建造使用，与选定地点的土地不可分割，一般从建造开始直至拆除均不能移动。所以，施工项目产品的施工和使用地点在空间上是固定的。

（二）施工项目产品的多样性

施工项目产品不仅要满足各种使用功能的要求，而且还要体现出地区的生活习惯、民族风格、物质文明和精神文明，同时也受到地区的自然条件诸因素的限制，使施工项目产品在规模、结构、构造、形式、基础和装饰等诸方面变化纷繁，因此施工项目产品的类型多样。

（三）施工项目产品体形庞大

无论是复杂的施工项目产品，还是简单的施工项目产品，为了满足其使用功能的需要，并结合建筑材料的物理力学性能，需要大量的物质资源，占据广阔的平面与空间，因而施工项目产品的体形庞大。

二、施工项目产品生产的特点

由于施工项目产品地点的固定性、类型的多样性和体形庞大等三大主要特点，决定了施工项目产品生产的特点与一般工业产品生产的特点相比较具有自身的特殊性。其具体特点如下：

（一）施工项目产品生产的流动性

施工项目产品地点的固定性决定了产品生产的流动性。一般的工业产品都是在固定的工厂、车间内进行生产，而施工项目产品的生产是在不同的地区，或同一地区的不同现场，或同一现场的不同单位工程，或同一单位工程的不同部位组织工人、机械围绕着同一施工项目产品进行生产，从而导致施工项目产品的生产在地区之间、现场之间和单位工程不同部位之间流动。

（二）施工项目产品生产的单件性

施工项目产品地点的固定性和类型的多样性决定了施工项目产品生产的单件性。一般的工业产品是在一定的时期里，统一的工艺流程中进行批量生产，而具体的一个施工项目产品应在国家或地区的统一规划内，根据其使用功能，在选定的地点上单独设计和单独施工。即使是选用标准设计、通用构件或配件，由于施工项目产品所在地区的自然、技术、经济条件不同，也使施工项目产品的结构或构造、建筑材料、施工组织和施工方法等也要因地制宜加以修改，从而使各施工项目产品生产具有单件性。

（三）施工项目产品生产的地区性

由于施工项目产品的固定性决定了同一使用功能的施工项目产品因其建造地点的不同必然受到建设地区的自然、技术、经济和社会条件的约束，使其结构、构造、艺术形式、室内设施、材料、施工方案等方面均各异。因此施工项目产品的生产具有地区性。

（四）施工项目产品生产周期长

施工项目产品的固定性和体形庞大的特点决定了施工项目产品生产周期长。因为施工项目产品体形庞大，使得最终施工项目产品的建成必然耗费大量的人力、物力和财力。同时，施工项目产品的生产全过程还要受到工艺流程和生产程序的制约，使各专业、工种间必须按照合理的施工顺序进行配合。又由于施工项目产品地点的固定性，使施工活动的空间具有局限性，从而导致施工项目产品生产具有生产周期长、占用流动资金大的特点。

（五）施工项目产品生产的露天作业多

施工项目产品地点的固定性和体形庞大的特点，决定了施工项目产品生产露天作业多。因为形体庞大的施工项目产品不可能在工厂、车间内直接进行施工，即使施工项目产品生产达到了高度的工业化水平的时候，也只能在工厂内生产其各部分的构件或配件，仍然需要在施工现场内进行总装配后才能形成最终施工项目产品。因此施工项目产品的生产具有露天作业多的特点。

（六）施工项目产品生产的高空作业多

由于施工项目产品体形庞大，决定了施工项目产品生产具有高空作业多的特点。特别是随着城市现代化的发展，高层建筑物的施工任务日益增多，使得施工项目产品生产高空作业的特点日益明显。

（七）施工项目产品生产组织协作的综合复杂性

由上述施工项目产品生产的诸特点可以看出，施工项目产品生产的涉及面广。在施工项目企业的内部，它涉及工程力学、建筑结构、建筑构造、地基基础、水暖电、机械设备、建筑材料和施工技术等学科的专业知识，要在不同时期、不同地点和不同产品上组织多专业、多工种的综合作业。在建筑业企业的外部，它涉及各专业施工企业，以及城市规划、征用土地、勘察设计、消防、"七通一平"、公用事业、环境保护、质量监督、科研试验、交通运输、银行财政、机具设备、物质材料、电、水、热、气的供应、劳务等社会各部门和各领域的协作配合，从而使施工项目产品生产的组织协作关系综合复杂。

第三节　施工项目的施工准备工作

现代企业管理的理论认为，企业管理的重点是生产经营，而生产经营的核心是决策。施工项目的施工准备工作是生产经营管理的重要组成部分，是对拟建工程目标、资源供应和施工方案的选择，及其空间布置和时间排列等诸方面进行的施工决策。

一、施工准备工作的重要性

工程建设是人们创造物质财富的重要途径，是我国国民经济的主要支柱之一。建设工程项目总的程序是按照决策、设计和施工三个阶段进行。施工阶段又分为施工准备、土建施工、设备安装、交工验收阶段。

由此可见，施工准备工作的基本任务是为拟建工程的施工建立必要的技术和物质条件，统筹安排施工力量和施工现场。施工准备工作也是施工企业搞好目标管理，推行技术经济责任制的重要依据。同时施工准备工作还是土建施工和设备安装顺利进行的根本保证。因此，认真地做好施工准备工作，对于发挥企业优势、合理供应资源、加快施工速度、提高工程质量、降低工程成本、增加企业经济效益、赢得企业社会信誉、实现企业管理现代化等具有重要的意义。

实践证明，凡是重视施工准备工作，积极为拟建工程创造一切施工条件，项目的施工就会顺利地进行；凡是不重视施工准备工作，就会给项目施工带来麻烦和损失，甚至给项目施工带来灾难，其后果不堪设想。

二、施工准备工作的分类

（一）按施工项目施工准备工作的范围不同分类

按施工项目施工准备工作的范围不同，一般可分为全场性施工准备、单位工程施工条件准备和分部分项工程作业条件准备等三种。

全场性施工准备是以一个施工工地为对象而进行的各项施工准备。其特点是施工准备工作的目的、内容都是为全场性施工服务的，它不仅要为全场性的施工活动创造有利条件，而且要兼顾单位工程施工条件的准备。

单位工程施工条件准备是以一个建筑物为对象而进行的施工条件准备工作。其特点是施工准备工作的目的、内容都是为单位工程施工服务的，它不仅为该单位工程的施工做好一切准备，而且要为分部分项工程做好施工准备工作。

分部分项工程作业条件的准备是以一个分部分项工程或冬雨期施工项目为对象而进行的作业条件准备。

（二）按施工项目所处的施工阶段不同分类

按施工项目所处的施工阶段不同，一般可分为开工前的施工准备和各施工阶段前的施工准备等两种。

开工前的施工准备：它是在拟建工程正式开工之前所进行的一切施工准备工作。其目的是为施工项目正式开工创造必要的施工条件。它既可能是全场性的施工准备，又可能是单位工程施工条件的准备。

各施工阶段前的施工准备：它是在施工项目开工之后，每个施工阶段正式开工之前所进行的一切施工准备工作。其目的是为施工阶段正式开工创造必要的施工条件。如混合结构的民用住宅的施工，一般可分为地下工程、主体工程、装饰工程和屋面工程等施工阶段，每个施工阶段的施工内容不同，所需要的技术条件、物资条件、组织要求和现场布置等方面也不同，因此在每个施工阶段开工之前，都必须做好相应的施工准备工作。

综上所述，可以看出：不仅在施工项目开工之前要做好施工准备工作，而且随着施工的进展，在各施工阶段开工之前也要做好施工准备工作。施工准备工作既要有阶段性，又要有连贯性，因此施工准备工作必须有计划、有步骤、分期分阶段地进行，要贯穿施工项目整个建造过程的始终。

三、施工准备工作的内容

施工项目施工准备工作按其性质和内容，通常包括技术准备、物资准备、劳动组织准备、施工现场准备和施工场外准备。

（一）技术准备

技术准备是施工准备工作的核心。由于任何技术的差错或隐患都可能引起人身安全和质量事故，造成生命、财产和经济的巨大损失。因此必须认真地做好技术准备工作。具体有如下内容：

1. 熟悉、审查施工图纸和有关的设计资料

（1）熟悉、审查施工图纸的依据：

1）建设单位和设计单位提供的初步设计或扩大初步设计（技术设计）、施工图设计、建筑总平面、土方竖向设计和城市规划等资料文件；

2）调查、搜集的原始资料；

3）设计、施工验收规范和有关技术规定。

（2）熟悉、审查施工图纸的目的：

1）为了能够按照施工图纸的要求顺利地进行施工，生产出符合设计要求的最终建筑产品（建筑物或构筑物）；

2）为了能够在施工项目开工之前，使从事建筑施工技术和经营管理的工程技术人员充分地了解和掌握设计图纸的设计意图、结构与构造特点和技术要求；

3）通过审查发现设计图纸中存在的问题和错误，使其改正在施工开始之前，为施工项目的施工提供一份准确、齐全的设计图纸。

（3）熟悉、审查施工图纸的内容：

1）审查施工项目的地点、建筑总平面图同国家、城市或地区规划是否一致，以及建筑物或构筑物的设计功能和使用要求是否符合卫生、防火及美化城市方面的要求；

2）审查施工图纸是否完整、齐全，以及施工图纸和设计资料是否符合国家有关工程建设的设计、施工方面的方针和政策；

3）审查施工图纸与说明书在内容上是否一致，以及施工图纸与其各组成部分之间有无矛盾和错误；

4）审查建筑总平面图与其他结构图在几何尺寸、坐标、标高、说明等方面是否一致，技术要求是否正确；

5）审查工业项目的生产工艺流程和技术要求，掌握配套投产的先后次序和相互关系，以及设备安装图纸与其相配合的土建施工图纸在坐标、标高上是否一致，掌握土建施工质量是否满足设备安装的要求；

6）审查地基处理与基础设计同拟建工程地点的工程水文、地质等条件是否一致，以及建筑物或构筑物与地下建筑物或构筑物、管线之间的关系；

7）明确施工项目的结构形式和特点，复核主要承重结构的强度、刚度和稳定性是否满足要求，审查施工图纸中的工程复杂、施工难度大和技术要求高的分部分项工程或新结构、新材料、新工艺，检查现有施工技术水平和管理水平能否满足工期和质量要求，并采取可行的技术措施加以保证；

8）明确建设期限、分期分批投产或交付使用的顺序和时间，以及施工项目所需主要材料、设备的数量、规格、来源和供货日期；

9）明确建设、设计、监理和施工等单位之间的协作、配合关系，以及建设单位可以提供的施工条件。

（4）熟悉、审查施工图纸的程序：熟悉、审查施工图纸的程序通常分为自审阶段、会审阶段和现场签证等三个阶段。

1）施工图纸的自审阶段。施工单位收到施工项目的施工图纸和有关技术文件后，应尽快地组织有关的工程技术人员对图纸进行熟悉，写出自审图纸的记录。自审图纸的记录应包括对设计图纸的疑问和对设计图纸的有关建议等。

2）施工图纸的会审阶段。一般由建设单位主持，由设计单位、施工单位和监理单位参加，四方共同进行设计图纸的会审。图纸会审时，首先由设计单位的工程主设计人向与会者说明拟建工程的设计依据、意图和功能要求，并对特殊结构、新材料、新工艺和新技术提出设计要求；然后施工单位根据自审记录以及对设计意图的了解，提出对施工图纸的疑问和建议；最后在统一认识的基础上，对所探讨的问题逐一地做好记录，形成"图纸会审纪要"，参加单位共同会签、盖章，由建设单位正式行文，作为与设计文件同时使用的技术文件和指导施工的依据，以及建设单位与施工单位进行工程结算的依据。

3）施工图纸的现场签证阶段。在拟建工程施工的过程中，如果发现施工的条件与设计图纸的条件不符，或者发现图纸中仍然有错误，或者因为材料的规格、质量不能满足设计要求，或者因为施工单位提出了合理化建议，需要对施工图纸进行及时修订时，应遵循技术核定和设计变更的签证制度，进行图纸的施工现场签证。如果设计变更的内容对拟建工程的规模、投资影响较大时，要报请项目的原批准单位批准。在施工现场的图纸修改、技术核定和设计变更资料，都要有正式的文字记录，归入拟建工程施工档案，作为指导施工、工程结算和竣工验收的依据。

2．原始资料的调查分析

为了做好施工准备工作，除了要掌握有关施工项目的书面资料外，还应该进行施工项目的实地勘测和调查，获得有关数据的第一手资料，这对于拟定一个先进合理、切合实际的施工组织设计是非常必要的，因此应该做好以下几个方面的调查分析：

（1）自然条件的调查分析。建设地区自然条件调查分析的主要内容有：地区水准点和绝对标高等情况；地质构造、土的性质和类别、地基土的承载力、地震级别和烈度等情况；河流流量和水质、最高洪水和枯水期的水位等情况；地下水位的高低变化情况，含水层的厚度、流向、流量的水质等情况；气温、雨、雪、风和雷电等情况；土的冻结深度和冬雨季的期限等情况。

（2）技术经济条件的调查分析。建设地区技术经济条件调查分析的主要内容有：地方建筑施工企业的状况；施工现场的动迁状况；当地可利用的地方材料状况；国拨材料供应状况；地方能源和交通运输状况；地方劳动力和技术水平状况；当地生活供应、教育和医疗卫生状况；当地消防、治安状况和参加施工单位的力量状况等。

3．编制施工预算

施工预算是根据中标后的合同价、施工图纸、施工组织设计或施工方案、施工定额等文件进行编制的，它直接受中标后合同价的控制。它是建筑业企业内部控制各项成本支出、考核用工、"两算"对比、签发施工任务单、限额领料、基层进行经济核算的依据。

4．编制中标后的施工组织设计

中标后的施工组织设计是施工准备工作的重要组成部分，也是指导施工现场全部生产活动的技术经济文件。建筑施工生产活动的全过程是非常复杂的物质财富再创造的过程，为了正确处理人与物、主体与辅助、工艺与设备、专业与协作、供应与消耗、生产与储存、使用与维修以及它们在空间布置、时间排列之间的关系，必须根据拟建工程的规模、结构特点和建设单位的要求，在原始资料调查分析的基础上，编制出一份能切实指导该工程全部施工活动的科学方案（施工组织设计）。

（二）物资准备

材料、构（配）件、制品、机具和设备是保证施工顺利进行的物质基础，这些物资的准备工作必须在工程开工之前完成。根据各种物资的需要量计划，分别落实货源，安排运输和储备，使其满足连续施工的要求。

1．物资准备工作的内容

物资准备工作主要包括建筑材料的准备；构（配）件和制品的加工准备；建筑安装机具的准备和生产工艺设备的准备。

（1）建筑材料的准备。建筑材料的准备主要是根据施工预算进行分析，按照施工进度计划要求，按材料名称、规格、使用时间、材料储备定额和消耗定额进行汇总，编制出材料需要量计划，为组织备料、确定仓库、场地堆放所需的面积和组织运输等提供依据。

（2）构（配）件、制品的加工准备。根据施工预算提供的构（配）件、制品的名称、规格、质量和消耗量，确定加工方案、供应渠道及进场后的储存地点和方式，编制出其需要量计划，为组织运输、确定堆场面积等提供依据。

（3）建筑安装机具的准备。根据采用的施工方案、安排的施工进度，确定施工机械的类型、数量和进场时间，确定施工机具的供应办法和进场后的存放地点和方式，编制建筑安装机具的需要量计划，为组织运输，确定堆场面积等提供依据。

（4）生产工艺设备的准备。按照施工项目工艺流程及工艺设备的布置图，提出工艺设备的名称、型号、生产能力和需要量，确定分期分批进场时间和保管方式，编制工艺设备需要量计划，为组织运输，确定堆场面积提供依据。

2．物资准备工作的程序

物资准备工作的程序是搞好物资准备的重要手段。通常按如下程序进行：

（1）根据施工预算、分部（项）工程施工方法和施工进度的安排，拟定国拨材料、统配材料、地方材料、构（配）件及制品、施工机具和工艺设备等物资的需要量计划；

（2）根据各种物资需要量计划，组织货源，确定加工、供应地点和供应方式，签订物资供应合同；

（3）根据各种物资的需要量计划和合同，拟定运输计划和运输方案；

（4）按照施工总平面图的要求，组织物资按计划时间进场，在指定地点，按规定方式进行储存或堆放。

物资准备工作程序如图1-1所示。

（三）劳动组织准备

劳动组织准备的范围既有整个建筑施工企业的劳动组织准备，又有大型综合的拟建建设项目的劳动组织准备，也有小型简单的拟建单位工程的劳动组织准备。这里仅以一个施工项目为例，说明其劳动组织准备工作的内容。

1．建立施工项目的领导机构

施工组织领导机构的建立应根据施工项目的规模、结构特点和复杂程度，确定项目施工的领导机构人选和名额；坚持合理分工与密切协作相结合；把有施工经验、有创新精神、有工作效率的人选入领导机构；认真执行因事设职、因职选人的原则。

2．建立精干的施工队组

施工队组的建立要认真考虑专业、工种的合理配合，技工、普工的比例要满足合理的

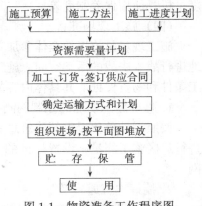

图1-1　物资准备工作程序图

7

劳动组织，要符合流水施工组织方式的要求，确定建立施工队组（是专业施工队组，还是混合施工队组）要坚持合理、精干的原则；同时制定出该项目的劳动力需要量计划。

3．集结施工力量、组织劳动力进场

工地的领导机构确定之后，按照开工日期和劳动力需要量计划，组织劳动力进场。同时要进行安全、防火和文明施工等方面的教育，并安排好职工的生活。

4．向施工队组、工人进行施工组织设计、计划和技术交底

施工组织设计、计划和技术交底的目的是把施工项目的设计内容、施工计划和施工技术等要求，详尽地向施工队组和工人讲解交待。这是落实计划和技术责任制的好办法。

施工组织设计、计划和技术交底的时间在单位工程或分部（项）工程开工前及时进行，以保证项目严格地按照设计图纸、施工组织设计、安全操作规程和施工验收规范等要求进行施工。

施工组织设计、计划和技术交底的内容有：项目的施工进度计划、月（旬）作业计划；施工组织设计，尤其是施工工艺、质量标准、安全技术措施、降低成本措施和施工验收规范的要求；新结构、新材料、新技术和新工艺的实施方案和保证措施；图纸会审中所确定的有关部位的设计变更和技术核定等事项。交底工作应该按照管理系统逐级进行，由上而下直到工人队组。交底的方式有书面形式、口头形式和现场示范形式等。

施工队组、工人接受施工组织设计、计划和技术交底后，要组织其成员进行认真的分析研究，弄清关键部位、质量标准、安全措施和操作要领。必要时应该进行示范，并明确任务及做好分工协作，同时建立健全岗位责任制和保证措施。

5．建立健全各项管理制度

工地的各项管理制度是否建立、健全，直接影响其各项施工活动的顺利进行。有章不循其后果是严重的，而无章可循更是危险的。为此必须建立、健全工地的各项管理制度。通常，其内容包括：工程质量检验与验收制度；工程技术档案管理制度；建筑材料（构件、配件、制品）的检查验收制度；技术责任制度；施工图纸学习与会审制度；技术交底制度；职工考勤、考核制度；工地及班组经济核算制度；材料出入库制度；安全操作制度；机具使用保养制度等。

（四）施工现场准备

施工现场是施工的全体参加者为夺取优质、高速、低耗的目标，而有节奏、均衡连续地进行战术决战的活动空间。施工现场的准备工作，主要是为了给施工项目创造有利的施工条件和物资保证。其具体内容如下：

1．做好施工场地的控制网测量

按照设计单位提供的建筑总平面图及给定的永久性经纬坐标控制网和水准控制基桩，进行厂区施工测量，设置厂区的永久性经纬坐标桩，水准基桩和建立厂区工程测量控制网。

2．搞好"三通一平"

"三通一平"是指路通、水通、电通和平整场地。

路通：施工现场的道路是组织物资运输的动脉。施工项目开工前，必须按照施工总平面图的要求，修好施工现场的永久性道路（包括厂区铁、公路）以及必要的临时性道路，形成完整畅通的运输网络，为建筑材料进场、堆放创造有利条件。

水通：水是施工现场的生产和生活不可缺少的。施工项目开工之前，必须按照施工总平面图的要求，接通施工用水和生活用水的管线，使其尽可能与永久性的给水系统结合起来，做好地面排水系统，为施工创造良好的环境。

电通：电是施工现场的主要动力来源。施工项目开工前，要按照施工组织设计的要求，接通电力和电讯设施，做好其他能源（如蒸汽、压缩空气）的供应，确保施工现场动力设备和通讯设备的正常运行。

平整场地：按照建筑施工总平面图的要求，首先拆除场地上妨碍施工的建筑物或构筑物，然后根据建筑总平面图规定的标高和土方竖向设计图纸，进行挖（填）土方的工程量计算，确定平整场地的施工方案，进行平整场地的工作。

3．做好施工现场的补充勘探

对施工现场做补充勘探是为了进一步寻找枯井、防空洞、古墓、地下管道、暗沟和枯树根等隐蔽物，以便及时拟定处理隐蔽物的方案并实施，为基础工程施工创造有利条件。

4．建造临时设施

按照施工总平面图的布置，建造临时设施，为正式开工准备好生产、办公、生活、居住和储存等临时用房。

5．安装、调试施工机具

按照施工机具需要量计划，组织施工机具进场，根据施工总平面图将施工机具安置在规定的地点及仓库。对于固定的机具要进行就位、搭棚、接电源、保养和调试等工作。对所有施工机具都必须在开工之前进行检查和试运转。

6．做好建筑构（配）件、制品和材料的储存和堆放

按照建筑材料、构（配）件和制品的需要量计划组织进场，根据施工总平面图规定的地点和指定的方式进行储存和堆放。

7．及时提供建筑材料的试验申请计划

按照建筑材料的需要量计划，及时提供建筑材料的试验申请计划。如钢材的机械性能和化学成分等试验；混凝土或砂浆的配合比和强度试验等。

8．做好冬雨期施工安排

按照施工组织设计的要求，落实冬雨期施工的临时设施和技术措施。

9．进行新技术项目的试制和试验

按照设计图纸和施工组织设计的要求，认真进行新技术项目的试制和试验。

10．设置消防、保安设施

按照施工组织设计的要求，根据施工总平面图的布置，建立消防、保安等组织机构和有关的规章制度，布置安排好消防、保安等措施。

（五）施工的场外准备

施工准备除了施工现场内部的准备工作外，还有施工现场外部的准备工作，其具体内容如下：

1．材料的加工和订货

建筑材料、构（配）件和建筑制品大部分均必须外购，工艺设备更是如此。这样如何与加工部门、生产单位联系，签订供货合同，搞好及时供应，对于施工企业的正常生产是非常重要

的；对于协作项目也是这样，除了要签订议定书之外，还必须做大量有关方面的工作。

2．做好分包工作和签订分包合同

由于施工单位本身的力量所限，有些专业工程的施工、安装和运输等均需要向外单位委托。根据工程量、完成日期、工程质量和工程造价等内容，与其他单位签订分包合同、保证按时实施。

3．向上级提交开工申请报告

当材料的加工、订货和作好分包工作、签订分包合同等施工场外的准备工作完成之后，应该及时地填写开工申请报告，并上报上级主管部门批准。

四、施工准备工作计划

为了落实各项施工准备工作，加强对其检查和监督，必须根据各项施工准备工作的内容、时间和人员，编制出施工准备工作计划。

施工准备工作计划如表 1-1 所示。

施工准备工作计划 表 1-1

序　号	施工准备项目	简要内容	负责单位	负责人	起止时间		备　　注
					月日	月日	

综上所述，各项施工准备工作不是分离的、孤立的，而是互为补充、相互配合的。为了提高施工准备工作的质量，加快施工准备工作的速度，必须加强建设单位、设计单位、施工单位和监理单位之间的协调工作，建立健全施工准备工作的责任制度和检查制度，使施工准备工作有领导、有组织、有计划和分期分批地进行，贯穿施工全过程的始终。

第四节　施工组织设计

一、编制施工组织设计的重要性

概括起来说：施工组织设计是用来指导施工项目全过程中各项活动的技术、经济和组织的综合性文件。它的重要性主要表现在以下几个方面：

（一）从项目产品及其生产的特点看重要性

由项目产品及其生产的特点可知，不同的建筑物或构筑物均有不同的施工方法，就是相同的建筑物或构筑物，其施工方法也不尽相同，即使同一个标准设计的建筑物或构筑物，因为建造的地点不同，其施工方法也不可能完全相同。所以根本没有完全统一的、固定不变的施工方法可供选择，应该根据不同的施工项目，编制不同的施工组织设计。这样必须详细研究工程特点、地区环境和施工条件，从施工的全局和技术经济的角度出发，遵循施工工艺的要求，合理地安排施工过程的空间布置和时间排列，科学地组织物资供应和消耗，把施工中的各单位、各部门及各施工阶段之间的关系更好地协调起来。这就需要在施工项目开工之前，进行统一部署，并通过施工组织设计科学地表达出来。

（二）从项目施工在工程建设中的地位看重要性

工程建设的内容和程序是先计划、再设计和后施工三个阶段。计划阶段是确定施工项目的性质、规模和建设期限；设计阶段是根据计划的内容编制实施建设项目的技术经济文件，把建设项目的内容、建设方法和投产后的经济效果具体化；施工阶段是根据计划和设计文件的规定制定实施方案，把人们主观设想变成客观现实。根据工程建设投资分配可知，在施工阶段中的投资占工程建设总投资的 60% 以上，远高于决策和设计阶段投资的总和。因此，施工阶段是工程建设中最重要的一个阶段。认真地编制好施工组织设计，为保证施工阶段的顺利进行、实现预期的效果，其意义非常重要。

（三）从建筑业企业的经营管理程序看重要性

1. 建筑业企业的施工计划与施工组织设计的关系

建筑业企业的施工计划是根据国家或地区工程建设计划的要求，以及企业对建筑市场所进行科学预测和中标的结果，结合本企业的具体情况，制定出企业不同时期的施工计划和各项技术经济指标。而施工组织设计是按具体的施工项目的开竣工时间编制的指导施工的文件。对于现场型企业来说，企业的施工计划与施工组织设计是一致的，并且施工组织设计是企业施工计划的基础。对于区域型建筑业企业来说，当项目属于重点工程时，为了保证其按期投产或交付使用，企业的施工计划要服从重点工程、有工期要求的工程和续建工程的施工组织设计要求，施工组织设计对企业的施工计划起决定和控制性的作用；当施工项目属于非重点工程时，尽管施工组织设计要服从企业的施工计划，但其施工组织设计本身对施工仍然起决定性的作用。由此可见施工组织设计与建筑业企业的施工计划两者之间有着极为密切的、不可分割的关系。

2. 建筑业企业生产的投入、产出与施工组织设计的关系

建筑产品的生产和其他工业产品的生产一样，都是按要求投入生产要素，通过一定的生产过程，而后生产出成品。建筑业企业经营管理目标的实施过程就是从中标承担施工任务开始到竣工验收交付使用的全部施工过程的计划、组织和控制的投入、产出过程的管理，基础就是科学的施工组织设计。即按照工程建设计划、设计图纸规定的工期和质量，遵循技术先进、经济合理、资源少耗的原则，拟定周密的施工准备、确定合理的施工程序、科学地投入人才、技术、材料、机具和资金等五个要素，达到进度快、质量好和经济省等三个目标。可见施工组织设计是统筹安排建筑业企业生产的投入、产出过程的关键。

3. 建筑业企业的现代化管理与施工组织设计的关系

建筑业企业的现代化管理主要体现在经营管理素质和经营管理水平两个方面。建筑业企业的经营管理素质主要表现在竞争能力、应变能力、盈利能力、技术开发能力和扩大再生产能力等方面；建筑业企业的经营管理水平是计划与决策、组织与指挥、控制与协调和教育与激励等职能。经营管理素质和水平是企业经营管理的基础，也是实现企业的贡献目标、信誉目标、发展目标和职工福利目标等经营管理目标的保证，同时经营管理又是发挥企业的经营管理素质和水平的关键过程。所以，无论是企业经营管理素质的能力，还是企业经营管理水平的职能，都必须通过施工组织管理水平的职能，通过施工组织设计的编制、贯彻、检查和调整来实现。由此可见，建筑业企业的经营管理素质和水平的提高、经营管理目标的实现，都离不开施工组织设计的编制到实施的全过程。充分体现了施工组织设计对建筑业企业的现代化管理的重要性。

二、施工组织设计的作用

施工组织设计是根据国家或建设单位对施工项目的要求、设计图纸和编制施工组织设

计的基本原则，从施工项目全过程中的人力、物力和空间等三个要素着手，在人力与物力、主体与辅助、供应与消耗、生产与储存、专业与协作、使用与维修和空间布置与时间排列等方面进行科学、合理的部署，为施工项目产品生产的节奏性、均衡性和连续性提供最优方案，从而以最少的资源消耗取得最大的经济效果，使最终项目产品的生产在时间上达到速度快和工期短；在质量上达到精度高和功能好；在经济上达到消耗少、成本低和利润高的目标。

施工组织设计的作用是对施工项目的全过程实行科学管理的重要手段。通过施工组织设计的编制，可以全面考虑施工项目的各种具体施工条件，扬长避短，拟定合理的施工方案，确定施工顺序、施工方法、劳动组织和技术经济的组织措施，合理地统筹安排拟定施工进度计划，保证施工项目按期投产或交付使用；也为施工项目的设计方案在经济上的合理性，在技术上的科学性和在实施工程上的可能性进行论证提供依据；还为建设单位编制工程建设计划和建筑业企业编制施工计划提供依据。建筑业企业可以提前掌握人力、材料和机具使用上的先后顺序，全面安排资源的供应与消耗；可以合理确定临时设施的数量、规模和用途；以及临时设施、材料和机具在施工场地上的布置方案。

通过施工组织设计的编制，可以预计施工过程中可能发生的各种情况，事先做好准备、预防，为建筑业企业实施施工准备工作计划提供依据；可以把施工项目的设计与施工、技术与经济、前方与后方和建筑业企业的全部施工安排与具体的施工组织工作更紧密地结合起来；可以把直接参加的施工单位与协作单位、部门与部门、阶段与阶段、过程与过程之间的关系更好地协调起来。根据实践经验，对于一个施工项目来说，如果施工组织设计编制得合理，能正确反映客观实际，符合建设单位和设计单位的要求，并且在施工过程中认真地贯彻执行，就可以保证工程项目施工的顺利进行，取得好、快、省和安全的效果，早日发挥建设投资的经济效益和社会效益。

三、施工组织设计的分类

施工组织设计按设计阶段、编制时间、编制对象范围、使用时间的长短和编制内容的繁简程度不同，有以下分类情况：

（一）按设计阶段的不同分类

施工组织设计的编制一般是同设计阶段相配合。

1. 设计按两个阶段进行时

施工组织设计分为施工组织总设计（扩大初步施工组织设计）和单位工程施工组织设计两种。

2. 设计按三个阶段进行时

施工组织设计分为施工组织设计大纲（初步施工组织条件设计）、施工组织总设计和单位工程施工组织设计三种。

（二）按编制时间不同分类

施工组织设计按编制时间不同可分为投标前编制的施工组织设计（简称标前设计）和签订工程承包合同后编制的施工组织设计（简称标后设计）两种。

（三）按编制对象范围的不同分类

施工组织设计按编制对象范围的不同可分为施工组织总设计、单位工程施工组织设计、分部分项工程施工组织设计三种。

1．施工组织总设计

施工组织总设计是以一个建筑群或一个建设项目为编制对象，用以指导整个建筑群或建设项目施工全过程的各项施工活动的技术、经济和组织的综合性文件。施工组织总设计一般在初步设计或扩大初步设计被批准之后，由总承包企业的总工程师领导下进行编制。

2．单位工程施工组织设计

单位工程施工组织设计是以一个单位工程（一个建筑物或构筑物，一个交工系统）为编制对象，用以指导其施工全过程的各项施工活动的技术、经济和组织的综合性文件。单位工程施工组织设计一般在施工图设计完成后，在施工项目开工之前，由项目经理组织，在技术负责人领导下进行编制。

3．分部分项工程施工组织设计

分部分项工程施工组织设计是以分部分项工程为编制对象，用以具体实施其施工全过程的各项施工活动的技术、经济和组织的综合性文件。分部分项工程施工组织设计一般是同单位工程施工组织设计的编制同时进行，并由单位工程的技术人员负责编制。

施工组织总设计、单位工程施工组织设计和分部分项工程施工组织设计之间有以下关系：施工组织总设计是对整个建设项目的全局性战略部署，其内容和范围比较概括；单位工程施工组织设计是在施工组织总设计的控制下，以施工组织总设计和企业施工计划为依据编制的，针对具体的单位工程，把施工组织总设计的内容具体化；分部分项工程施工组织设计是以施工组织总设计、单位工程施工组织设计和企业施工计划为依据编制的，针对具体的分部分项工程，把单位工程施工组织设计进一步具体化，它是专业工程具体的组织施工的设计。

（四）按编制内容的繁简程度不同分类

施工组织设计按编制内容的繁简程度不同可分为完整的施工组织设计和简单的施工组织设计两种。

1．完整的施工组织设计

对于工程规模大、结构复杂、技术要求高，采用新结构、新技术、新材料和新工艺的施工项目，必须编制内容详尽的完整的施工组织设计。

2．简单的施工组织设计

对于工程规模小、结构简单、技术要求和工艺方法不复杂的施工项目，可以编制一个仅包括施工方案、施工进度计划和施工平面布置图等内容粗略的简单的施工组织设计。

（五）按使用时间长短不同分类

施工组织设计按使用时间长短不同分为长期施工组织设计、年度施工组织设计和季度施工组织设计等三种。

四、施工组织设计的内容

（一）标前施工组织设计的内容

由于标前设计的作用是为了投标书和进行签约谈判提供依据，因此应包括以下内容：

（1）施工方案；

（2）施工进度计划；

（3）主要技术组织措施；

（4）施工平面布置图；

（5）其他有关投标和签约谈判需要的设计。

（二）施工组织总设计的内容

（1）建设项目的工程概况；

（2）施工部署及主要建筑物或构筑物的施工方案；

（3）全场性施工准备工作计划；

（4）施工总进度计划；

（5）各项资源需要量计划；

（6）全场性施工总平面图设计；

（7）各项技术经济指标。

（三）单位工程施工组织设计的内容

（1）工程概况及其施工特点的分析；

（2）施工方案的选择；

（3）单位工程施工准备工作计划；

（4）单位工程施工进度计划；

（5）各项资源需要量计划；

（6）单位工程施工平面图设计；

（7）质量、安全、节约、冬雨期施工及防治污染等的技术组织措施；

（8）主要技术经济指标。

（四）分部分项工程施工组织设计的内容

（1）分部分项工程概况及其施工特点的分析；

（2）施工方法及施工机械的选择；

（3）分部分项工程施工准备工作计划；

（4）分部分项工程施工进度计划；

（5）劳动力、材料和机具等需要量计划；

（6）质量、安全、节约及防治污染等技术组织措施；

（7）作业区施工平面布置图设计。

五、施工组织设计的编制

（一）施工组织设计的编制

（1）当施工项目中标后，施工单位必须编制施工组织设计。施工项目实行总包和分包的，由总包单位负责编制施工组织设计或者分阶段施工组织设计。分包单位在总包单位的总体部署下，负责编制分包工程的施工组织设计。施工组织设计应根据合同工期及有关的规定进行编制，并且要广泛征求各协作施工单位的意见。

（2）对结构复杂、施工难度大以及采用新工艺和新技术的施工项目，要进行专业性的研究，必要时组织专门会议，邀请有经验的专业工程技术人员参加，集中群众智慧，为施工组织设计的编制和实施打下坚定的群众基础。

（3）在施工组织设计编制过程中，要充分发挥各职能部门的作用，吸收他们参加编制和审定；充分利用建筑业企业的技术素质和管理素质，统筹安排、扬长避短，发挥建筑业企业的优势，合理地进行工序交叉配合的程序设计。

（4）当比较完整的施工组织设计方案提出之后，要组织参加编制的人员及单位进行讨论，逐项逐条地研究，修改后确定，最终形成正式文件，送主管部门审批。

（二）编制施工组织设计的程序

（1）施工组织总设计的编制程序如图1-2所示；

（2）单位工程施工组织设计的编制程序如图1-3所示；

（3）分部（项）工程施工组织设计的编制程序如图1-4所示。

由图1-2～图1-4可以看出，在编制施工组织设计时，除了要采用正确合理的编制方法外，还要采用科学的编制程序，同时必须注意有关信息的反馈。施工组织设计的编制过程是由粗到细，反复协调进行的，最终达到优化施工组织设计的目的。

六、施工组织设计的贯彻

施工组织设计的编制，只是为实施施工项目提供了一个可行的方案。这个方案的经济效果如何，必须通过实践去验证。施工组织设计贯彻的实质，就是把一个静态平衡方案，放到不断变化的施工过程中，考核其效果和检查其优劣的过程，以达到预定的目标。所以施工组织设计贯彻的情况如何，其意义是深远的，为了保证施工组织设计的顺利实施，应做好以下几个方面的工作：

（一）传达施工组织设计的内容和要求

经过审批的施工组织设计，在开工前要召开各级的生产、技术会议，逐级进行交底，详细地讲解其内容、要求和施工的关键与保证措施，组织群众广泛讨论，拟定完成任务的技术组织措施，作出相应的决策。同时责成计划部门，制定出切实可行的严密的施工计划；责成技术部门，拟定科学合理的具体的技术实施细则；保证施工组织设计的贯彻执行。

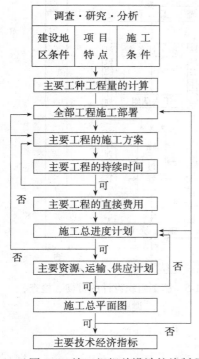

图1-2 施工组织总设计的编制程序

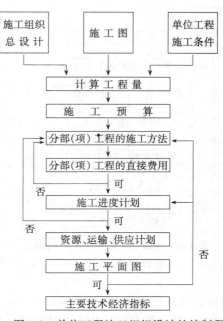

图1-3 单位工程施工组织设计的编制程序

（二）制定各项管理制度

施工组织设计贯彻的顺利与否，主要取决于建筑业企业的管理素质和技术素质及经营管理水平。而体现企业素质和水平的标志，在于企业各项管理制度的健全与否。实践经验证明，只有建筑业企业有了科学的、健全的管理制度，企业的正常生产秩序才能维持，才能保证工程质量，提高劳动生产率，防止可能出现的漏洞或事故。为此必须建立、健全各项管理制度，保证施工组织设计的顺利实施。

（三）推行技术经济责任制

技术经济责任制是用经济的手段和方法，明确施工单位的责任。它便于加强监督和相互促进，是保证责任目标实现的重要手段。为了更好地贯彻施工组织设计，应该推行技术经济责任制度，开展劳动竞赛，把施工过程中的技术经济责任同职工的物质利益结合起来。

（四）统筹安排及综合平衡

在施工项目的施工过程中，搞好人力、物力、财力的统筹安排，保持合理的施工规模，既能满足施工项目施工的需要，又能带来较好的经济效果。施工过程中的任何平衡都是暂时的和相对的，平衡中必然存在不平衡的因素，要及时分析和研究这些不平衡因素，不断地进行施工条件的反复综合和各专业工种的综合平衡。进一步完善施工组织设计，保证施工的节奏性、均衡性和连续性。

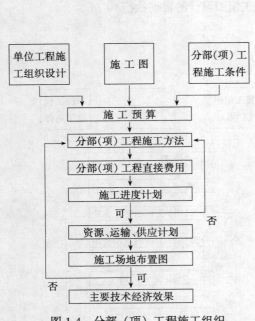

图 1-4　分部（项）工程施工组织设计的编制程序

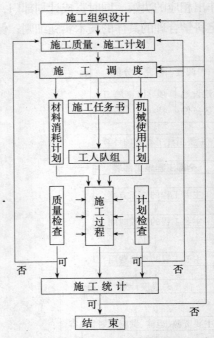

图 1-5　施工组织设计的贯彻、检查、调整程序

（五）切实做好施工准备工作

施工准备工作是保证均衡和连续施工的重要前提，也是顺利地贯彻施工组织设计的重要保证。施工项目不仅在开工之前要做好一切人力、物力和财力的准备，而且在施工过程

16

中的不同阶段也要做好相应的施工准备工作。这对于施工组织设计的贯彻执行是非常重要的。

七、施工组织设计的检查和调整

（一）施工组织设计的检查

1. 主要指标完成情况的检查

施工组织设计主要指标的检查，一般采用比较法。就是把各项指标的完成情况同计划规定的指标相对比。检查的内容应该包括进度、质量、材料消耗、机械使用和成本费用等，把主要指标数额检查同其相应的施工内容、施工方法和施工进度的检查结合起来，发现其问题，为进一步分析原因提供依据。

2. 施工总平面图合理性的检查

施工总平面图必须按规定建造临时设施，敷设管网和运输道路，合理地存放机具，堆放材料；施工现场要符合文明施工的要求；施工现场的局部断电、断水、断路等，必须事先得到有关部门批准；施工的每个阶段都要有相应的施工总平面图；施工总平面图的任何改变都必须得到有关部门批准。如果发现施工总平面图存在不合理性，要及时制定改进方案，报请有关部门批准，不断地满足施工进展的需要。

（二）施工组织设计的调整

根据施工组织设计执行情况的检查，发现的问题及其产生的原因，拟定其改进措施或方案；对施工组织设计的有关部分或指标逐项进行调整；对施工总平面图进行修改；使施工组织设计在新的基础上实现新的平衡。

实际上，施工组织设计的贯彻、检查和调整是一项经常性的工作，必须随着施工的进展情况，加强反馈和及时地进行，要贯穿施工项目施工过程的始终。施工组织设计的贯彻、检查、调整的程序如图 1-5 所示。

第五节　组织项目施工的基本原则

施工组织设计是建筑业企业和施工项目经理部施工管理活动的重要技术经济文件，也是完成国家和地区工程建设计划的重要手段。而组织项目施工则是为了更好地落实、控制和协调其施工组织设计的实施过程。所以组织项目施工就是一项非常重要的工作。根据建国以来的实践经验，结合施工项目产品及其生产特点，在组织项目施工过程中应遵守以下几项基本原则：

（一）认真执行建设程序

工程建设必须遵循的总程序主要是决策、设计和施工三个阶段。施工阶段应该在设计阶段结束和施工准备完成之后方可正式开始进行。如果违背建设程序，就会给施工带来混乱，造成时间上的浪费，资源上的损失，质量上的低劣等后果。

（二）搞好项目排队，保证重点，统筹安排

建筑业企业和施工项目经理部一切生产经营活动的最终目标就是尽快地完成施工项目，使其早日投产或交付使用。这样对于建筑业企业的计划决策人员来说，先建造哪部分，后建造哪部分，就成为其通过各种科学管理手段，对各种管理信息进行优化之后，作出决策的问题。通常情况下，根据施工项目是否为重点工程、或是否为有工期要求的项目、或是否为续建项目等进行统筹安排和分类排队，把有限的资源优先用于国家或业主最急需的重点项目，使其尽快地建成投产；同时照顾一般项目，把一般项目和重点项目结合起来。实践经验证明，在时间上分期和在项目上分批，保证重点和统筹安排，是建筑业企业和施工项目经理部在组织项目施工时必须遵循的。

施工项目的收尾工作也必须重视。项目的收尾工作，通常是工序多、耗工多、工艺复杂和材料品种多样而工程量少，如果不严密地组织、科学地安排，就会拖延工期，影响施工项目的早日投产交付使用。因此，抓好施工项目的收尾工作，对早日实现施工项目效益和工程建设投资的经济效果是很重要的。

（三）遵循施工工艺及其技术规律，合理地安排施工程序和施工顺序

项目产品及其生产，有其本身的客观规律。这里既有施工工艺及其技术方面的规律，也有施工程序和施工顺序方面的规律。遵循这些规律去组织施工，就能保证各项施工活动的紧密衔接和相互促进，充分利用资源，确保工程质量，加快施工速度，缩短工期。

施工工艺及其技术规律，是分部（项）工程固有的客观规律。例如：钢筋加工工程，其工艺顺序是钢筋调直、除锈、下料、弯曲和成型。其中任何一道工序也不能省略或颠倒，这不仅是施工工艺要求，也是技术规律要求。因此在组织工程项目施工过程中，必须遵循施工工艺及其技术规律。

施工程序和施工顺序是施工过程中的固有规律。施工活动是在同一场地和不同空间，同时或前后交错搭接地进行，前面的工作不完成，后面的工作就不能开始。这种前后顺序是客观规律决定的，而交错搭接则是计划决策人员争取时间的主观努力。所以在组织项目施工过程中必须科学地安排施工程序和施工顺序。

施工程序和施工顺序是随着施工项目的规模、性质、设计要求、施工条件和使用功能的不同而变化。但是经验证明其仍有可供遵循的共同规律。

1. 施工准备与正式施工的关系

施工准备之所以重要，是因为它是后续施工活动能够按时开始的充分且必要的条件。准备工作没有完成就贸然施工，不仅会引起工地的混乱，而且还会造成资源的浪费。因此安排施工程序的同时，首先安排其相应的准备工作。

2. 全场性工程与单位工程的关系

在正式施工时，应该首先进行全场性工程的施工，然后按照工程排队的顺序，逐个地进行单位工程的施工。例如：平整场地、架设电线、敷设管网、修建铁路、修筑公路等全场性的工程均应在施工项目正式开工之前完成。这样就可以使这些永久性工程在全面施工期间为工地的供电、给水、排水和场内外运输服务，不仅有利于文明施工，而且能够获得可观的经济效益。

3. 场内与场外的关系

在安排架设电线、敷设管网、修建铁路和修筑公路的施工程序时，应该先场外后场内；场外由远而近，先主干后分支；排水工程要先下游后上游。这样既能保证工程质量，又能加快施工速度。

4. 地下与地上的关系

在处理地下工程与地上工程的关系时，应遵循先地下后地上和先深后浅的原则。对于地下工程要加强安全技术措施，保证其安全施工。

5．主体结构与装饰工程的关系

一般情况下，主体结构工程施工在前，装饰工程施工在后。当主体结构工程施工进展到一定程度之后，为装饰工程的施工提供了工作面时，装饰工程施工可以穿插进行。当然随着建筑产品生产工厂化程度的提高，它们之间的先后时间间隔的长短也将发生变化。

6．空间顺序与工种顺序的关系

在安排施工顺序时，既要考虑施工组织要求的空间顺序，又要考虑施工工艺要求的工种顺序。空间顺序要以工种顺序为基础，工种顺序应该尽可能地为空间顺序提供有利的施工条件。研究空间顺序是为了解决施工流向问题，它是由施工组织、缩短工期和保证质量的要求来决定的；研究工种顺序是为了解决工种之间在时间上的搭接问题，它必须在满足施工工艺的要求条件下，尽可能地利用工作面，使相邻两个工种在时间上合理地和最大限度地搭接起来。

（四）采用流水施工方法和网络计划技术，组织有节奏、均衡、连续的施工

流水施工方法具有生产专业化强，劳动效率高；操作熟练，工程质量好；生产节奏性强，资源利用均衡；工人连续作业，工期短成本低等特点。国内外经验证明，采用流水施工方法组织施工，不仅能使施工有节奏、均衡、连续地进行，而且会带来很大的技术经济效果。

网络计划技术是当代计划管理的最新方法。它应用网络图形表达计划中各项工作的相互关系。它具有逻辑严密、思维层次清晰、主要矛盾突出，有利于计划的优化、控制和调整，有利于电子计算机在计划管理中的应用等特点。因此它在各种计划管理中都得到广泛的应用。实践经验证明，在建筑业企业和施工项目计划管理中，采用网络计划技术，其经济效果更为显著。

为此在组织工程项目施工时，采用流水作业和网络计划技术是极为重要的。

（五）科学地安排冬雨期施工项目，保证全年生产的均衡性和连续性

由于施工项目产品生产露天作业的特点，因此施工项目的施工必然要受气候和季节的影响，冬季的严寒和夏季的多雨，都不利于建筑施工的正常进行。如果不采取相应的、可靠的技术组织措施，全年施工的均衡性、连续性就不能得到保证。

随着施工工艺及其技术的发展，已经完全可以在冬雨期进行正常施工，但是由于冬雨期施工要采取一些特殊的技术组织措施，也必然会增加一些费用。因此，在安排施工进度计划时应当严肃地对待，恰当地安排冬雨期施工的项目。

（六）提高建筑工业化程度

建筑技术进步的重要标志之一是建筑工业化，而建筑工业化主要体现在认真执行工厂预制和现场预制相结合的方针，努力提高建筑机械化程度。

施工项目产品的生产需要消耗巨大的社会劳动。在建筑施工过程中，尽量以机械化施工代替手工操作，尤其是大面积的平整场地、大量的土（石）方工程、大批量的装卸和运输，大型钢筋混凝土构件或钢结构构件的制作和安装等繁重施工过程的机械化施工，对于改善劳动条件、减轻劳动强度和提高劳动生产率等其经济效果都很显著。

目前我国建筑业企业的技术装备程度还很不够，满足不了生产的需要。为此在组织工程项目施工时，要因地、因工程制宜，充分利用现有的机械设备。在选择施工机械过程中，要进行技术经济比较，使大型机械和中、小型机械结合起来，使机械化和半机械化结

合起来，尽量扩大机械化施工范围，提高机械化施工程度。同时，要充分发挥机械设备的生产率，保持其作业的连续性，提高机械设备的利用率。

（七）尽量采用国内外先进的施工技术和科学管理方法

先进的施工技术与科学的施工管理手段相结合，是改善建筑业企业和施工项目经理部的生产经营管理素质，提高劳动生产率，保证工程质量，缩短工期，降低工程成本的重要途径。为此在编制施工组织设计时应广泛地采用国内外的先进施工技术和科学的施工管理方法。

（八）尽量减少暂设工程，合理地储备物资，减少物资运输量；科学地布置施工平面图

暂设工程在施工结束之后就要拆除，其投资有效时间是短暂的，因此在组织项目施工时，对暂设工程和大型临时设施的用途、数量和建造方式等方面，要进行技术经济方面的可行性研究，在满足施工需要的前提下，使其数量最少和造价最低。这对于降低工程成本和减少施工用地都是十分重要的。

项目产品生产所需要的建筑材料、构（配）件、制品等种类繁多、数量庞大，各种物资的储存数量、方式都必须科学合理。对物资库存采用 ABC 分类法和经济订购批量法，在保证正常供应的前提下，其储存数额要尽可能地减少。这样可以大量减少仓库、堆场的占地面积，对于降低工程成本，提高施工项目经理部的经济效益，都是事半功倍的好办法。

建筑材料的运输费在工程成本中所占的比重也是相当可观的，因此在组织工程项目施工时，要尽量采用当地资源，减少其运输量。同时，应该选择最优的运输方式、工具和线路，使其运输费用最低。

减少暂设工程的数量和物资储备的数量，对于合理地布置施工平面图提供了有利条件。施工平面图在满足施工需要的情况下，尽可能使其紧凑和合理，减少施工用地，有利于降低工程成本。

上述原则，既是施工项目产品生产的客观需要，又是加快施工速度、缩短工期、保证工程质量、降低工程成本、提高建筑业企业和施工项目经理部经济效益的需要，所以必须在组织项目施工过程中认真地贯彻执行。

第二章 建筑流水施工

第一节 流水施工的基本概念

生产实践已经证明，在所有的生产领域中，流水作业法是组织产品生产的理想方法；流水施工也是项目施工的最有效的科学组织方法。它是建立在分工协作的基础上，但是，由于施工项目产品及其施工的特点不同，流水施工的概念、特点和效果与其他产品的流水作业也有所不同。

一、流水施工

在一个施工项目分成若干个施工区段进行施工时，可以采用依次施工、平行施工和流水施工三种组织施工方式，它们的特点如下。

（一）依次施工组织方式

依次施工组织方式是将施工项目的整个施工过程分解成若干个施工过程，按照一定的施工顺序，前一个施工过程完成后，后一个施工过程才开始施工；或前一个施工项目完成后，后一个施工项目才开始施工。它是一种最基本的、最原始的施工组织方式。举例如下：

【例 2-1】拟兴建四幢相同的建筑物，其编号分别为Ⅰ、Ⅱ、Ⅲ、Ⅳ，它们的基础工程量都相等，而且都是由挖土方、做垫层、砌基础和回填土等四个施工过程组成，每个施工过程的施工天数均为 5 天，其中，挖土方时，工作队由 8 人组成；做垫层时，工作队由 6 人组成；砌基础时，工作队由 14 人组成；回填土时，工作队由 5 人组成。按照依次施工组织方式建造，其施工进度计划如图 2-1"依次施工"栏所示。

由图 2-1 可以看出，依次施工组织方式具有以下特点：

（1）由于没有充分地利用工作面去争取时间，所以工期长；

（2）工作队不能实现专业化施工，不利于改进工人的操作方法和施工机具，不利于提高工程质量和劳动生产率；

（3）工作队及工人不能连续作业；

（4）单位时间内投入的资源量比较少，有利于资源供应的组织工作；

（5）施工现场的组织、管理比较简单。

（二）平行施工组织方式

在拟建工程任务十分紧迫、工作面允许以及资源保证供应的条件下，可以组织几个相同的工作队，在同一时间、不同的空间上进行施工，这样的施工组织方式称为平行施工组织方式。

在例 2-1 中，如果采用平行施工组织方式，其施工进度计划如图 2-1 中"平行施工"栏所示。

由图 2-1 可以看出，平行施工组织方式具有以下特点：

图 2-1 施工组织方式（施工进度表）

工程编号	分项工程名称	工作队人数	施工天数
Ⅰ	挖土方	8	5
	垫层	6	5
	砌基础	14	5
	回填土	5	5
Ⅱ	挖土方	8	5
	垫层	6	5
	砌基础	14	5
	回填土	5	5
Ⅲ	挖土方	8	5
	垫层	6	5
	砌基础	14	5
	回填土	5	5
Ⅳ	挖土方	8	5
	垫层	6	5
	砌基础	14	5
	回填土	5	5

劳动力动态图

施工组织方式：依次施工、平行施工、流水施工

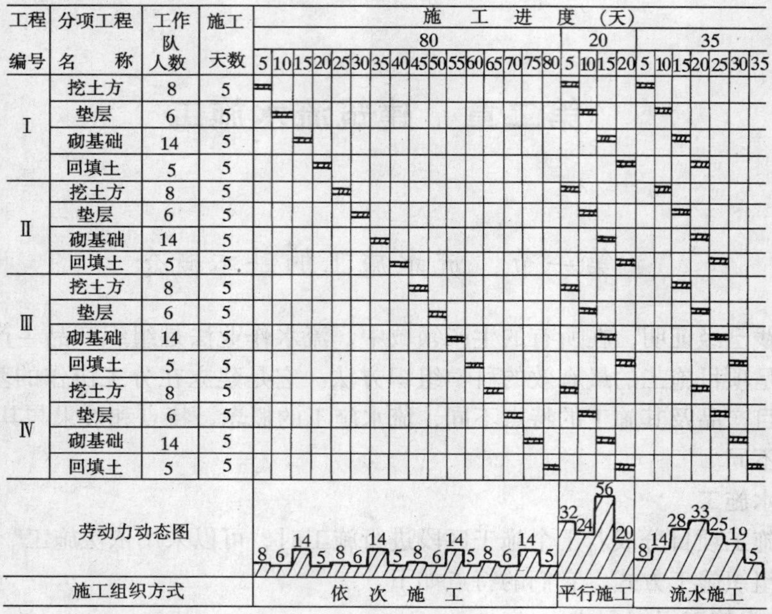

图 2-1 施工组织方式

（1）充分地利用了工作面，争取了时间，可以缩短工期；

（2）工作队不能实现专业化生产，不利于改进工人的操作方法和施工机具，不利于提高工程质量和劳动生产率；

（3）工作队及其工人不能连续作业；

（4）单位时间投入施工的资源量成倍增长，现场临时设施也相应增加；

（5）施工现场组织、管理复杂。

（三）流水施工组织方式

流水施工组织方式是将施工项目的施工分解成若干个施工过程，也就是划分成若干个工作性质相同的分部、分项工程或工序；同时将施工项目在平面上划分成若干个劳动量大致相等的施工段；在竖向上划分成若干个施工层，按照施工过程分别建立相应的专业工作队；各专业工作队按照一定的施工顺序投入施工，完成第一个施工段上的施工任务后，在专业工作队的人数、使用的机具和材料不变的情况下，依次地、连续地投入到第二、第三……直到最后一个施工段的施工，在规定的时间内，完成同样的施工任务；不同的专业工作队在工作时间上最大限度地、合理地搭接起来；当第一个施工层各个施工段上的相应施工任务全部完成后，专业工作队依次地、连续地投入到第二、第三，……施工层，保证施工项目的施工全过程在时间上、空间上，有节奏、连续、均衡地进行下去，直到完成全部施工任务。

在例 2-1 中，如果采用流水施工组织方式，其施工进度计划如图 2-1 "流水施工" 栏所示。

由图 2-1 可以看出，与依次施工、平行施工相比较，流水施工组织方式具有以下特点：

（1）科学地利用了工作面，争取了时间，工期比较合理；

（2）工作队及其工人实现了专业化施工，可使工人的操作技术熟练，更好地保证工程质量，提高劳动生产率；

（3）专业工作队及其工人能够连续作业，使相邻的专业工作队之间实现了最大限度的合理的搭接；

（4）单位时间投入施工的资源量较为均衡，有利于资源供应的组织工作；

（5）为文明施工和进行现场的科学管理创造了有利条件。

二、流水施工的技术经济效果

流水施工在工艺划分、时间排列和空间布置上统筹安排，必然会给相应的项目经理部带来显著的经济效果，具体可归纳为以下几点：

（1）便于改善劳动组织，改进操作方法和施工机具，有利于提高劳动生产率；

（2）专业化的生产可提高工人的技术水平，使工程质量相应提高；

（3）工人技术水平和劳动生产率的提高，可以减少用工量和施工暂设建造量，降低工程成本，提高利润水平；

（4）可以保证施工机械和劳动力得到充分、合理的利用；

（5）由于流水施工的连续性，减少了专业工作队的间隔时间，达到了缩短工期的目的，可使施工项目尽早竣工，交付使用，发挥投资效益；

（6）由于工期短、效率高、用人少、资源消耗均衡，可以减少现场管理费和物资消耗，实现合理储存与供应，有利于提高项目经理部的综合经济效益。

三、流水施工的分级和表达方式

（一）流水施工的分级

根据流水施工组织的范围划分，流水施工通常可分为：

1．分项工程流水施工

分项工程流水施工也称为细部流水施工。它是在一个专业工种内部组织起来的流水施工。在项目施工进度计划表上，它是一条标有施工段或工作队编号的水平进度指示线段或斜向进度指示线段。

2．分部工程流水施工

分部工程流水施工也称为专业流水施工，它是在一个分部工程内部、各分项工程之间组织起来的流水施工。在项目施工进度计划表上，它由一组标有施工段或工作队编号的水平进度指示线段或斜向进度指示线段来表示。

3．单位工程流水施工

单位工程流水施工也称为综合流水施工。它是在一个单位工程内部、各分部工程之间组织起来的流水施工，在项目施工进度计划表上，它是若干组分部工程的进度指示线段，并由此构成一张单位工程施工进度计划。

4．群体工程流水施工

群体工程流水施工亦称为大流水施工。它是在一个个单位工程之间组织起来的流水施工。反映在项目施工进度计划上，是一张项目施工总进度计划。

流水施工的分级和它们之间的相互关系，如图 2-2 所示。

（二）流水施工的表达方式，主要有横道图和网络图两种表达方式，如图 2-3 所示。

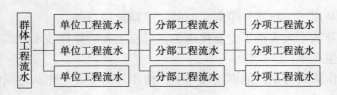

图 2-2　流水施工分级示意图

1.水平指示图表

在流水施工水平指示图表的表达方式中，横坐标表示流水施工的持续时间；纵坐标表示开展流水施工的施工过程、专业工作队的名称、编号和数目；呈梯形分布的水平线段表示流水施工的开展情况，如图 2-4 所示。

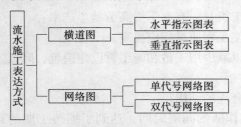

图 2-3　流水施工表达方式示意图

2.垂直指示图表

在流水施工垂直指示图表的表达方式中，横坐标表示流水施工的持续时间；纵坐标表示开展流水施工所划分的施工段编号；n 条斜线段表示各专业工作队或施工过程开展流水施工的情况，如图 2-5 所示。图中各符号的含义同前图。

3.网络图

有关流水施工网络图的表达方式，详见本书第三章。

四、流水参数

在组织施工项目流水施工时，用以表达流水施工在工艺流程、空间布置和时间排列等方面开展状态的参数，称为流水参数。它主要包括工艺参数、空间参数和时间参数等三类。

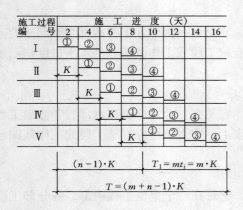

图 2-4　水平指示图表

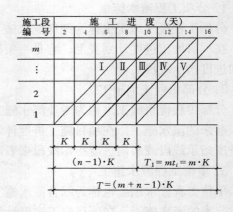

图 2-5　垂直指示图表

图中　T——流水施工计划总工期；

T_1——一个专业工作队或施工过程完成其全部施工段的持续时间；

n——专业工作队数或施工过程数；

m——施工段数；

K——流水步距；

24

t_i——流水节拍，本图中 $t_i = K$；

Ⅰ、Ⅱ……——表示专业工作队或施工过程的编号

①②③④——表示施工段的编号

（一）工艺参数

在组织流水施工时，用以表达流水施工在施工工艺上开展顺序及其特征的参数；具体地说是指在组织流水施工时，将施工项目的整个建造过程可分解为施工过程的种类、性质和数目的总称。通常，工艺参数包括施工过程和流水强度两种，如图 2-6 所示。

1. 施工过程

在施工项目施工中，施工过程所包括范围可大可小，既可以是分部、分项工程，又可以是单位工程或单项工程。它是流水施工的基本参数之一，根据工艺性质不同，它分为制备类施工过程、运输类施工过程和砌筑安装类施工过程等三种。而施工过程的数目，一般以 n 表示。

（1）制备类施工过程。它是指为了提高施工项目产品的装配化、工厂化、机械化和生产能力而形成的施工过程。如砂浆、混凝土、构配件、制品和门窗框扇等的制备过程。

它一般不占有施工对象的空间，不影响项目总工期，因此在项目施工进度表上不表示；只有当其占有施工对象的空间并影响项目总工期时，在项目施工进度表上才列入。如在拟建车间、实验室等场地内预制或组装的大型构件等。

（2）运输类施工过程。它是指将建筑材料、构配件、（半）成品、制品和设备等运到项目工地仓库或现场操作使用地点而形成的施工过程。

它一般不占有施工对象的空间，不影响项目总工期，通常也不列入项目施工进度计划中；只有当其占有施工对象的空间并影响项目总工期时，才列入项目施工进度计划中，如结构安装工程中，采取随运随吊方案的运输过程。

（3）砌筑安装类施工过程，它是指在施工对象的空间上，直接进行加工，最终形成施工项目产品的过程。如地下工程、主体工程、结构安装工程、屋面工程和装饰工程等施工过程。

它占有施工对象的空间，影响着工期的长短，必须列入项目施工进度上，而且是项目施工进度表的主要内容。

（4）砌筑安装类施工过程的分类。通常，砌筑安装类施工过程按其在项目生产中的作用、工艺性质和复杂程度等不同进行分类，具体分类情况如图 2-7 所示。

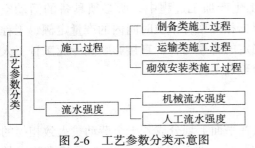

图 2-6　工艺参数分类示意图

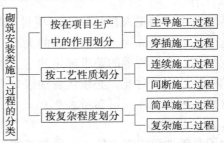

图 2-7　砌筑安装类施工过程分类示意图

从图 2-7 可见，由于划分施工过程的依据不同，同一个施工项目的施工过程可以分

成：主导与穿插、连续与间断、简单与复杂等施工过程。事实上，有的施工过程，既是主导的，又是连续的，同时还是复杂的施工过程，如主体工程等施工过程；而有的施工过程，既是穿插的，又是间断的，同时还是简单的施工过程，如装饰工程中的油漆工程等施工过程。因此，一个施工过程从不同的角度去研究，它可以是不同的施工过程；但是，它们所处的地位，在流水施工中不会改变。

(5) 施工过程数目（n）的确定。施工过程数目，主要依据项目施工进度计划在客观上的作用、采用的施工方案、项目的性质和发包人对项目工期的要求等进行确定，其具体确定方法和原则，详见第五章。

2. 流水强度

某施工过程在单位时间内所完成的工程量，称为该施工过程的流水强度。流水强度一般以 V_i 表示，它可由公式（2-1）或公式（2-2）计算求得。

(1) 机械操作流水强度

$$V_i = \sum_{j=1}^{x} R_i \cdot S_i \tag{2-1}$$

式中　V_i——某施工过程 i 的机械操作流水强度；

　　　R_i——投入施工过程 i 的某种施工机械台数；

　　　S_i——投入施工过程 i 的某种施工机械产量定额；

　　　x——投入施工过程 i 的施工机械种类数。

(2) 人工操作流水强度

$$V_i = R_i \cdot S_i \tag{2-2}$$

式中　V_i——某施工过程 i 的人工操作流水强度；

　　　R_i——投入施工过程 i 的专业工作队工人数；

　　　S_i——投入施工过程 i 的专业工作队平均产量定额。

(二) 空间参数

在组织流水施工时，用以表达流水施工在空间布置上所处状态的参数，称为空间参数。空间参数主要有：工作面、施工段和施工层等三种。

1. 工作面

某专业工种的工人在从事施工项目产品施工生产加工过程中，所必须具备的活动空间，这个活动空间称为工作面。它的大小，是根据相应工种单位时间内的产量定额、工程操作规程和安全规程等的要求确定的。工作面确定的合理与否，直接影响到专业工种工人的劳动生产效率，对此，必须认真加以对待，合理确定。

有关工种的工作面可参考表 2-1。

2. 施工段

为了有效地组织流水施工，通常把施工项目在平面上划分成若干个劳动量大致相等的施工段落，这些施工段落称为施工段。施工段的数目，通常以 m 表示，它是流水施工的基本参数之一。

工 作 项 目	每个技工的工作面	说　　　　明
砖基础	7.6m/人	以 $1\frac{1}{2}$ 砖计 2 砖乘以 0.8 3 砖乘以 0.55
砌砖墙	8.5m/人	以 1 砖计 以 $1\frac{1}{2}$ 砖乘以 0.71 2 砖乘以 0.57
毛石墙基	3m/人	以 60cm 计
毛石墙	3.3m/人	以 40cm 计
混凝土柱、墙基础	8m³/人	机拌、机捣
混凝土设备基础	7m³/人	机拌、机捣
现浇钢筋混凝土柱	2.45m³/人	机拌、机捣
现浇钢筋混凝土梁	3.20m³/人	机拌、机捣
现浇钢筋混凝土墙	5m³/人	机拌、机捣
现浇钢筋混凝土楼板	5.3m³/人	机拌、机捣
预制钢筋混凝土柱	3.6m³/人	机拌、机捣
预制钢筋混凝土梁	3.6m³/人	机拌、机捣
预制钢筋混凝土屋架	2.7m³/人	机拌、机捣
预制钢筋混凝土平板、空心板	1.91m³/人	机拌、机捣
预制钢筋混凝土大型屋面板	2.62m³/人	机拌、机捣
混凝土地坪及面层	40m²/人	机拌、机捣
外墙抹灰	16m²/人	
内墙抹灰	18.5m²/人	
卷材屋面	18.5m²/人	
防水水泥砂浆屋面	16m²/人	
门窗安装	11m²/人	

（1）划分施工段的目的和原则。一般情况下，一个施工段内只安排一个施工过程的专业工作队进行施工。在一个施工段上，只有前一个施工过程的工作队提供足够的工作面，后一个施工过程的工作队才能进入该段从事下一个施工过程的施工。

划分施工段是组织流水施工的基础。其目的是：由于施工项目产品生产的单件性，可以说它不适于组织流水施工；但是，施工项目产品体形庞大的固有特征，又为组织流水施工提供了空间条件，可以把一个体形庞大的"单件产品"划分成具有若干个施工段、施工层的"批量产品"，使其满足流水施工的基本要求；在保证工程质量的前提下，为专业工作队确定合理的空间活动范围，使其按流水施工的原理，集中人力和物力，迅速地、依次地、连续地完成各段的任务，为相邻专业工作队尽早地提供工作面，达到缩短工期的目的。

施工段的划分，在不同的分部工程中，可以采用相同或不同的划分办法。在同一分部工程中最好采用统一的段数，但也不能排除特殊情况，如在单层工业厂房的预制工程中，柱和屋架的施工段划分就不一定相同。对于多幢同类型房屋的施工，可以栋号为段组织大流水施工。

施工段数要适当，过多了，势必要减少工人数而延长工期；过少了，又会造成资源供应过分集中，不利于组织流水施工。因此，为了使施工段划分得更科学、更合理，通常应遵循以下原则：

1）专业工作队在各个施工段上的劳动量要大致相等，其相差幅度不宜超过 10%～15%；

2）对多层或高层建筑物，施工段的数目，要满足合理流水施工组织的要求，即 $m \geqslant n$；

3）为了充分发挥工人、主导机械的效率，每个施工段要有足够的工作面，使其所容纳的劳动力人数或机械台数，能满足合理劳动组织的要求；

4）为了保证施工项目的结构整体完整性，施工段的分界线应尽可能与结构的自然界线（如沉降缝、伸缩缝等）相一致；如果必须将分界线设在墙体中间时，应将其设在对结构整体性影响少的门窗洞口等部位，以减少留槎，便于修复；

5）对于多层的施工项目，既要划分施工段又要划分施工层，以保证相应的专业工作队在施工段与施工层之间，组织有节奏、连续、均衡地流水施工。

（2）施工段数（m）与施工过程数（n）的关系

1）当 $m > n$ 时：

【例 2-2】 某局部二层的现浇钢筋混凝土结构的建筑物，按照划分施工段的原则，在平面上将它分成四个施工段，即 $m = 4$；在竖向上划分两个施工层，即结构层与施工层相一致；现浇结构的施工过程为支模板、绑扎钢筋和浇注混凝土，即 $n = 3$；各个施工过程在各施工段上的持续时间均为 3 天，即 $t_i = 3$；则流水施工的开展状况，如图 2-8 所示。

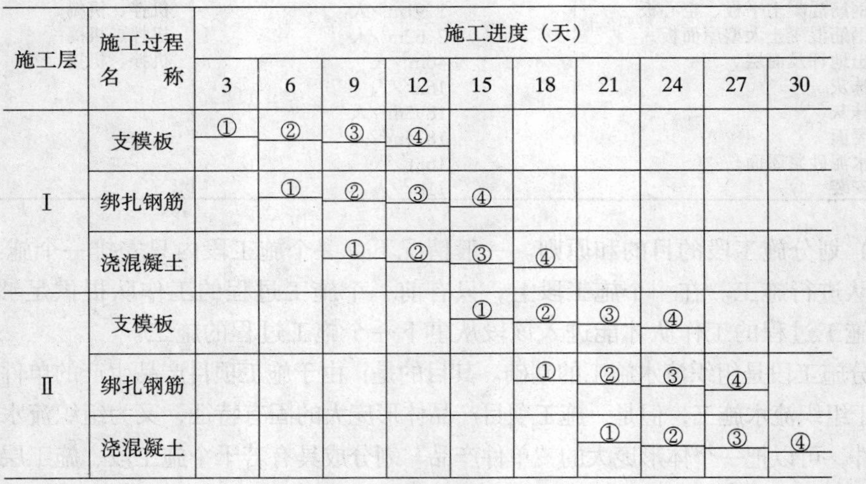

施工层	施工过程名 称	施工进度（天）									
		3	6	9	12	15	18	21	24	27	30
I	支模板	①	②	③	④						
	绑扎钢筋		①	②	③	④					
	浇混凝土			①	②	③	④				
II	支模板					①	②	③	④		
	绑扎钢筋						①	②	③	④	
	浇混凝土							①	②	③	④

图 2-8　$m > n$ 时流水施工开展状况

由图 2-8 看出，当 $m > n$ 时，各专业工作队能够连续作业，但施工段有空闲，如图 2-8 中各施工段在第一层浇完混凝土后，均空闲 3 天，即工作面空闲 3 天。这种空闲，可用于弥补由于技术间歇、组织管理间歇和备料等要求所必需的时间。

在实际施工中，若某些施工过程需要考虑技术间歇等，则可用公式（2-3）确定每层的最少施工段数：

$$m_{\min} = n + \frac{\Sigma Z}{K} \qquad (2\text{-}3)$$

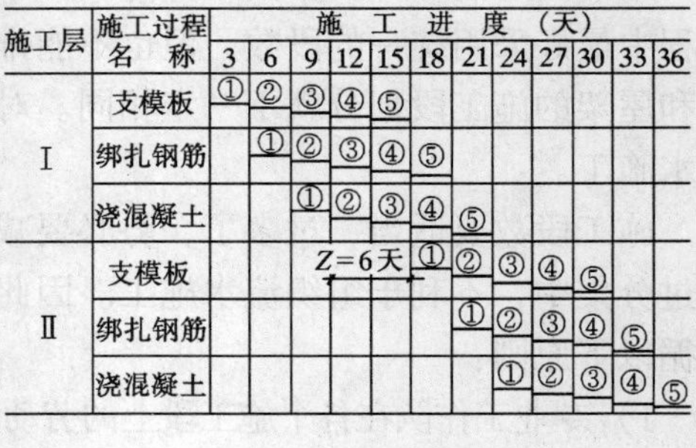

式中　$m_{\min}$——每层需划分的最少施工段数；

施工层	施工过程名 称	施 工 进 度 （天）											
		3	6	9	12	15	18	21	24	27	30	33	36
I	支模板	①	②	③	④	⑤							
	绑扎钢筋		①	②	③	④	⑤						
	浇混凝土			①	②	③	④	⑤					
II	支模板			$Z = 6$天			①	②	③	④	⑤		
	绑扎钢筋							①	②	③	④	⑤	
	浇混凝土								①	②	③	④	⑤

图 2-9　流水施工进度图

n——施工过程数或专业工作队数；

ΣZ——某些施工过程要求的技术间歇

时间的总和；

K——流水步距。

【例 2-3】 在例 2-2 中，如果流水步距 $K = 3$，当第一层浇注混凝土结束后，要养护 6 天才能进行第二层的施工。为了保证专业工作队连续作业，至少应划分多少个施工段？

【解】 依题意，由公式（2-3）可求得：

$$m_{\min} = n + \frac{\Sigma Z}{K} = 3 + \frac{6}{3} = 5 \text{ 段}$$

按 $m = 5$，$n = 3$ 绘制的流水施工进度图表如图 2-9 所示。

2）当 $m = n$ 时：

【例 2-4】 在例 2-2 中，如果将该建筑物在平面上划分成三个施工段，即 $m = 3$，其余不变，则此时的流水施工开展状况，如图 2-10 所示。

施工层	施工过程名　称	施工进度（天）							
		3	6	9	12	15	18	21	24
I	支模板	①	②	③					
	绑扎钢筋		①	②	③				
	浇混凝土			①	②	③			
II	支模板				①	②	③		
	绑扎钢筋					①	②	③	
	浇混凝土						①	②	③

图 2-10　$m = n$ 时流水施工开展状况

由图 2-10 看出：$m = n$ 时，各专业工作队能连续施工，施工段没有空闲。这是理想化的流水施工方案，此时要求项目管理者，提高管理水平，只能进取，不能后退。

3）当 $m < n$ 时：

【例 2-5】 上例中，如果将其在平面上划分成两个施工段，即 $m = 2$，其他不变，则流水施工开展的状况，如图 2-11 所示。

由图 2-11 可见：当 $m < n$ 时，专业工作队不能连续作业，施工段没有空闲；但特殊情况下施工段也会出现空闲，以致造成大多数专业工作队停工。因一个施工段只供一个专业工作队施工，这样，超过施工段数的专业工作队就无工作面而停工。在图 2-11 中，支模板工作队完成第一层的施工任务后，要停工 3 天才能进行第二层第一段的施工，其他队组同样也要停工 3 天。因此，工期延长。这种情况对有数幢同类型的建筑物，可组织建筑物之间的大流水施工，来弥补上述停工现象；但对单一建筑物的流水施工是不适宜的，应加以杜绝。

施工层	施工过程名称	施工进度（天）						
		3	6	9	12	15	18	21
I	支模板	①	②					
	绑扎钢筋		①	②				
	浇混凝土			①	②			
II	支模板				①	②		
	绑扎钢筋					①	②	
	浇混凝土						①	②

图 2-11 $m<n$ 时流水施工开展状况

从上面的三种情况可以看出：施工段数的多少，直接影响工期的长短，而且要想保证专业工作队能够连续施工，必须满足公式（2-4）：

$$m \geqslant n \tag{2-4}$$

应该指出，当无层间关系或无施工层（如某些单层建筑物、基础工程等）时，则施工段数不受公式（2-3）和（2-4）的限制，可按前面所述划分施工段的原则进行确定。

3. 施工层

在组织流水施工时，为了满足专业工种对操作高度和施工工艺的要求，将拟建工程项目在竖向上划分为若干个操作层，这些操作层称为施工层。施工层一般以 j 表示。

施工层的划分，要按施工项目的具体情况，根据建筑物的高度、楼层来确定。如砌筑工程的施工层高度一般为 1.2m，室内抹灰、木装饰、油漆玻璃和水电安装等，可按楼层进行施工层划分。

（三）时间参数

在组织流水施工时，用以表达流水施工在时间排列上所处状态的参数，称为时间参数。它包括；流水节拍、流水步距、平行搭接时间、技术间歇时间和组织管理间歇时间等五种。

1. 流水节拍

在组织流水施工时，每个专业工作队在各个施工段上完成相应的施工任务所需要的工作延续时间，称为流水节拍。通常以 t_i 表示，它是流水施工的基本参数之一。

流水节拍的大小，可以反映出流水施工速度的快慢、节奏感的强弱和资源消耗量的多少。根据其数值特征，一般将流水施工又分为：等节拍专业流水、异节拍专业流水和无节奏专业流水等施工组织方式。

影响流水节拍数值大小的因素主要有：项目施工时所采取的施工方案，各施工段投入的劳动力人数或施工机械台数，工作班次，以及该施工段工程量的多少。为避免工作队转移时浪费工时，流水节拍在数值上最好是半个班的整倍数。其数值的确定，可按以下各种方法进行：

（1）定额计算法。这是根据各施工段的工程量、能够投入的资源量（工人数、机械台数和材料量等），按公式（2-5）或公式（2-6）进行计算：

$$t_i = \frac{Q_i}{S_i \cdot R_i \cdot N_i} = \frac{P}{R_i \cdot N_i} \tag{2-5}$$

或

$$t_i = \frac{Q_i \cdot H_i}{R_i \cdot N_i} = \frac{P_i}{R_i \cdot N_i} \tag{2-6}$$

式中　t_i——某专业工作队在第 i 施工段的流水节拍；

$\quad\quad Q_i$——某专业工作队在第 i 施工段要完成的工程量；

$\quad\quad S_i$——某专业工作队的计划产量定额；

$\quad\quad H_i$——某专业工作队的计划时间定额；

$\quad\quad P_i$——某专业工作队在第 i 施工段需要的劳动量或机械台班数量；

$$P_i = \frac{Q_i}{S_i} \quad （或 Q_i \cdot H_i）$$

$\quad\quad R_i$——某专业工作队投入的工作人数或机械台数；

$\quad\quad N_i$——某专业工作队的工作班次。

在公式（2-5）和公式（2-6）中，S_i 和 H_i 最好是本项目经理部的实际水平。

（2）经验估算法。它是根据以往的施工经验进行估算。一般为了提高其准确程度，往往先估算出该流水节拍的最长、最短和正常（即最可能）三种时间，然后据此求出期望时间作为某专业工作队在某施工段上的流水节拍。因此，本法也称为三种时间估算法。一般按公式（2-7）进行计算

$$m = \frac{a + 4c + b}{6} \tag{2-7}$$

式中　m——某施工过程在某施工段上的流水节拍；

$\quad\quad a$——某施工过程在某施工段上的最短估算时间；

$\quad\quad b$——某施工过程在某施工段上的最长估算时间；

$\quad\quad c$——某施工过程在某施工段上的正常估算时间。

这种方法多适用于采用新工艺、新方法和新材料等没有定额可循的工程，详见第三章。

（3）工期计算法。对某些施工任务在规定日期内必须完成的工程项目，往往采用倒排进度法。具体步骤如下：

1）根据工期倒排进度，确定某施工过程的工作持续时间；

2）确定某施工过程在某施工段上的流水节拍。若同一施工过程的流水节拍不等，则用估算法；若流水节拍相等，则按公式（2-8）进行计算：

$$t = \frac{T}{m} \tag{2-8}$$

式中　t——流水节拍；

$\quad\quad T$——某施工过程的工作持续时间；

$\quad\quad m$——某施工过程划分的施工段数。

当施工段数确定后，流水节拍大，则工期相应的就长。因此，从理论上讲，总是希望流水节拍越小越好。但实际上由于受工作面的限制，每一施工过程在各施工段上都有最小

的流水节拍，其数值可按公式（2-9）计算：

$$t_{\min} = \frac{A_{\min} \cdot \mu}{S} \qquad (2\text{-}9)$$

$t_{\min}$——某施工过程在某施工段的最小流水节拍；

$A_{\min}$——每个工人所需最小工作面；

μ——单位工作面工程量含量；

S——产量定额。

公式（2-9）算出数值，应取整数或半个工日的整倍数，根据工期计算的流水节拍，应大于最小流水节拍。

2．流水步距

在组织流水施工时，相邻两个专业工作队在保证施工顺序、满足连续施工、最大限度搭接和保证工程质量要求的条件下，相继投入施工的最小时间间隔，称为流水步距。流水步距以 $K_{j,j+1}$ 表示，它是流水施工的基本参数之一。

（1）确定流水步距的原则。图2-12所示的基础工程，挖土与垫层相继投入第一段开始施工的时间间隔为2天，即流水步距 $K=2$（本图 $K_{j,j+1}=K$），其他相邻两个施工过程的流水步距均为2天。

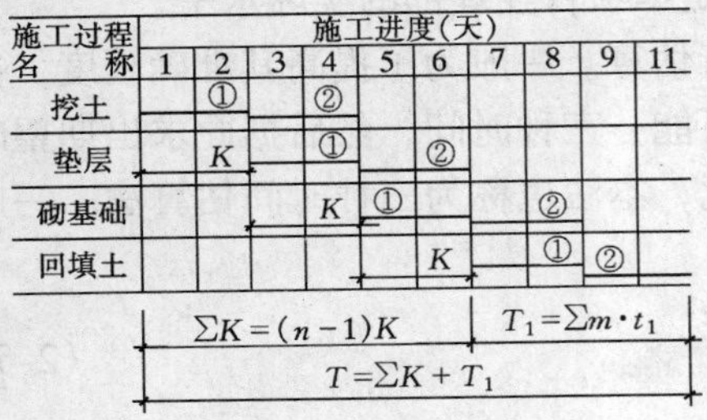

施工过程名称	施工进度（天）

图2-12　流水步距与工期的关系

从图2-12可知：当施工段确定后，流水步距的大小直接影响着工期的长短。如果施工段不变，流水步距越大，则工期越长；反之，工期就越短。

图2-13表示流水步距与流水节拍的关系。（a）图表示 A、B 两个施工过程，分两段施工，流水节拍均为2天的情况，此时 $K=2$；（b）图表示在工作面允许条件下，各增加一倍的工人，使流水节拍缩小，流水步距的变化情况。

从图2-13可知，当施工段不变时，流水步距随流水节拍的增大而增大，随流水节拍的缩小而缩小。如果人数不变，增加施工段数，使每段人数达到饱和，而该段施工持续时间总和不变，则流水节拍和流水步距都相应地会缩小，但工期拖长了，如图2-14所示。

从上述几种情况分析，我们可以得知确定流水步距的原则如下：

1）流水步距要满足相邻两个专业工作队，在施工顺序上的相互制约关系；

2）流水步距要保证各专业工作队都能连续作业；

3）流水步距要保证相邻两个专业工作队，在开工时间上最大限度地、合理地搭接；

4）流水步距的确定要保证工程质量，满足安全生产。

（2）确定流水步距的方法。流水步距的确定方法很多，而简捷的方法，主要有图上分析法、分析计算法和潘特考夫斯基法等；本书仅介绍潘特考夫斯基法。

潘特考特夫斯基法也称为"大差

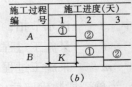

图2-13　流水步距与流水节拍的关系

施工过程	施工进度（天）				
编 号	1	2	3	4	5
A	①	②	③	④	
B		①	②	③	④

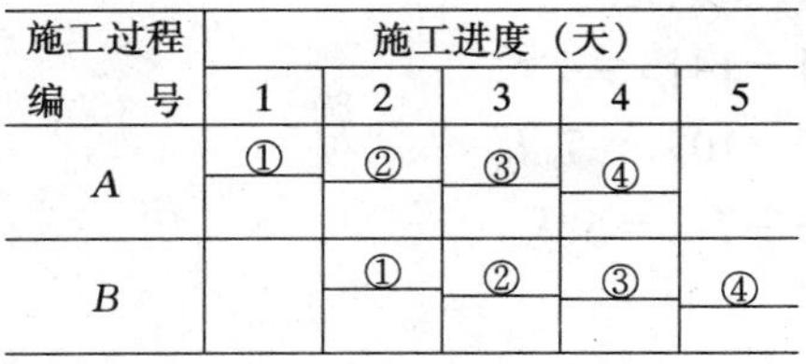

图 2-14　流水步距、流水节拍
与施工段的关系

法"，简称累加数列法。此法通常在计算等节拍、无节奏的专业流水中，较为简捷、准确。其计算步骤如下：

1）根据专业工作队在各施工段上的流水节拍，求累加数列；

2）根据施工顺序，对所求相邻的两累加数列，错位相减；

3）根据错位相减的结果，确定相邻专业工作队之间的流水步距，即相减结果中数值最大者。

【例 2-6】 某项目由四个施工过程组成，分别由 A、B、C、D 四个专业工作队完成，在平面上划分成四个施工段，每个专业工作队在各施工段上的流水节拍如表 2-2 所示，试确定相邻专业工作队之间的流水步距。

表 2-2

流水节拍（天） 施工段 工作队	①	②	③	④
A	4	2	3	2
B	3	4	3	4
C	3	2	2	3
D	2	2	1	2

【解】 1）求各专业工作队的累加数列：

A：4，6，9，11
B：3，7，10，14
C：3，5，7，10
D：2，4，5，7

2）错位相减：

A 与 B

$$
\begin{array}{r}
4,\ 6,\ 9,\ 11 \\
-)\quad 3,\ 7,\ 10,\ 14 \\
\hline
4,\ 3,\ 2,\ 1,\ -14
\end{array}
$$

B 与 C

$$
\begin{array}{r}
3,\ 7,\ 10,\ 14 \\
-)\quad 3,\ 5,\ 7,\ 10 \\
\hline
3,\ 4,\ 5,\ 7,\ -10
\end{array}
$$

C 与 D

$$
\begin{array}{r}
3,\ 5,\ 7,\ 10 \\
-)\quad 2,\ 4,\ 5,\ 7 \\
\hline
3,\ 3,\ 3,\ 5,\ -7
\end{array}
$$

3）求流水步距：

因流水步距等于错位相减所得结果中数值最大者，故有

$$K_{A,B} = \max\ \{4,\ 3,\ 2,\ 1 - 14\} = 4\ 天$$

$$K_{B,C} = \max\ \{3,\ 4,\ 5,\ 7 - 10\} = 7\ 天$$

$$K_{C,D} = \max\ \{3,\ 3,\ 3,\ 5 - 7\} = 5\ 天$$

3．平行搭接时间

在组织流水施工时，有时为了缩短工期，在工作面允许的条件下，如果前一个专业工作队完成部分施工任务后，能够提前为后一个专业工作队提供工作面，使后者提前进入前一个施工段，两者在同一施工段上平行搭接施工，这个搭接的时间称为平行搭接时间，通常以 $C_{j,j+1}$ 表示。

4．技术间歇时间

在组织流水施工时，除要考虑相邻专业工作队之间的流水步距外，有时根据建筑材料或现浇构件等的工艺性质，还要考虑合理的工艺等待间歇时间，这个等待时间称为技术间歇时间，如混凝土浇注后的养护时间、砂浆抹面和油漆面的干燥时间等；技术间歇时间以 $Z_{j,j+1}$ 表示。

5．组织间歇时间

在流水施工中，由于施工技术或施工组织的原因，造成的在流水步距以外增加的间歇时间，称为组织间歇时间。如墙体砌筑前的墙身位置弹线，施工人员、机械转移，回填土前地下管道检查验收等等；组织间歇时间以 $G_{j,j+1}$ 表示。

在组织流水施工时，项目经理部对技术间歇和组织间歇时间，可根据项目施工中的具体情况分别考虑或统一考虑；但二者的概念、作用和内容是不同的，必须结合具体情况灵活处理。

第二节　等节拍专业流水

专业流水是指在项目施工中，为施工某一施工项目产品或其组成部分的主要专业工种，按照流水施工基本原理组织项目施工的一种组织方式。根据各施工过程时间参数的不同特点，专业流水分为：等节拍专业流水、异节拍专业流水和无节奏专业流水等几种形式。本节先介绍等节拍专业流水。

等节拍专业流水是指在组织流水施工时，如果所有的施工过程在各个施工段上的流水节拍彼此相等，这种流水施工组织方式称为等节拍专业流水，也称为固定节拍流水或全等节拍流水或同步距流水。

一、基本特点

（1）流水节拍彼此相等。

如有 n 个施工过程，流水节拍为 t_i，则：

$$t_1 = t_2 = \cdots\cdots = t_{n-1} = t_n = t\,(\text{常数})$$

（2）流水步距彼此相等，而且等于流水节拍，即：

$$K_{1,2} = K_{2,3} = \cdots\cdots = K_{n-1,n} = K = t\,(\text{常数})$$

（3）每个专业工作队都能够连续施工，施工段没有空闲。

（4）专业工作队数（n_1）等于施工过程数（n）

二、组织步骤

（1）确定项目施工起点流向，分解施工过程。

（2）确定施工顺序，划分施工段。

划分施工段时，其数目 m 的确定如下：

1）无层间关系或无施工层时 $m = n$。

2）有层间关系或有施工层时，施工段数目 m 分下面两种情况确定：

①无技术和组织间歇时，取 $m = n$。

②有技术和组织间歇时，为了保证各专业工作队能连续施工，应取 $m > n$。此时，每层施工段空闲数为 $m - n$，一个空闲施工段的时间为 t，则每层的空闲时间为：

$$（m - n）\cdot t = （m - n）\cdot K$$

若一个楼层内各施工过程间的技术、组织间歇时间之和为 ΣZ_1，楼层间技术、组织间歇时间为 Z_2。如果每层的 ΣZ_1 均相等，Z_2 也相等，而且为了保证连续施工，施工段上除 ΣZ_1 和 Z_2 外无空闲，则：

$$（m - n）\cdot K = \Sigma Z_1 + Z_2$$

所以，每层的施工段数 m 可按公式（2-10）确定：

$$m = n + \frac{\Sigma Z_1}{K} + \frac{Z_2}{K} \tag{2-10}$$

如果每层的 ΣZ_1 不完全相等，Z_2 也不完全相等，应取各层中最大的 ΣZ_1 和 Z_2，并按公式（2-11）确定施工段数。

$$m = n + \frac{\max\Sigma Z_1}{K} + \frac{\max Z_2}{K} \tag{2-11}$$

（3）根据等节拍专业流水要求，按公式（2-5）、（2-6）、（2-7）、（2-8）、或公式（2-9）计算流水节拍数值。

（4）确定流水步距，$K = t$。

（5）计算流水施工的工期：

1）不分施工层时，可按公式（2-12）进行计算：

$$T = （m + n - 1）\cdot K + \Sigma Z_{j,j+1} + \Sigma G_{j,j+1} - \Sigma C_{j,j+1} \tag{2-12}$$

式中　T——流水施工总工期；

　　　m——施工段数；

　　　n——施工过程数；

　　　K——流水步距；

　　　j——施工过程编号，$1 \leqslant j \leqslant n$

$Z_{j,j+1}$——j 与 $j+1$ 两施工过程间的技术间歇时间；

$G_{j,j+1}$——j 与 $j+1$ 两施工过程间的组织间歇时间；

$C_{j,j+1}$——j 与 $j+1$ 两施工过程间的平行搭接时间。

2）分施工层时，可按公式（2-13）进行计算：

$$T = （m \cdot r + n - 1）\cdot K + \Sigma Z_1 - \Sigma C_{j,j+1} \tag{2-13}$$

式中 r——施工层数；

ΣZ_1——第一个施工层中各施工过程之间的技术与组织间歇时间之和；

$$\Sigma Z_1 = \Sigma Z^1_{j,j+1} + \Sigma G^1_{j,j+1}$$

$\Sigma Z^1_{j,j+1}$——第一个施工层的技术间歇时间；

$\Sigma G^1_{j,j+1}$——第一个施工层的组织间歇时间；

其他符号含义同前。

在公式（2-13）中，没有二层及二层以上的 ΣZ_1 和 Z_2，是因为它们均已包括在式中的 $m \cdot r \cdot t$ 项内，如图 2-15 所示。

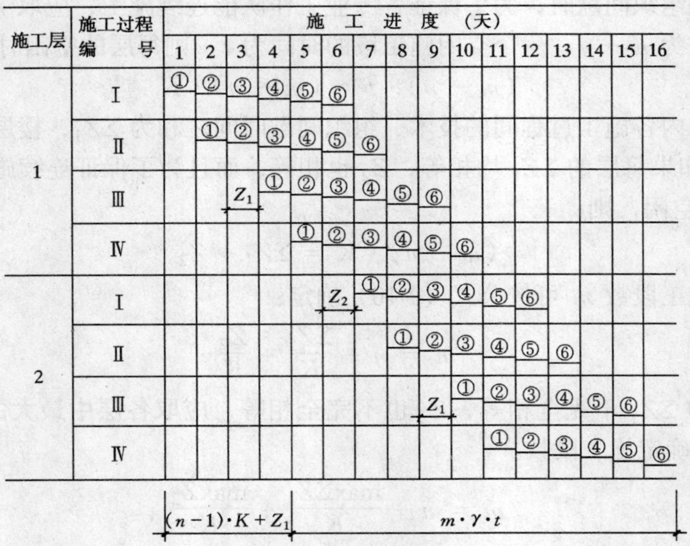

图 2-15　分层并有技术、组织间歇时的等节拍专业流水

（6）绘制流水施工指示图表。

三、应用举例

【例 2-7】　某分部工程由四个分项工程组成，划分成五个施工段，流水节拍均为 3 天，无技术、组织间歇，试确定流水步距，计算工期，并绘制流水施工进度表。

【解】　由已知条件 $t_i = t = 3$ 可知，本分部工程宜组织等节拍专业流水。

（1）确定流水步距

由等节拍专业流水的特点知：

$$K = t = 3 \text{ 天}$$

（2）计算工期

由公式（2-12）得

$$T = (m+n-1) \cdot K = (5+4-1) \times 3 = 24 \text{ 天}$$

（3）绘制流水施工进度图

如图 2-16 所示。

【例 2-8】　某项目由Ⅰ、Ⅱ、Ⅲ、Ⅳ等四个施工过程组成，划分两个施工层组织流水施工，施工过程Ⅱ完成后需养护一天下一个施工过程才能施工，且层间技术间歇为一

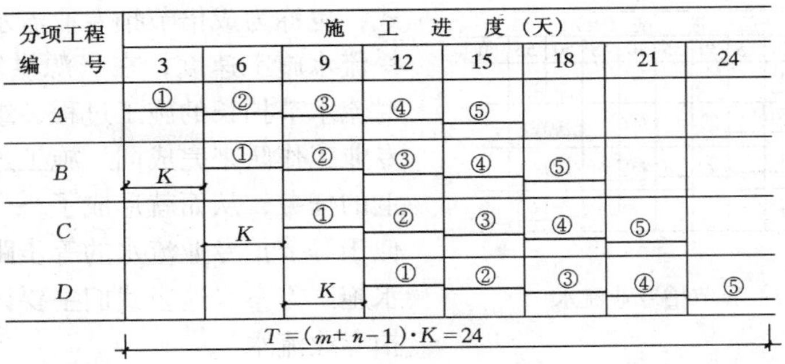

分项工程编号	施工进度（天）							
	3	6	9	12	15	18	21	24
A	①	②	③	④	⑤			
B	K	①	②	③	④	⑤		
C		K	①	②	③	④	⑤	
D			K	①	②	③	④	⑤
	$T=(m+n-1)\cdot K=24$							

图 2-16 等节拍专业流水施工进度

天，流水节拍均为一天。为了保证工作队连续作业，试确定施工段数，计算工期，绘制流水施工进度表。

【解】 （1）确定流水步距

∵ $t_i=t=1$ 天

∴ $K=t=1$ 天

（2）确定施工段数

因项目施工时分两个施工层，其施工段数可按公式（2-10）确定。

$$m=n+\frac{\Sigma Z_1}{K}+\frac{Z_2}{K}=4+\frac{1}{1}+\frac{1}{1}=6 \text{ 段}$$

（3）计算工期

由公式（2-13）得

$$T=(m\cdot r+n-1)\cdot K+\Sigma Z_1-\Sigma C_{j,j+1}$$
$$=(6\times2+4-1)\times1+1-0=16 \text{ 天}$$

（4）绘制流水施工进度图

如图 2-15 所示。

第三节 异节拍专业流水

在进行等节拍专业流水施工时，有时由于各施工过程的性质、复杂程度不同，可能会出现某些施工过程所需要的人数或机械台数超出施工段上工作面所能容纳数量的情况。这时，只能按施工段所能容纳的人数或机械台数确定这些施工过程的流水节拍，这可能使某些施工过程的流水节拍为其他施工过程流水节拍的倍数，从而形成异节拍专业流水。

例如，拟兴建四幢大板结构房屋，施工过程为：基础、结构安装、室内装修和室外工程，每幢为一个施工段，经计算各施工过程的流水节拍如表 2-3 所示。

表 2-3

施工过程	基础	结构安装	室内装修	室外工程
流水节拍（天）	5	10	10	5

从表 2-3 可知，这是一个异节拍专业流水，其进度计划如图 2-17 所示。

异节拍专业流水是指在组织流水施工时，如果同一个施工过程在各施工段上的流水节拍彼此相等，不同施工过程在同一施工段上的流水节拍彼此不等而互为倍数的流水施工方

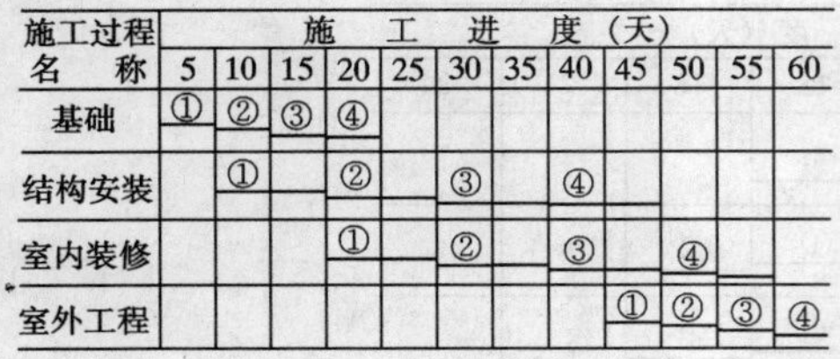

施工过程名称	施工进度（天）											
	5	10	15	20	25	30	35	40	45	50	55	60
基础	①	②	③	④								
结构安装		①		②		③		④				
室内装修				①		②		③		④		
室外工程									①	②	③	④

图 2-17 异节拍专业流水

式，也称为成倍节拍专业流水。有时，为了加快流水施工速度，在资源供应满足的前提下，对流水节拍长的施工过程，组织几个同工种的专业工作队来完成同一施工过程在不同施工段上的任务，从而就形成了一个工期最短的、类似于等节拍专业流水的等步距的异节拍专业流水施工方案。这里我们主要讨论等步距的异节拍专业流水。

一、基本特点

（1）同一施工过程在各施工段上的流水节拍彼此相等，不同的施工过程在同一施工段上的流水节拍彼此不同，但互为倍数关系。

（2）流水步距彼此相等，且等于流水节拍的最大公约数；

（3）各专业工作队都能够保证连续施工，施工段没有空闲；

（4）专业工作队数大于施工过程数，即 $n_1 > n$

二、组织步骤

（1）确定施工起点流向，分解施工过程；

（2）确定施工顺序，划分施工段；

1）不分施工层时，可按划分施工段的原则确定施工段数

2）分施工层时，每层的段数可按公式（2-14）确定：

$$m = n_1 + \frac{\max \Sigma Z_1}{K_b} + \frac{\max Z_2}{K_b} \tag{2-14}$$

式中 n_1——专业工作队总数；

K_b——等步距的异节拍流水的流水步距；

其他符号含义同前。

（3）按异节拍专业流水确定流水节拍；

（4）按公式（2-15）确定流水步距；

$$K_b = 最大公约数 \{t^1, t^2 \cdots \cdots, t^n\} \tag{2-15}$$

（5）按公式（2-16）和公式（2-17）确定专业工作队数；

$$b_j = \frac{t^j}{K_b} \tag{2-16}$$

$$n_1 = \sum_{j=1}^{n} b_j \tag{2-17}$$

式中 t^j——施工过程 j 在各施工段上的流水节拍；

b_j——施工过程 j 所要组织的专业工作队数；

j——施工过程编号，$1 \leqslant j \leqslant n$。

（6）确定计划总工期。可按公式（2-18）或公式（2-19）进行计算。

$$T = (r \cdot n_1 - 1) \cdot K_b + m^{zh} \cdot t^{zh} + \Sigma Z_{j, j+1} + \Sigma G_{j, j+1} - C_{j, j+1} \tag{2-18}$$

或 $$T = (m \cdot r + n_1 - 1) \cdot K_b + \Sigma Z_1 - C_{j, j+1} \tag{2-19}$$

式中 r——施工层数；不分层时 $r = 1$；分层时 $r =$ 实际施工层数；

m^{zh}——最后一个施工过程的最后一个专业工作队所要通过的施工段数；

t^{zh}——最后一个施工过程的流水节拍；

其他符号含义同前。

（7）绘制流水施工进度图。

三、应用举例

【例 2-9】 某项目由 Ⅰ、Ⅱ、Ⅲ 等三个施工过程组成，流水节拍分别为 $t^{Ⅰ}=2$ 天，$t^{Ⅱ}=6$ 天，$t^{Ⅲ}=4$ 天，试组织等步距的异节拍流水施工，并绘制流水施工进度表。

【解】 1. 按公式（2-15）确定流水步距

$K_b=$ 最大公约数 $\{2, 6, 4\} = 2$ 天

2. 由公式（2-16）、（2-17）求专业工作队数

$$b_Ⅰ=\frac{t^1}{K_b}=\frac{2}{2}=1 \text{ 个}$$

$$b_Ⅱ=\frac{t^2}{K_b}=\frac{6}{2}=3 \text{ 个}$$

$$b_Ⅲ=\frac{t^3}{K_b}=\frac{4}{2}=2 \text{ 个}$$

$$n_1=\sum_{j=1}^{3}b_j=1+3+2=6 \text{ 个}$$

3. 求施工段数

为了使各专业工作队都能连续工作，取：

$$m=n_1=6 \text{ 段}$$

4. 计算工期

$$T=（6+6-1）×2=22 \text{ 天}$$

或　　　　　　$$T=（6-1）×2+3×4=22 \text{ 天}$$

5. 绘制流水施工进度图

如图 2-18 所示。

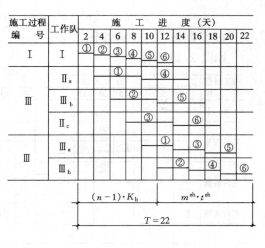

图 2-18　等步距异节拍专业流水施工进度

【例 2-10】 对本节表 2-3，若要求缩短工期，在工作面、劳动力和资源供应允许条件下，各增加一个安装和装修工作队，就组成了等步距异节拍专业流水，计算如下：

1. 求流水步距

$$K_b=\text{最大公约数} \{5, 10, 15, 5\} =5 \text{ 天}$$

2. 求专业工作队数

$$b_1=\frac{5}{5}=1 \text{ 个}$$

$$b_2=b_3=\frac{10}{5}=2 \text{ 个}$$

$$b_4=\frac{5}{5}=1 \text{ 个}$$

$$\therefore \qquad n_1 = \sum_{j=1}^{4} b_j = 1 + 2 + 2 + 1 = 6 \text{个}$$

3．计算工期

$$T = (m + n_1 - 1) \cdot K_b = (4 + 6 - 1) \times 5 = 45 \text{天}$$

4．绘制流水施工进度图

如图 2-19 所示。

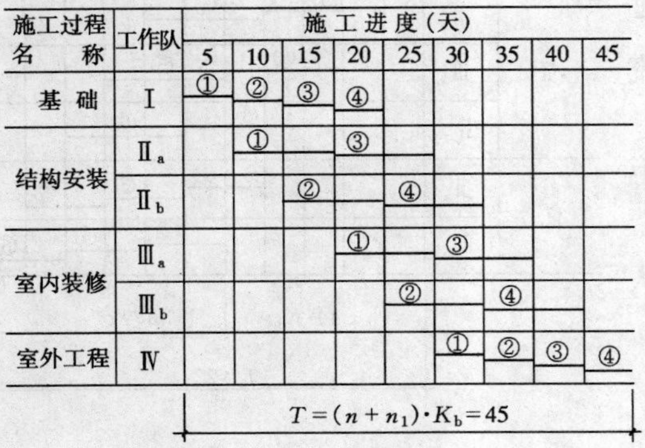

施工过程 名　称	工作队	施工进度（天）								
		5	10	15	20	25	30	35	40	45
基　础	Ⅰ	①	②	③	④					
结构安装	Ⅱa		①		③					
	Ⅱb			②		④				
室内装修	Ⅲa				①		③			
	Ⅲb					②		④		
室外工程	Ⅳ						①	②	③	④
		$T = (n + n_1) \cdot K_b = 45$								

图 2-19　流水施工进度图

距异节拍专业流水。

1．确定流水步距

由公式（2-15）得：

$$K_b = \text{最大公约数}\ \{2, 2, 1\} = 1 \text{天}$$

2．确定专业工作队数

由公式（2-16）得：

$$b_{\text{模}} = \frac{t_{\text{模}}}{K_b} = \frac{2}{1} = 2 \text{个}$$

$$b_{\text{扎}} = \frac{t_{\text{扎}}}{K_b} = \frac{2}{1} = 2 \text{个}$$

$$b_{\text{混}} = \frac{t_{\text{混}}}{K_b} = \frac{1}{1} = 1 \text{个}$$

代入公式（2-17）得：

$$n_1 = \sum_{j=1}^{3} b_j = 2 + 2 + 1 = 5 \text{个}$$

3．确定每层的施工段数

为保证专业工作队连续施工，其施工段数可按公式（2-14）确定：

$$m = n_1 + \frac{\max \Sigma Z_1}{K_b} = 5 + \frac{1}{1} = 6 \text{段}$$

4．计算工期

由公式（2-18）得：

$$T = (2 \times 5 - 1) \times 1 + 6 \times 1 + 1 = 16 \text{天}$$

【例 2-11】　某两层现浇钢筋混凝土工程，施工过程分为安装模板、绑扎钢筋和浇注混凝土。已知每段每层各施工过程的流水节拍分别为：$t_{\text{模}} = 2$ 天，$t_{\text{扎}} = 2$ 天，$t_{\text{混}} = 1$ 天。当安装模板工作队转移到第二结构层的第一段施工时，需待第一层第一段的混凝土养护一天后才能进行。在保证各工作队连续施工的条件下，求该工程每层最少的施工段数，并绘出流水施工进度表。

【解】　按要求，本工程宜采用等步

或由公式（2-19）得：

$$T = （6×2+5-1）×1 = 16 天$$

5. 绘制流水施工进度图

如图 2-20 或图 2-21 所示。

图 2-20　按公式（2-19）绘制的流水（施工）进度图

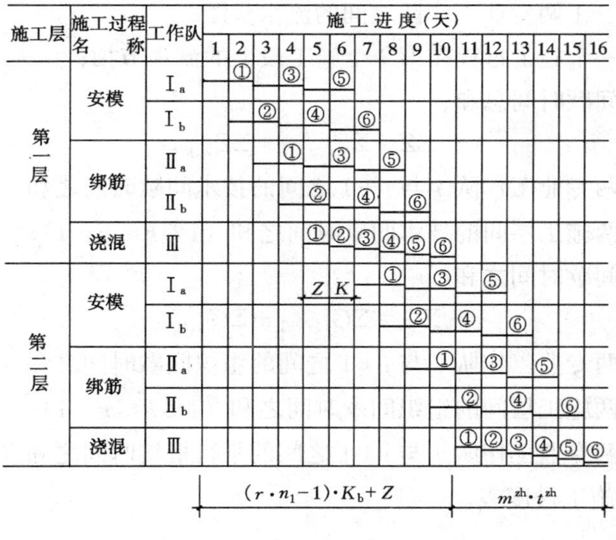

图 2-21　按公式（2-18）绘制的流水（施工）进度图

第四节　无节奏专业流水

在项目实际施工中，通常每个施工过程在各个施工段上的工程量彼此不等，各专业工作队的生产效率相差较大，导致大多数的流水节拍也彼此不相等，不可能组织成等节拍专业流水或异节拍专业流水。在这种情况下，往往利用流水施工的基本概念，在保证施工工艺、满足施工顺序要求的前提下，按照一定的计算方法，确定相邻专业工作队之间的流水步距，使其在开工时间上最大限度地、合理地搭接起来，形成每个专业工作队都能连续作业的流水施工方式，称为无节奏专业流水，也叫做分别流水。它是流水施工的普遍形式。

一、基本特点

(1) 每个施工过程在各个施工段上的流水节拍，不尽相等；

(2) 在多数情况下，流水步距彼此不相等，而且流水步距与流水节拍二者之间存在着某种函数关系；

(3) 各专业工作队都能连续施工，个别施工段可能有空闲；

(4) 专业工作队数等于施工过程数，即 $n_1 = n$。

二、组织步骤

(1) 确定施工起点流向，分解施工过程；

(2) 确定施工顺序，划分施工段；

(3) 按相应的公式计算各施工过程在各个施工段上的流水节拍；

(4) 按一定的方法确定相邻两个专业工作队之间的流水步距；

(5) 按公式 (2-20) 计算流水施工的计划工期；

$$T = \sum_{j=1}^{n-1} K_{j,j+1} + \sum_{i=1}^{m} t_i^{zh} + \Sigma Z + \Sigma G - \Sigma C_{j,j+1} \tag{2-20}$$

式中　　T——流水施工的计划工期；

$K_{j,j+1}$——j 与 $j+1$ 两专业工作队之间的流水步距；

t_i^{zh}——最后一个施工过程在第 i 个施工段上的流水节拍；

ΣZ——技术间歇时间总和；

$$\Sigma Z = \Sigma Z_{j,j+1} + \Sigma Z_{k,k+1}$$

$\Sigma Z_{j,j+1}$——相邻两专业工作队 j 与 $j+1$ 之间的技术间歇时间之和（$1 \leqslant j \leqslant n-1$）

$\Sigma Z_{k,k+1}$——相邻两施工层间的技术间歇时间之和（$1 \leqslant k \leqslant r-1$）；

ΣG——组织间歇时间之和；

$$\Sigma G = \Sigma G_{j,j+1} + \Sigma G_{k,k+1}$$

$\Sigma G_{j,j+1}$——相邻两专业工作队 j 与 $j+1$ 之间的组织间歇时间之和（$1 \leqslant j \leqslant n-1$）

$\Sigma G_{k,k+1}$——相邻两施工层间的组织间歇时间之和（$1 \leqslant k \leqslant r-1$）；

$\Sigma C_{j,j+1}$——相邻两专业工作队 j 与 $j+1$ 之间的平行搭接时间之和（$1 \leqslant j \leqslant n-1$）。

(6) 绘制流水施工进度表。

三、应用举例

【例 2-12】　某项目经理部拟承建一工程，该工程有Ⅰ、Ⅱ、Ⅲ、Ⅳ、Ⅴ等五个施工过程。施工时在平面上划分成四个施工段，每个施工过程在各个施工段上的流水节拍如表 2-4 所示。规定施工过程Ⅱ完成后，其相应施工段至少养护 2 天；施工过程Ⅳ完成后，其相应施工段要留有 1 天的准备时间。为了尽早完工，允许施工过程Ⅰ与Ⅱ之间搭接施工 1 天，试编制流水施工方案。

【解】　根据题设条件，该工程只能组织无节奏专业流水。

1. 求流水节拍的累加数列

Ⅰ：3，5，7，11

Ⅱ：1，4，9，12

Ⅲ：2，3，6，11

$$IV: 4, 6, 9, 12$$
$$V: 3, 7, 9, 10$$

表 2-4

施工段 / 流水节拍(天) / 施工过程	I	II	III	IV	V
①	3	1	2	4	3
②	2	3	1	2	4
③	2	5	3	3	2
④	4	3	5	3	1

2. 确定流水步距

(1) $K_{I,II}$
$$\begin{array}{r} 3, \ 5, \ 7, \ 11 \\ -) \quad 1, \ 4, \ 9, \quad 12 \\ \hline 3, \ 4, \ 3, \ 2, \ -12 \end{array}$$

$\therefore \ K_{I,II} = \max \{3, 4, 3, 2, -12\} = 4$ 天

(2) $K_{II,III}$
$$\begin{array}{r} 1, \ 4, \ 9, \ 12 \\ -) \quad 2, \ 3, \ 6, \quad 11 \\ \hline 1, \ 2, \ 6, \ 6, \ -11 \end{array}$$

$\therefore \ K_{II,III} = \max \{1, 2, 6, 6, -11\} = 6$ 天

(3) $K_{III,IV}$
$$\begin{array}{r} 2, \ 3, \ 6, \ 11 \\ -) \quad 4, \ 6, \ 9, \quad 12 \\ \hline 2, \ -1, \ 0, \ 2, \ -12 \end{array}$$

$\therefore \ K_{III,IV} = \max \{2, -1, 0, 2, -12\} = 2$ 天

(4) $K_{IV,V}$
$$\begin{array}{r} 4, \ 6, \ 9, \ 12 \\ -) \quad 3, \ 7, \ 9, \ -10 \\ \hline 4, \ 3, \ 2, \ 3, \ -10 \end{array}$$

$\therefore \ K_{IV,V} = \max \{4, 3, 2, 3, -10\} = 4$ 天

3. 确定计划工期

由题给条件可知:

$Z_{I,II} = 2$ 天, $G_{IV,V} = 1$ 天, $C_{I,II} = 1$ 天, 代入公式 (2-20) 得:

$$T = (4+6+2+4) + (3+4+2+1) + 2 + 1 - 1 = 28 \text{ 天}$$

4. 绘制流水施工进度图

如图 2-22 所示。

【例 2-13】 某工程由 A、B、C、D 等四个施工过程组成, 施工顺序为: A→B→C→D, 各施工过程的流水节拍为: $t_A = 2$ 天, $t_B = 4$ 天, $t_C = 4$ 天, $t_D = 2$ 天。在劳动力相对固定的条件下, 试确定流水施工方案。

【解】 本例从流水节拍特点看, 可组织异节拍专业流水; 但因劳动力不能增加, 无法做到等步距。为了保证专业工作队连续施工, 按无节奏专业流水方式组织施工。

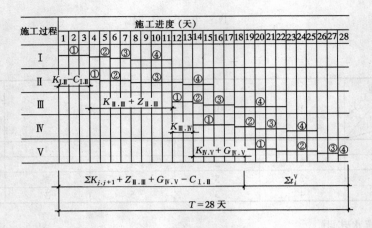

图 2-22 流水施工进度图

1．确定施工段数

为使专业工作队连续施工，取施工段数等于施工过程数，即：

$$m = n = 4$$

2．求累加数列

A: 2, 4, 6, 8
B: 4, 8, 12, 16
C: 4, 8, 12, 16
D: 2, 4, 6, 8

3．确定流水步距

(1) $K_{A,B}$

$$
\begin{array}{rrrrr}
 & 2, & 4, & 6, & 8 \\
-) & & 4, & 8, & 12, & 16 \\
\hline
 & 2, & 0, & 2, & -4, & -16
\end{array}
$$

$$\therefore\ K_{A,B} = \max\ \{2,\ 0,\ -2,\ -4,\ -16\} = 2\ 天$$

(2) $K_{B,C}$

$$
\begin{array}{rrrrr}
 & 4, & 8, & 12, & 16 \\
-) & & 4, & 8, & 12, & 16 \\
\hline
 & 4, & 4, & 4, & 4, & -16
\end{array}
$$

$$\therefore\ K_{B,C} = \max\ \{4,\ 4,\ 4,\ -16\} = 4\ 天$$

(3) $K_{C,D}$

$$
\begin{array}{rrrrr}
 & 4, & 8, & 12, & 6 \\
-) & & 2, & 4, & 6, & 8 \\
\hline
 & 4, & 6, & 8, & 10, & -8
\end{array}
$$

$$\therefore\ K_{C,D} = \text{mzx}\ \{4,\ 6,\ 8,\ 10,\ -8\} = 10\ 天$$

4．计算工期

由公式（2-20）得：

$$T = (2 + 4 + 10) + 2 \times 4 = 24\ 天$$

5．绘制流水施工进度图

如图 2-23 所示。

44

从图 2-23 可知，当同一施工段上不同施工过程的流水节拍不相同，而互为整倍数关系时，如果不组织多个同工种专业工作队完成同一施工过程的任务，流水步距必然不等，只能用无节奏专业流水的形式组织施工；如果以缩短流水节拍长的施工过程，达到等步距流水，就要在增加劳动力没有问题的情况下，检查工作面是否满足要求；如果延长流水节拍短的施工过程，工期就要延长。

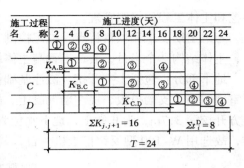

图 2-23　流水施工进度图

因此，到底采取哪一种流水施工的组织形式，除要分析流水节拍的特点外，还要考虑工期要求和项目经理部自身的具体施工条件。

任何一种流水施工的组织形式，仅仅是一种组织管理手段，其最终目的是要实现企业目标——工程质量好、工期短、成本低、效益高和安全施工。

第五节　流水施工实例——某高层住宅工程

本项目为一大模板高层住宅，由三个单元组成，呈一字形。建筑物总长 147.5m，宽 18.46m，檐口高度 41.00m，总高 43.58m，建筑面积 29700m²，地下室为 2.7m 高的设备层，地上部分共 14 层，层高为 2.9m。每个单元设电梯两部，其平、剖面图如图 2-24 所示。

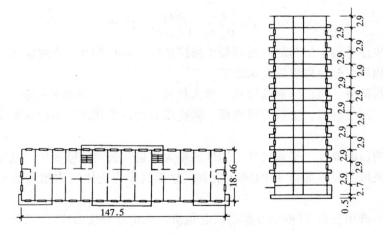

图 2-24　大模板住宅平、剖面示意图

本项目采用外壁板内大模的结构形式，现浇钢筋混凝土地下室基础，基础以下设无筋混凝土垫层；地面为水泥砂浆抹面，室内墙面为一般喷涂，顶棚为钢筋混凝土板下喷白，外墙面装饰随壁板在预制厂做好；屋面为二毡三油卷材防水，采用一般给排水设施、热水采暖系统和照明配电，其主要工程量见表 2-5。

根据合同要求，项目经理部 5 月初即可进场开始施工准备工作，12 月中旬必须竣工。本项目具有结构新、层数多、挖土量大和工期短等特点。因此，要特别注意基础土方开挖和主体工程的组织管理。

考虑工期要求和项目特点，拟定控制工期如下：施工准备工作1个月，地下部分1个月，主体结构2个半月，装饰工程与主体结构穿插施工。

地下部分：包括土方开挖、浇注基础垫层、绑扎基础钢筋、浇注底板混凝土、绑扎地下室墙钢筋、支墙模板、浇注墙混凝土、吊装地下室顶板和回填土等九个施工过程。由于土方开挖深3.7m，为Ⅱ类土，地下水位为-5.0m，而且基坑四周比较狭窄，修整边坡困难，故选用W-100型反铲挖土机一台，其所需工日为：

主要工程量一览表　　　　　　　　　　　　　　　表 2-5

项次	工程名称	单位	工程量	项次	工程名称	单位	工程量
一	地下室工程			12	阳台栏板吊装	块	2330
1	挖土	m³	9000	13	门头花饰吊装	块	672
2	混凝土垫层	m³	216	三	装饰工程		
3	楼板	块	483	14	楼地面豆石混凝土垫层	m²	19800
4	回填土	m³	1200	15	棚顶喷浆	m²	21625
二	大模板主体结构工程			16	墙面喷浆	m²	60290
5	壁板吊装	块	1596	17	屋面找平	m²	3668
6	内墙隔板混凝土	m³	1081	18	铺二毡三油卷材	m²	3668
7	通风道吊装	块	495	19	木门窗	扇	2003
8	圆孔板吊装	块	5329	20	钢门窗	扇	1848
9	阳台板吊装	块	637	21	玻璃	m²	7728
10	垃圾道吊装	块	84	22	油漆	m²	22364
11	楼梯休息板吊装	块	354				

$$T = \frac{Q}{B \cdot S} = \frac{9000}{1 \times 529} = 17 \ \text{天}$$

挖土、浇注基础垫层与浇底板混凝土搭接进行；绑扎钢筋、支墙模板、浇墙混凝土和吊装地下室顶板，分四段组织流水施工。

主体结构部分：包括墙钢筋绑扎、墙大模板、立门口、吊装外壁板、浇注混凝土墙、吊装内墙板、吊装楼板、支板缝梁模板、绑扎板缝梁钢筋和浇注板缝梁混凝土等十个施工过程。

根据本项目的高度、平面尺寸、构件的最大重量和公司能够提供（或项目经理部能够租赁到）的机械情况，选择 TQ60/80 型塔式起重机作为主体结构施工的水平、垂直运输机械。

施工中，选用三台 TQ60/80 型塔式起重机。确定过程按公式（2-21）进行计算得出：

$$N = \frac{1}{T \cdot B \cdot K} \cdot \frac{Q}{S} \qquad (2-21)$$

式中　N——所需起重机台数；

Q——主体工程要求的最大施工强度，本工程为2064吊次，计算见表2-6所示；

T——工期，按主体结构施工控制进度要求，取每层4天；

B——每日工作班次，取$B=2$；

K——时间利用系数，取$K=0.9$；

S——起重机台班产量定额，取$S=100$吊/台班。

将各数值代入公式（2-21）得

$$N = \frac{1}{4 \times 2 \times 0.9} \times \frac{2064}{100} = 2.86 \text{（取 3）}$$

三台塔式起重机布置在建筑物北侧同一轨道上，分别负责一个单元的垂直运输。其起重能力复核验算从略。

主体结构施工时，每个单元分成四个施工段，三个单元同时施工，采用自东向西的方向进行流水施工。

屋面及装饰部分：主体封顶后，即开始屋面工程。

每 层 工 程 量 表 2-6

塔吊项目	单 位	标准单元一层吊次	塔吊项目	单 位	标准单元一层吊次
横墙混凝土	m³	234 ⎫	通风道、垃圾道	根	39
纵墙混凝土	m³	105 ⎬ 951 吊次	楼梯板	件	24
板缝混凝土	m³	24 ⎭	钢筋片	片	144（18 吊次）
外墙壁板	块	114	钢模板	吊次	288
隔断墙板	块	114	其他、安全网架	吊次	120
楼板、阳台	块	396	总吊次	吊次	2064

室内墙面抹灰、顶板抹灰随主体结构进行，当主体进行到 4 层时，即插入底板勾缝和室内地面施工。总的施工流向是自下而上，施工顺序是先湿后干；先地面后顶棚；先房间后走道，最后进行楼梯抹灰。

外装饰分两段，一段从 6 层开始往下进行到 1 层；一段从顶层开始往下进行到 7 层。

水、暖、电与主体结构穿插进行。

本工程流水施工进度，如表 5-5 所示。

47

第三章 网络计划技术

第一节 概　述

网络计划技术是一种科学的计划管理方法，它的使用价值得到了各国的承认。19 世纪中叶，美国的 Fran Kford 兵工厂顾问 H.L.Gantt 发表了反映施工与时间关系的甘特（Gantt）进度图表，即我们现在仍广泛应用的"横道图"。这是最早对施工进度计划安排的科学表达方式。这种表达方式简单、明了、容易掌握，便于检查和计算资源需求状况，因而很快地应用于工程进度计划中，并沿用至今。但它在表现内容上有很多缺点，如：不能全面而准确地反映出各项工作之间相互制约、相互依赖、相互影响的关系，不能反映出整个计划（或工程）中的主次部分，即其中的关键工作，难以对计划做出准确的评价，更重要的是不能应用现代化的计算工具——计算机。这些缺点从根本上限制了"横道图"的适应范围。因此，20 世纪 50 年代末，为了适应生产发展和科学研究工作的需要，国外陆续出现了一些计划管理的新方法。这些方法尽管名目繁多，但内容大同小异，都是采用网络图表达计划内容的，并且符合统筹兼顾适当安排的精神，我国著名的华罗庚教授把它们概括地称为统筹法，即通盘考虑，统一规划的意思。

统筹法的基本原理是：首先应用网络图形来表达一项计划中各项工作的开展顺序及其相互之间的关系；通过对网络图进行时间参数的计算，找出计划中的关键工作和关键线路；继而通过不断改进网络计划，寻求最优方案；在计划执行过程中对计划进行有效的控制与监督，保证合理地使用人力、物力和财力，以最小的消耗取得最大的经济效果。因此这种方法得到了世界各国的承认，广泛应用在工业、农业、国防和科研计划与管理中。

图 3-1　工作示意图　　　　　　　　　　　图 3-2　双代号网络图

这种方法的表达形式是：用箭线表示一项工作，工作的名称写在箭线的上面，完成该项工作的持续时间写在箭线的下面，箭头和箭尾处分别画上圆圈，填入编号，箭头和箭尾的两个编号代表着一项工作，如图 3-1（a）所示，$i-j$ 代表一项工作；或者用一个圆圈代表一项工作，节点编号写在圆圈上部，工作名称写在圆圈中部，完成该工作所需要的持续时间写在圆圈下部，箭线只表示该工作与其他工作的相互关系，如图 3-1（b）所示。把一项计划（或工程）的所有工作，根据其开展的先后顺序并考虑其相互制约关系，全部用箭线或圆圈表示，从左向右排列起来，形成一个网状的图形（如图 3-2 所示）称之为网络图。因为这种方法是建立在网络模型的基础上，且主要用来进行计划与控制，因此国外称其为网络计划技术。

与横道图相比，网络图具有如下优点：网络图把施工过程中的各有关工作组成了一个有机的整体，能全面而明确地表达出各项工作开展的先后顺序和反映出各项工作之间的相互制约和相互依赖的关系；能进行各种时间参数的计算；在名目繁多、错综复杂的计划中找出决定工程进度的关键工作，便于计划管理者集中力量抓主要矛盾，确保工期，避免盲目施工；能够从许多可行方案中，选出最优方案；在计划的执行过程中，某一工作由于某种原因推迟或者提前完成时，可以预见到它对整个计划的影响程度，而且能够根据变化了的情况，迅速进行调整，保证自始至终对计划进行有效的控制与监督；利用网络计划中反映出的各项工作的时间储备，可以更好地调配人力、物力，以达到降低成本的目的；更重要的是，它的出现与发展使现代化的计算工具——计算机在项目施工计划管理中得以应用。

网络计划技术可以为施工项目管理提供许多信息，有利于加强施工项目管理，既是一种编制计划的方法，又是一种科学的管理方法。它有助于管理人员全面了解、重点掌握、灵活安排、合理组织、好快省地完成计划任务，不断提高管理水平。

网络计划技术的缺点是，在计算劳动力、资源消耗量时，与横道图相比较为困难。在建筑业企业，网络计划技术主要用来编制施工项目的施工进度计划。

应用最早的网络计划技术是关键线路法（CPM）和计划评审技术（PERT）。前者1956年由美国杜邦公司提出，并在1957年首先应用于一个价值一千多万美元的化工厂建设工程，取得了良好的效果。后者在1958年由美国海军部武器局的特别计划室提出，首先应用于制定美国海军北极星导弹研制计划，它使北极星导弹研制工作在时间和成本控制方面取得了显著的效果。因此，美国三军和航天局在各自管辖的计划工作中全面推广了这些技术。1962年美国国防部规定：凡承包有关工程的单位都需要采用这种有效方法来安排计划。

这两种方法一出现就显示了其独特的优越性和科学性，立即引起了各国的重视，而被广泛采用。在推广和应用的过程中，不同国家根据本国的实际进行了扩展和改进。

前苏联在1964年颁布了一系列有关判定和应用网络计划技术的指示、基本条例等法令性文件，规定所有大型的建筑工程都必须采用网络计划技术进行管理；英国不仅将网络计划技术应用于建筑业，而且还广泛应用于工业，要求直接从事管理和有关业务的专业人员必须掌握此技术，因而使网络计划技术得到了较为普遍的应用；在欧洲，为了推动网络技术的不断发展，固定为两年召开一次会议，进行有关网络计划技术的理论与应用方面的交流，互相切磋，共同提高。

我国从20世纪60年代初在华罗庚教授倡导下，对网络计划技术进行了研究和应用，收到一定的效果。于1991年颁布了《工程网络计划技术规程》（JGJ/T1001—91），在这之后，又于1999年重新修订和颁布了《工程网络计划技术规程》（JGJ/T121—99），这是根据建设部建标［1997］71号文件的要求，由中国建筑学会建筑统筹管理分会组织修订组，在广泛调查研究，认真总结实践经验，参考有关国际标准和国外先进标准，并在广泛征求意见的基础上，修订了该规程。该规程的重新修订和颁布，使得工程网络计划技术在计划编制与控制管理的实际应用中有一个可以遵循的统一的技术标准。新规程自2000年2月1日起施行。原行业标准《工程网络计划技术规程》（JGJ/T1001—91）同时废止。

随着现代科学技术的迅猛发展、管理水平不断提高，网络计划技术也在不断发展，最近十几年欧美一些国家大力开展研究能够反映各种搭接关系的新型网络计划技术、取得了许多成果，搭接网络计划技术可以大大简化图形和计算工作，特别适用于庞大而复杂的计划工作。

第二节　双代号网络计划

一、网络图的组成

双代号网络图由工作、节点、线路三个基本要素组成。

（一）工作（也称过程、活动、工序）

工作就是计划任务按需要粗细程度划分而成的一个消耗时间或也消耗资源的子项目或子任务。它是网络图的组成要素之一，它用一根箭线和两个圆圈来表示。工作的名称标注在箭线的上面，工作持续时间标注在箭线的下面，箭线的箭尾节点表示工作的开始，箭头节点表示工作的结束。圆圈中的两个号码代表这项工作的名称，由于是两个号表示一项工作，故称为双代号表示法（如图 3-3），由双代号表示法构成的网络图称为双代号网络计划图，如图 3-4 所示。

图 3-3　双代号表示法　　　　图 3-4　双代号网络计划图

工作通常可以分为三种：需要消耗时间和资源（如混合结构中的砌筑砖外墙）；只消耗时间而不消耗资源（如混凝土的养护）；既不消耗时间，也不消耗资源。前两种是实际存在的工作，后一种是人为的虚设工作，只表示相邻前后工作之间的逻辑关系，通常称其为"虚工作"，以虚箭线表示，其表示形式可垂直方向向上或向下，也可水平方向向右。如图 3-5 所示。

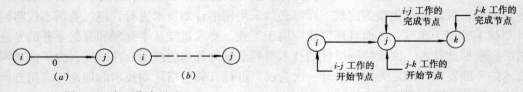

图 3-5　虚工作表示法　　　　　图 3-6　节点示意图

工作的内容是由一项计划（或工程）的规模及其划分的粗细程度、大小、范围所决定的。如果对于一个规模较大的建设项目来讲，一项工作可能代表一个单位工程或一个构筑物；如果对于一个单位工程，一项工作可能只代表一个分部或分项工程。

工作箭线的长度和方向，在无时标网络图中，原则上讲可以任意画，但必须满足网络逻辑关系；在时标网络图中，其箭线长度必须根据完成该项工作所需持续时间的大小按比例绘图。

（二）节点

在网络图中箭线的出发和交汇处画上圆圈，用以标志该圆圈前面一项或若干项工作的结束和允许后面一项或若干项工作的开始的时间点称为节点。

在网络图中，节点不同于工作，它只标志着工作的结束和开始的瞬间，具有承上启下的衔接作用，而不需要消耗时间或资源，如图 3-4 中的节点 5，它只表示 d、e 两项工作的结束时刻，也表示 f 工作的开始时刻。节点的另一个作用如前所述，在网络图中，一项工作用其前后两个节点的编号表示，如图 3-4 中，e 工作用节点编号表示为"$4-5$"。

箭线出发的节点称为开始节点，箭线进入的节点称为完成节点（如图 3-6 所示）。在一个网络图中，除整个网络计划的起点节点和终点节点外，其余任何一个节点都有双重的含义，既是前面工作的完成节点，又是后面工作的开始节点。

在一个网络图中，可以有许多工作通向一个节点，也可以有许多工作由同一个节点出发（见图 3-7）。我们把通向某节点的工作称为该节点的紧前工作（或前面工作）。

表示整个计划开始的节点称为起点节点，整个计划最终完成的节点称为终点节点，其余称为中间节点。

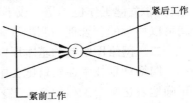

图 3-7　节点（i）示意图

在一个网络图中，每一个节点都有自己的编号，以便计算网络图的时间参数和检查网络图是否正确。从理论上讲，对于一个网络图，只要不重复，各个节点可任意编号，但人们习惯上从起点节点到终点节点，编号由小到大，并且对于每项工作，箭尾的编号一定要小于箭头的编号。

节点编号的方法可从以下两个方面来考虑：

根据节点编号的方向不同可分为两种：一种是沿着水平方向进行编号（如图 3-8）。另一种是沿着垂直方向进行编号（见图 3-9）。

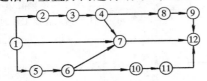

图 3-8　水平编号法

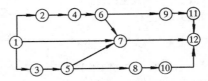

图 3-9　垂直编号法

根据编号的数字是否连续又分为两种：一种是连续编号法，即按自然数的顺序进行编号，图 3-8 和图 3-9 均为连续编号。另一种是间断编号法，一般按单数（或偶数）的顺序来进行编号。如图 3-10 为单数编号法，图 3-11 为双数编号法，采用非连续编号，主要是为了适应计划调整，考虑增添工作的需要，编号留有余地。

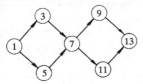

图 3-10　单数编号法

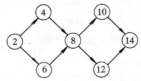

图 3-11　双数编号法

（三）线路

网络图中从起点节点开始，沿箭线方向连续通过一系列箭线与节点，最后到达终点节点的通路称为线路。每一条线路都有自己确定的完成时间，它等于该线路上各项工作持续时间的总和，也是完成这条线路上所有工作的总时间。工期最长的线路，称为关键线路。

位于关键线路上的工作称为关键工作。关键工作完成的快慢直接影响整个计划工期的实现，关键线路用粗箭线或双箭线连接。

关键线路在网络图中不止一条，可能同时存在几条，即这几条线路上的持续时间相同。

位于关键线路上的工作称为关键工作，它没有机动时间（即无时差）。

关键线路并不是一成不变的，在一定条件下，关键线路和非关键线路可以互相转化。当采用了一定的技术组织措施，缩短了关键线路上各工作的持续时间，就有可能使关键线路发生转移，使原来的关键线路变成非关键线路，而原来的非关键线路却变成关键线路。

短于关键线路持续时间的线路称为非关键线路。

位于非关键线路上的工作除关键工作外，其余称为非关键工作，它有机动时间（即时差）；非关键工作也不是一成不变的，它可以转化为关键工作；利用非关键工作的机动时间可以科学的、合理的调配资源和对网络计划进行优化。

二、网络图绘制的基本原则和应注意的问题

网络计划技术在建筑施工中主要用来编制施工项目施工进度计划，因此，网络图必须正确地表达整个工程的施工工艺流程和各工作开展的先后顺序以及它们之间相互制约、相互依赖的约束关系。因此，在绘制网络图时必须遵循一定的基本规则和要求。

（一）绘制网络图的基本原则

网络图中各工作逻辑关系表示方法 表 3-1

序号	工作之间的逻辑关系	网络图中表示方法	说　明
1	有 A、B 两项工作按照依次施工方式进行		B 工作依赖着 A 工作，A 工作约束着 B 工作的开始
2	有 A、B、C 三项工作同时开始工作		A、B、C 三项工作称为平行工作
3	有 A、B、C 三项工作同时结束		A、B、C 三项工作称为平行工作
4	有 A、B、C 三项工作只有在 A 完成后，B、C 才能开始		A 工作制约着 B、C 工作的开始。BC 为平行工作
5	有 A、B、C 三项工作 C 工作只有在 A、B 完成后才能开始		C 工作依赖着 A、B 工作。A、B 为平行工作

52

序号	工作之间的逻辑关系	网络图中表示方法	说　明
6	有 A、B、C、D 四项工作只有当 A、B 完成后 C、D 才能开始	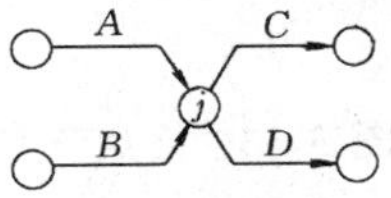	通过中间事件 j 正确地表达了 A、B、C、D 之间的关系
7	有 A、B、C、D 四项工作 A 完成后 C 才能开始 A、B 完成后 D 才开始	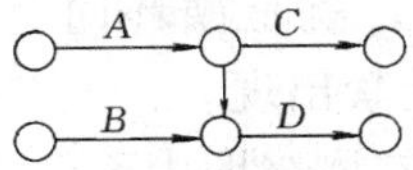	D 与 A 之间引入了逻辑连接（虚工作）只有这样才能正确表达它们之间的约束关系
8	有 A、B、C、D、E 五项工作 A、B 完成后 C 开始，B、D 完成后 E 开始	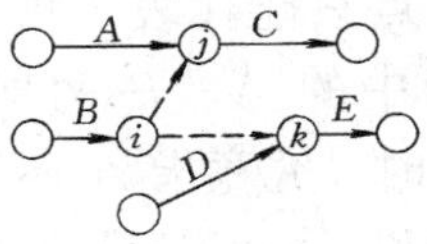	虚工作 ij 反映出 C 工作受到 B 工作的约束；虚工作 ik 反映出 E 工作受到 B 工作的约束
9	有 A、B、C、D、E 五项工作 A、C 完成后 D 才能开始，B、C 完成后 E 才能开始	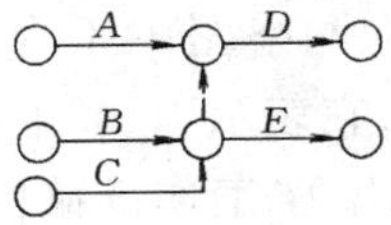	这是前面序号 1、5 情况通过虚工作连接起来，虚工作表示 D 工作受到 B、C 工作制约
10	A、B 两项工作分三个施工段，平行施工	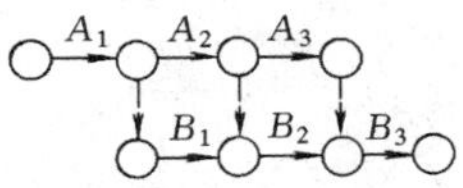	每个工种工程建立专业工作队，在每个施工段上进行流水作业，不同工种之间用逻辑搭接关系表示

（1）必须正确地表达各项工作之间的相互制约和相互依赖的关系。在网络图中，根据施工顺序和施工组织的要求，正确地反映各项工作之间的相互制约和相互依赖关系，这些关系是多种多样的，表 3-1 列出了常见的几种表示方法。

（2）在网络图中，除了整个网络计划的起点节点外，不允许出现没有紧前工作的"尾部节点"，即没有箭线进入的尾部节点。

图 3-12（a）所示的网络图中出现了两个没有紧前工作的节点 1 和 3，这两个节点同时存在造成了逻辑关系的混乱：3-5 工作什么时候开始？它受到谁的约束？不清楚！这在网络图中是不允许的。如果遇到这种情况，应根据实际的施工工艺流程增加一个虚箭线，如图 3-12（b）才是正确的。

（3）在单目标网络图中，除了整个网络图的终点节点外，不允许出现没有紧后工作的"尽头节点"，即没有箭线引出的节点。

如图 3-13（a）所示的网络图中出现了两个没有箭线向外引出的节点 5 和节点 7，它们造成了网络逻辑关系的混乱：3-5 工作何时结束？3-5 工作对后续工作有什么样的制约关系？表达得不清楚，这在网络图中是不允许的。如果遇到这种情况，加入虚箭线调整。如图 3-13（b）才是正确的。

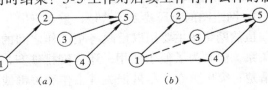

(a)　　　　　　　　　　(b)

图 3-12　起点节点示意图

（4）在网络图中严禁出现循环回路。在网络图中，从一个节点出发沿着

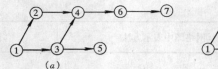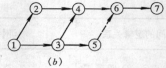

图 3-13 终点节点示意图

某一条线路移动，又可回到原出发节点，即在图中出现了闭合的循环路线，称为循环回路，如图 3-14（a）中的 1-2-3-1，就是循环回路。它表明网络图在逻辑关系上是错误的，在工艺关系上是矛盾的，故严禁出现。

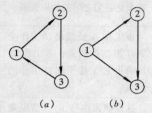

图 3-14 闭合回路示意图
（a）错误；（b）正确

（5）在网络图中不允许出现重复编号的箭线。一个箭线和其相关的节点只能代表一项工作，不允许代表多项工作。例如图 3-15（a）中的 A、B 两项工作，其编号均是 1－2，当我们说 1－2 工作时，究竟指 A 还是指 B，不清楚，遇到这种情况，增加一个节点和一个虚箭线，如图 3-15（b）、（c）都是正确的。

（6）在网络图中不允许出现没有箭尾节点的工作。例如图 3-16（a），它表示当 A 工作进行到一定程度时，B 工作才开始，但反映不出 B 工作准确的开始时刻，在网络图中不允许这样表示。正确的画法是：将 A 工作划分两个施工段，引入一个节点分开，如图 3-16（b）所示。

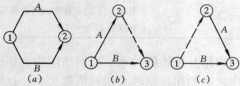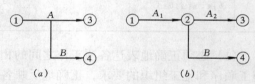

图 3-15 重复编号工作示意图
（a）错误；（b）正确；（c）正确

图 3-16 无开始节点工作示意图
（a）错误；（b）正确

（7）在网络图中不允许出现没有箭头节点的工作。

（8）在网络图中不允许出现带有双向箭头或无箭头的工作。

（9）当双代号网络图的某些节点有多条外向箭线或多条内向箭线时，在保证一项工作有惟一的一条箭线和对应的一对节点编号前提下，允许使用母线法绘图。

以上是绘制网络图应遵循的基本规则。这些规则是保证网络图能够正确地反映各项工作之间相互制约关系的前提，我们要熟练掌握。

（二）绘制网络图应注意的问题

1. 网络图的布局要条理清楚，重点突出

虽然网络图主要用以反映各项工作之间的逻辑关系，但是为了便于使用，还应安排整齐，条理清楚，突出重点，尽量把关键工作和关键线路布置在中心位置，尽可能把密切相连的工作安排

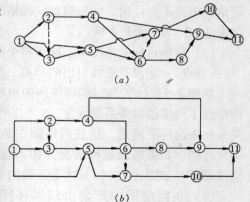

图 3-17 网络图布置示意图

54

在一起，尽量减少斜箭线而采用水平箭线；尽可能避免交叉箭线出现。

对比图3-17(a)和(b)，图(a)的布置条理不清楚，重点不突出；而(b)则相反。

2. 交叉箭线的画法

当网络图中不可避免地出现交叉时，不能直接相交画出，如图3-18（a）是错误的。目前采用两种方法来解决。一种称为"过桥法"，另一种称为"指向法"，如图3-18（b）、（c）所示。

3. 网络图中的"断路法"

绘制网络图时必须符合三个条件：第一，符合施工顺序的关系；第二，符合流水施工的要求；第三，符合网络逻辑连接关系。一般来说，对施工顺序和施工组织上必须衔接的工作，绘图时不易产生错误，但是对于不发生逻辑关系的工作就容易生产错误。遇到这种情况时，采用虚箭线加以处理。用虚箭线在线路上隔断无逻辑关系的各项工作，这

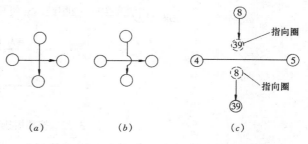

图 3-18　交叉箭线示意图
(a) 错误；(b) 正确；(c) 正确

方法称为"断路法"。例如现浇钢筋混凝土分部工程的网络图，该工程有支模、扎筋、浇筑三项工作，分三段施工，如绘制成图3-19的形式就错了。

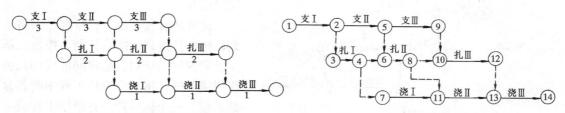

图 3-19　某双代号网络图　　　　图 3-20　横向断路法示意图

分析上面的网络图，在施工顺序上，支模→扎筋→浇混凝土，符合施工工艺的要求；在流水关系上，同工种的工作队由第一施工段转入第二施工段再转入第三施工段，也符合要求；在网络逻辑关系上有不符之处：第一施工段的浇筑混凝土（浇Ⅰ）与第二施工段的支模板（支Ⅱ）没有逻辑上的关系；同样，第二施工段的浇筑混凝土（浇Ⅱ）与第三施工段的支模板也不发生逻辑上的关系；但在图中都相连起来了，这是网络图中原则性的错误，它将导致一系列计算上的错误。应用"断路法"加以分隔，正确的网络图见图3-20。

断路法有两种：在横向用虚箭线切断无逻辑关系的各项工作，称为"横向断路法"，

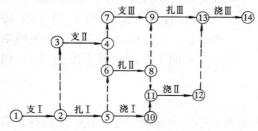

图 3-21　按施工段排列法示意图

如图3-20，它主要用于无时标网络图中。在纵向用虚箭线切断无逻辑关系的各项工作称为"纵向断路法"，如图3-21所示，它主要用于时标网络图中。

4. 建筑施工进度网络图的排列方法

为了使网络计划更形象而清楚地反映出建筑工程施工的特点，绘图时可根据不同的

工程情况，不同的施工组织方法和使用要求灵活排列，以简化层次，使各工作间在工艺上及组织上的逻辑关系准确而清楚，以便于技术人员掌握，便于对计划进行计算和调整。

如果为了突出表示工作面的连续或者工作队的连续，可以把在同一施工段上的不同工种工作排列在同一水平线上，这种排列方法称为"按施工段排列法"，如图 3-21 所示。

如果为了突出表示工种的连续作业，可以把同一工种工程排列在同一水平线上，这一排列方法称为"按工种排列法"，如图 3-20。

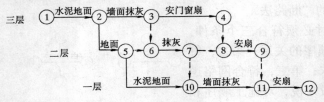

图 3-22 按楼层排列示意图

如果在流水施工中，若干个不同工种工作，沿着建筑物的楼层展开时，可以把同一楼层的各项工作排在同一水平线上，图 3-22 是内装修工程的三项工作按楼层自上而下的施工流向进行施工的网络图。

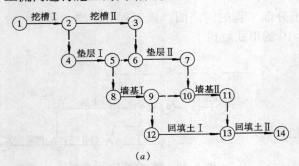

（a）

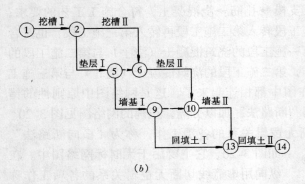

（b）

图 3-23 网络图简化示意图

必须指出，上述几种排列方法往往在一个单位工程的施工进度网络计划中同时出现。

此外还有按单位工程排列的网络计划，按栋号排列的网络计划，按施工部位排列的网络计划，原理同前面的几种排列法一样，将一个单位工程中的各分部工程，一个栋号内的各单位工程或一个部位的各项工作排列在同一水平线上。在此不一一赘述。

工作中可以按使用要求灵活地选用以上几种网络计划的排列方法。

5. 绘制网络图时，力求减少不必要的箭线和节点

如图 3-23（a），此图在施工顺序、流水关系及逻辑关系上都是合理的。但这个网络图过于繁琐。图 3-23（b）将这些不必要的箭线和节点去掉，使网络图更简单明了，同时并不改变（a）图反映的逻辑关系。

6. 网络图的分解

当网络图中的工作数目很多时，可以把它分成几个小块来绘制。分界点一般选择在箭线和节点较少的位置，或按照施工部位分块。例如某民用住宅的基础工程和砌筑工程，可

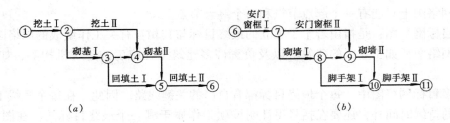

图 3-24　网络图的分解

以分为相应的两块,如图 3-24 所示。

分界点要用重复的编号,即前一块的最后一个节点编号与后一块的开始节点编号相同。对于较复杂的工程,把整个施工过程分为几个分部工程,把整个网络计划划分若干个小块来编制,便于使用。

三、网络图的类型

网络图根据不同的指标,又划分为各种不同的类型。不同类型的网络图在绘制、计算和优化等方面也不相同,各有特点,下面分别介绍。

(一) 双代号与单代号网络图

网络图根据绘图符号的不同,分为双代号与单代号两种形式的网络图。

双代号网络图:是指组成网络图的各项工作由节点表示工作的开始或结束,以箭线表示工作的名称。把工作的名称写

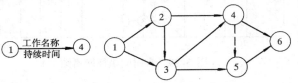

图 3-25　双代号网络图

在箭线上,工作的持续时间(小时、天、周等)写在箭线下,箭尾表示工作的开始,箭头表示工作的结束。采用这种符号所组成的网络图,叫做双代号网络图,如图 3-25 所示。

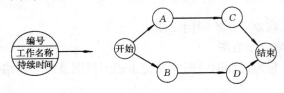

图 3-26　单代号网络图

单代号网络图:指组成网络图的各项工作是由节点表示,以箭线表示各项工作的相互制约关系。用这种符号从左向右绘制而成的图形就叫做单代号网络图,如图 3-26 所示。

(二) 单目标与多目标网络图

根据网络图最终目标的多少,又分为单目标与多目标两种形式的网络图。

单目标网络图:是指只有一个最终目标的网络图,叫做单目标网络图。如完成一个基础工程或建造一个建(构)筑物的相互有关工作组成的网络图,如图 3-27。

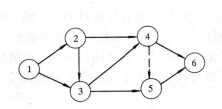

图 3-27　单目标网络图

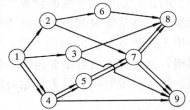

图 3-28　多目标网络图

单目标网络图可以是有时间坐标与无时间坐标的;也可以是肯定型与非肯定型的。但

在一个网络图上只能有一个起点节点和一个终点节点。

多目标网络图：是指由若干个独立的最终目标与其相互有关工作组成的网络图，叫做多目标网络图。如工业区的建筑群以及负责许多建筑工程施工的建筑机构等，如图3-28所示。

在多目标网络图中，每个最终目标都有自己的关键线路。因此，在每个箭线上除了注明工作的持续时间外，还要在括号里注明该项工作属于哪一个最终目标的。在图3-28中关键工作1-4、4-5、5-7是最终目标8和9共有的。

（三）无时标网络图与时标网络图

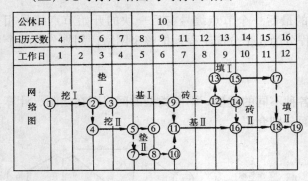

图 3-29　有时间坐标网络图

网络图根据有无时间坐标刻度，又分为无时标网络图和时标网络图两种。

前面出现的网络图都是无时标网络图，图中箭线的长度是任意的。

时标网络图是在网络图上附有时间刻度（工作天数、日历天数及公休日）的网络图，如图3-29所示。

时标网络图的特点是每条箭线长度与完成该项工作的持续时间成比例进行绘制。工作箭线沿水平方向画出，每个箭线的长度就是规定的持续时间。当箭线位置倾斜时，它的工作持续时间按其水平轴上的投影长度确定。

时标网络图的优点是一目了然（时间明确直观），并容易发现工作是提前完成还是落后于进度。

时标网络图的缺点是随着时间的改变，就要重新绘制网络图。

（四）局部网络图、单位工程网络图、综合网络图

根据网络图的应用对象（范围）不同，分为局部网络图、单位工程网络图及综合网络图三种。

局部网络图是指一个建筑物或构筑物当中的一部分或以施工段为对象编制的网络图。例如以某单位工程中的一个分部工程为对象（如基础工程），编制的网络图。

单位工程网络图是以一个建筑或构筑物为对象编制的网络图。

综合网络图是以一个工业企业或居民住宅群为对象编制的网络图。

四、网络计划时间参数的计算

网络图增加持续时间便成为网络计划。网络计划时间参数计算的目的在于确定网络计划上各项工作和各节点的时间参数，为网络计划的优化、调整和执行提供明确的时间概念。网络计划计算的内容主要包括：各个节点的最早时间和最迟时间；各项工作的最早开始时间、最早完成时间、最迟开始时间、最迟完成时间；各项工作的有关时差以及关键线路的持续时间。

网络计划时间参数的计算有许多种方法，一般常用的有分析计算法、图上计算法、表上计算法、矩阵计算法和计算机法等。

（一）工作持续时间的计算

1．单一时间计算法

组成网络图的各项工作可变因素少，具有一定的时间消耗统计资料，因而能够确定出一个肯定的时间消耗值。

单一时间计算法主要是根据劳动定额、预算定额、施工方法、投入劳动力、机具和资源量等资料进行确定的。计算公式如下：

$$D_{i-j} = \frac{Q}{S \cdot R \cdot n} \tag{3-1}$$

式中　D_{i-j}——完成 $i-j$ 项工作的持续时间（小时、天、周……）；

　　　　Q——该项工作的工程量；

　　　　S——产量定额（机械为台班产量）；

　　　　R——投入 $i-j$ 工作的人数或机械台数；

　　　　n——工作的班次。

2．三时估计法

组成网络计划的各项工作可变因素多，不具备一定的时间消耗统计资料，因而不能确定出一个肯定的单一时间值。只有根据概率计算方法，首先估计出三个时间值，即最短、最长和最可能持续时间，再加权平均算出一个期望值作为工作的持续时间。这种计算方法叫做"三时估计法"。

在编制网络计划时必须将非肯定型转变为肯定，把三种时间的估计变为单一时间的估计，其计算公式如下：

$$m = \frac{a + 4c + b}{6} \tag{3-2}$$

式中　m——工作的平均持续时间；

　　　　a——最短估计时间（亦称乐观估计时间）：是指按最顺利条件估计的，完成某项工作所需的持续时间；

　　　　b——最长估计时间（亦称悲观估计时间）：是指按最不利条件估计的，完成某项工作所需的持续时间；

　　　　c——最可能估计时间：是指按正常条件估计的，完成某项工作最可能的持续时间。

a、b、c 三个时间值都是基于可能性的一种估计，具有随机性。根据三种时间的估计，完成某一项工作所需要的时间概率分布如图 3-30 所示。

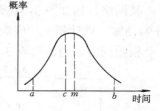

图 3-30　工作时间的概率分布

公式（3-2）实际上是一种加权平均值。假定 c 的可能性两倍于 a、b，则和 a 的平均值为 $(a+2c)/3$，c 与 b 的平均值为 $(2c+b)/3$。这两种时间各以 $1/2$ 的可能性出现，则其平均值为 $\frac{a+4c+b}{6}$。为了进一步反映工作时间概率分布的离散程度，可计算方差，公式如下：

方差：
$$\sigma^2 = \left(\frac{b-a}{6} \right)^2 \tag{3-3}$$

均方差：
$$\sigma = \sqrt{\left(\frac{b-a}{6}\right)^2} = \frac{b-a}{6} \qquad (3-4)$$

方差值越大，说明工作时间的分布距平均值离散程度越大，平均值的代表性就差。相反，方差值越小，说明工作时间的分布距平均值离散程度越小，平均值的代表性就好。例如有两项工作，它们的三个时间估计值、平均值与均方差如表 3-2 所示。

平均值、均方差的计算比较 表 3-2

工作	三种时间估计			平均值：$m = \dfrac{a+4c+b}{6}$	均方差 $= \dfrac{b-a}{6}$
	a	c	b		
A	2	4	18	$\dfrac{2+4\times4+18}{6}=6$	$\dfrac{18-2}{6}=2.67$
B	4	6	8	$\dfrac{4+6\times4+8}{6}=6$	$\dfrac{8-4}{6}=0.67$

从表 3-2 中可知 A、B 两项工作的平均持续时间都是 6 天，但是 A 的均方差为 2.67，B 的均方差为 0.67，这说明 A 的平均值代表性差，它的不肯定性大；B 的平均值代表性好，它的不肯定性小。

为了计算整个网络计划按规定日期完成的可能性，需要将网络计划中关键线路上各项工作持续时间的平均值和均方差加起来计算。工作的数目越多，概率的偏差越小；反之，工作数目越小，概率的偏差越大。网络计划按规定日期完成的概率，可通过下面的公式和查函数表求得。

$$TK = TS + \Sigma\sigma\lambda \qquad (3-5)$$

$$\lambda = \frac{TK - TS}{\Sigma\sigma} \qquad (3-6)$$

式中　TK——网络计划规定的完工日期或目标时间；

　　　TS——网络计划最早可能完成的时间，即关键线路上各项工作平均持续时间的总和；

　　　$\Sigma\sigma$——关键线路上各项工作均方差之和；

　　　λ——概率系数。

现举例说明上述原理和计算公式的应用

某网络计划如图 3-31 所示，试计算该项任务 20 天完成的概率；如完成的概率要求达到 94.5%，则计划工期应规定为多少天？

根据网络计划，列表 3-3 进行计算如下：

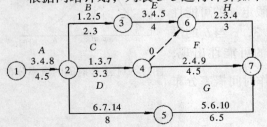

图 3-31　某工程网络计划

该工程规定的完工日期为 20 天。关键线路上各项工作平均持续时间的总和为 19 天。关键线路上各项工作的均方差之和

$$\Sigma\sigma = \sqrt{\frac{114}{36}} = 1.78$$

代入公式 (3-6) 可得概率系数：

$$\lambda = \frac{TK - TS}{\Sigma\sigma} = \frac{20 - 19}{1.78} = 0.56$$

然后查表 3-4，可知该工程 20 天完成的概率是 70%。再查表 3-4，如概率为 94.5%，则概率系数 λ 是 1.6，代入公式（3-5）可求得计划规定的完工日期：

$$TK = TS + \Sigma\sigma\lambda = 19 + 1.6 \times 1.78 = 22 \text{ 天}$$

该工程如规定 22 天完成，则概率可达 94.5%。

计　算　表　　　　　　　　　　　　　表 3-3

工作名称	节点编号		三种时间估计			平均作业时间 $m = \dfrac{a + 4c + b}{6}$	方差 $\sigma^2 = \left(\dfrac{b-a}{6}\right)^2$	关键线路
	I	J	a	c	b			
A	1	2	3	4	8	4.5	25/36	4.5
B	2	3	1	2	5	2.3		
C	2	4	1	3	7	3.3		
D	2	5	6	7	14	8	64/36	8
E	3	6	3	4	5	4		
虚工作	4	6	0	0	0	0		
F	4	7	2	4	9	4.5		
G	5	7	5	6	10	6.5	25/36	6.5
H	6	7	2	3	4	3		
							$\Sigma\sigma^2 = \dfrac{114}{36}$	$TS = 19$

函　数　表　　　　　　　　　　　　　表 3-4

λ	概率（%）	λ	概率（%）	λ	概率（%）
-0.0	50.0	-2.1	1.8	1.1	86.4
-0.1	46.0	-2.2	1.4	1.2	88.5
-0.2	42.0	-2.3	1.0	1.3	90.3
-0.3	38.2	-2.4	0.8	1.4	91.9
-0.4	34.5	-2.5	0.6	1.5	93.3
-0.5	30.8	-2.6	0.5	1.6	94.5
-0.6	27.4	-2.7	0.4	1.7	95.5
-0.7	24.2	-2.8	0.3	1.8	96.5
-0.8	21.2	-2.9	0.2	1.9	97.1
-0.9	18.4	-3.0	0.1	2.0	97.7
-1.0	15.9	0.0	50.0	2.1	98.2
-1.1	13.5	0.1	54.0	2.2	98.6
-1.2	11.5	0.2	57.9	2.3	98.9
-1.3	9.7	0.3	61.8	2.4	99.2
-1.4	8.0	0.4	65.5	2.5	99.4
-1.5	6.7	0.5	69.1	2.6	99.5
-1.6	5.5	0.6	72.6	2.7	99.6
-1.7	4.5	0.7	75.8	2.8	99.7
-1.8	3.6	0.8	78.8	2.9	99.8
-1.9	2.9	0.9	81.6	3.0	99.9
-2.0	2.3	1.0	84.1		

（二）工作计算法

为了便于理解，举例说明一下，某一网络图由 h、i、j、k 4 个节点和 $h\text{-}i$，$i\text{-}j$ 及 $j\text{-}k$

等 3 项工作组成，如图 3-32 所示。

图 3-32　工作示意图

从图 3-32 中可以看出，$i\text{-}j$ 代表一项工作，$h\text{-}i$ 是它的紧前工作。如果 $i\text{-}j$ 之前有许多工作，$h\text{-}i$ 可理解为由起点节点到 i 节点为止沿箭头方向的所有工作的总和。$j\text{-}k$ 代表它的紧后工作。如果 j 是终点节点，则 $j\text{-}k$ 等于零。如果 $i\text{-}j$ 后面有许多工作，$j\text{-}k$ 可理解为由 j 节点至终点节点为止的所有工作的总和。

计算时采用下列符号：

ET_i——i 节点的最早时间；

ET_j——j 节点的最早时间；

LT_i——i 节点的最迟时间；

LT_j——j 节点的最迟时间；

$D_{i\text{-}j}$——$i\text{-}j$ 工作的持续时间；

$ES_{i\text{-}j}$——$i\text{-}j$ 工作的最早开始时间；

$LS_{i\text{-}j}$——$i\text{-}j$ 工作的最迟开始时间；

$EF_{i\text{-}j}$——$i\text{-}j$ 工作的最早完成时间；

$LF_{i\text{-}j}$——$i\text{-}j$ 工作的最迟完成时间；

$TF_{i\text{-}j}$——$i\text{-}j$ 工作的总时差；

$FF_{i\text{-}j}$——$i\text{-}j$ 工作的自由时差。

设网络计划 P 是由 n 个节点所组成，其编号是由小到大（1→n），其工作时间参数的计算公式如下：

1. 工作最早开始时间的计算

工作最早开始时间是指各紧前工作全部完成后，本工作有可能开始的最早时刻。工作 $i\text{-}j$ 的最早开始时间 $ES_{i\text{-}j}$ 的计算应符合下列规定：

（1）工作 $i\text{-}j$ 的最早开始时间 $ES_{i\text{-}j}$ 应从网络计划的起点节点开始，顺箭线方向依次逐项计算；

（2）以起点节点为箭尾节点的工作 $i\text{-}j$，当未规定其最早开始时间 $ES_{i\text{-}j}$ 时，其值应等于零，即：

$$ES_{i\text{-}j} = 0 \quad (i = 1) \tag{3-7}$$

（3）当工作只有一项紧前工作时，其最早开始时间应为：

$$ES_{i\text{-}j} = ES_{h\text{-}i} + D_{h\text{-}i} \tag{3-8}$$

式中　$ES_{h\text{-}i}$——工作 $i\text{-}j$ 的紧前工作的最早开始时间；

D_{h-i}——工作 $i\text{-}j$ 的紧前工作的持续时间。

（4）当工作有多个紧前工作时，其最早开始时间应为：

$$ES_{i\text{-}j} = \max \{ES_{h\text{-}i} + D_{h\text{-}i}\} \tag{3-9}$$

2. 工作最早完成时间的计算

工作最早完成时间是指各紧前工作完成后，本工作有可能完成的最早时刻。工作 $i\text{-}j$ 的最早完成时间 $EF_{i\text{-}j}$ 应按公式（3-10）计算：

$$EF_{i-j} = ES_{i-j} + D_{i-j} \tag{3-10}$$

3. 网络计划工期的计算

(1) 计算工期 T_c 是指根据时间参数计算得到的工期，它应按公式（3-11）计算：

$$T_c = \max \{EF_{i-n}\} \tag{3-11}$$

式中　EF_{i-n}——以终点节点（$j = n$）为箭头节点的工作 $i-n$ 的最早完成时间。

(2) 网络计划的计划工期计算

网络计划的计划工期是指按要求工期和计算工期确定的作为实施目标的工期。其计算应按下述规定：

1）规定了要求工期 T_r 时

$$T_p \leqslant T_r \tag{3-12}$$

2）当未规定要求工期时

$$T_p = T_c \tag{3-13}$$

4. 工作最迟时间的计算

(1) 工作最迟完成时间的计算

工作最迟完成时间是指在不影响整个任务按期完成的前提下，工作必须完成的最迟时刻。

1）工作 $i-j$ 的最迟完成时间 LF_{i-j} 应从网络计划的终点节点开始，逆着箭线方向依次逐项计算。

2）以终点节点（$j = n$）为箭头节点的工作最迟完成时间 LF_{i-n}，应按网络计划的计划工期 T_p 确定，即：

$$LF_{i-n} = T_p \tag{3-14}$$

3）其他工作 $i-j$ 的最迟完成时间 LF_{i-j}，应按公式（3-15）计算：

$$LF_{i-j} = \min \{LF_{j-k} - D_{j-k}\} \tag{3-15}$$

式中　LF_{j-k}——工作 $i-j$ 的各项紧后工作 $j-k$ 的最迟完成时间；

　　　D_{j-k}——工作 $i-j$ 的各项紧后工作的持续时间。

5. 工作最迟开始时间的计算

工作的最迟开始时间是指在不影响整个任务按期完成的前提下，工作必须开始的最迟时刻。

工作 $i-j$ 的最迟开始时间应按公式（3-16）计算

$$LS_{i-j} = LF_{i-j} - D_{i-j} \tag{3-16}$$

6. 工作总时差的计算

工作总时差是指在不影响总工期的前提下，本工作可以利用的机动时间。该时间应按公式（3-17）或（3-18）计算：

$$TF_{i-j} = LS_{i-j} - ES_{i-j} \tag{3-17}$$

或

$$TF_{i-j} = LF_{i-j} - EF_{i-j} \tag{3-18}$$

7. 工作自由时差的计算

工作自由时差是指在不影响其紧后工作最早开始时间的前提下，本工作可以利用的机动时间。工作 $i-j$ 的自由时差 FF_{i-j} 的计算应符合下列规定。

(1) 当工作 i-j 有紧后工作 j-k 时，其自由时差应为：

$$FF_{i\text{-}j} = ES_{j\text{-}k} - ES_{i\text{-}j} - D_{i\text{-}j} \qquad (3\text{-}19)$$

或

$$FF_{i\text{-}j} = ES_{j\text{-}k} - EF_{i\text{-}j} \qquad (3\text{-}20)$$

式中 $ES_{j\text{-}k}$——工作 i-j 的紧后工作 j-k 的最早开始时间。

(2) 以终点节点为箭头节点的工作，其自由时差 $FF_{i\text{-}j}$ 应按网络计划的计划工期 T_p 确定，即：

$$FF_{i\text{-}n} = T_p - ES_{i\text{-}n} - D_{i\text{-}n} \qquad (3\text{-}21)$$

或

$$FF_{i\text{-}n} = T_p - EF_{i\text{-}n} \qquad (3\text{-}22)$$

8. 关键工作和关键线路的判定

(1) 总时差最小的工作为关键工作；当无规定工期时，$T_c = T_p$，最小总时差为零。当 $T_c > T_p$ 时，最小总时差为负数；当 $T_c < T_p$ 时，最小总时差为正数。

(2) 自始至终全部由关键工作组成的线路为关键线路，应当用粗线、双线或彩色线标注。

为了进一步理解和应用以上计算公式，现以图 3-33 为例说明计算的各个步骤。图中箭线下的数字是工作的持续时间，以天为单位。

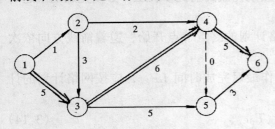

图 3-33　网络计划的计算

1. 各项工作最早开始时间和最早完成时间的计算

$ES_{1\text{-}2} = 0$

$EF_{1\text{-}2} = ES_{1\text{-}2} + D_{1\text{-}2} = 0 + 1 = 1$

$ES_{1\text{-}3} = 0$

$EF_{1\text{-}3} = ES_{1\text{-}3} + D_{1\text{-}3} = 0 + 5 = 5$

$ES_{2\text{-}3} = EF_{1\text{-}2} = 1$

$EF_{2\text{-}3} = ES_{2\text{-}3} + D_{2\text{-}3} = 1 + 3 = 4$

$ES_{2\text{-}4} = EF_{1\text{-}2} = 1$

$EF_{2\text{-}4} = ES_{2\text{-}4} + D_{2\text{-}4} = 1 + 2 = 3$

$ES_{3\text{-}4} = \max\ (EF_{1\text{-}3},\ EF_{2\text{-}3}) = \max\ (5,\ 4) = 5$

$EF_{3\text{-}4} = ES_{3\text{-}4} + D_{3\text{-}4} = 5 + 6 = 11$

$ES_{3\text{-}5} = ES_{3\text{-}4} = 5$

$EF_{3\text{-}5} = ES_{3\text{-}5} + D_{3\text{-}5} = 5 + 5 = 10$

$ES_{4\text{-}5} = \max\ (EF_{2\text{-}4},\ EF_{3\text{-}4}) = \max\ (3,\ 11) = 11$

$EF_{4\text{-}5} = ES_{4\text{-}5} + D_{4\text{-}5} = 11 + 0 = 11$

$ES_{4\text{-}6} = ES_{4\text{-}5} = 11$

$EF_{4\text{-}6} = ES_{4\text{-}6} + D_{4\text{-}6} = 11 + 5 = 16$

$ES_{5\text{-}6} = \max\ (EF_{3\text{-}5},\ EF_{4\text{-}5}) = \max\ (10,\ 11) = 11$

$EF_{5\text{-}6} = ES_{5\text{-}6} + D_{5\text{-}6} = 11 + 3 = 14$

2. 各项工作最迟开始时间和最迟完成时间的计算

$LF_{5\text{-}6} = EF_{4\text{-}6} = 16$

$$LS_{5-6} = LF_{5-6} - D_{5-6} = 16 - 3 = 13$$

$$LF_{4-6} = EF_{4-6} = 16$$

$$LS_{4-6} = LF_{4-6} - D_{4-6} = 16 - 5 = 11$$

$$LF_{4-5} = LS_{5-6} = 13$$

$$LS_{4-5} = LF_{4-5} - D_{4-5} = 13 - 0 = 13$$

$$LF_{3-5} = LS_{5-6} = 13$$

$$LS_{3-5} = LF_{3-5} - D_{3-5} = 13 - 5 = 8$$

$$LF_{3-4} = \min (LS_{4-6}, LS_{4-5}) = \min (11, 13) = 11$$

$$LS_{3-4} = LF_{3-4} - D_{3-4} = 11 - 6 = 5$$

$$LF_{2-4} = \min (LS_{4-6}, LS_{4-5}) = \min (11, 13) = 11$$

$$LS_{2-4} = LF_{2-4} - D_{2-4} = 11 - 2 = 9$$

$$LF_{2-3} = \min (LS_{3-5}, LS_{3-4}) = \min (8, 5) = 5$$

$$LS_{2-3} = LF_{2-3} - D_{2-3} = 5 - 3 = 2$$

$$LF_{1-3} = \min (LS_{3-5}, LS_{3-4}) = \min (8, 5) = 5$$

$$LS_{1-3} = LF_{1-3} - D_{1-3} = 5 - 5 = 0$$

$$LF_{1-2} = \min (LS_{2-3}, LS_{2-4}) = \min (2, 9) = 2$$

$$LS_{1-2} = LF_{1-2} - D_{1-2} = 2 - 1 = 1$$

3. 各项工作总时差的计算

$$TF_{1-2} = LF_{1-2} - EF_{1-2} = 2 - 1 = 1$$

$$TF_{1-3} = LF_{1-3} - EF_{1-3} = 5 - 5 = 0$$

$$TF_{2-3} = LF_{2-3} - EF_{2-3} = 5 - 4 = 1$$

$$TF_{2-4} = LF_{2-4} - EF_{2-4} = 11 - 3 = 8$$

$$TF_{3-4} = LF_{3-4} - EF_{3-4} = 11 - 11 = 0$$

$$TF_{3-5} = LF_{3-5} - EF_{3-5} = 13 - 10 = 3$$

$$TF_{4-5} = LF_{4-5} - EF_{4-5} = 13 - 11 = 2$$

$$TF_{4-6} = LF_{4-6} - EF_{4-6} = 16 - 16 = 0$$

$$TF_{5-6} = LF_{5-6} - EF_{5-6} = 16 - 14 = 2$$

4. 各项工作自由时差的计算

$$FF_{1-2} = ES_{2-3} - EF_{1-2} = 1 - 1 = 0$$

$$FF_{1-3} = ES_{3-4} - EF_{1-3} = 5 - 5 = 0$$

$$FF_{2-3} = ES_{3-4} - EF_{2-3} = 5 - 4 = 1$$

$$FF_{2-4} = ES_{4-5} - EF_{2-4} = 11 - 3 = 8$$

$$FF_{3-4} = ES_{4-5} - EF_{3-4} = 11 - 11 = 0$$

$$FF_{3-5} = ES_{5-6} - EF_{3-5} = 11 - 10 = 1$$

$$FF_{4-5} = ES_{5-6} - EF_{4-5} = 11 - 11 = 0$$

$$FF_{4-6} = T_P - EF_{4-6} = 16 - 16 = 0$$

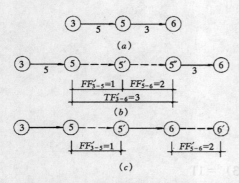

图 3-34　总时差与自由时差关系图
（a）网络图的一部分；（b）工作 3—5 的总时差；
（c）工作 3—5 及 5—6 的自由时差

$$FF_{5-6} = T_P - EF_{5-6} = 16 - 14 = 2$$

为了进一步说明总时差和自由时差之间的关系，取出网络图（图 3-33）中的一部分，如图 3-34 所示。

从上图可见，工作 3—5 总时差就等于本工作 3—5 及紧后工作 5—6 的自由时差之和。

$$TF_{3-5} = FF_{3-5} + FF_{5-6} = 1 + 2 = 3$$

同时，从图中可见，本工作不仅可以利用自己的自由时差，而且可以利用紧后工作的自由时差（但不得超过本工作总时差）。

由图 3-33 分析，关键节点为 1，3，4，6；关键工作为 1—3—4—6。

（三）节点计算法

1.节点最早时间的计算

节点最早时间是指双代号网络计划中，以该节点为开始节点的各项工作的最早开始时间。

节点 i 的最早时间 ET_i 应从网络计划的起点节点开始，顺着箭线方向依次逐项计算，并应符合下列规定：

（1）起点节点 i 未规定最早时间 ET_i 时，其值应等于零，即：

$$ET_i = 0 \quad (i = 1) \tag{3-23}$$

（2）当节点 j 只有一条内向箭线时，其最早时间为：

$$ET_j = ET_i + D_{i-j} \tag{3-24}$$

（3）当节点 j 有多条内向箭线时，其最早时间 ET_j 应为：

$$ET_j = \max \{ET_i + D_{i-j}\} \tag{3-25}$$

2.网络计划工期的计算

（1）网络计划的计算工期

网络计划的计算工期按下式计算：

$$T_c = ET_n \tag{3-26}$$

式中　ET_n——终点节点 n 的最早时间。

（2）网络计划的计划工期的确定

网络计划的计划工期 T_p 的确定与工作计算法相同。

3.节点最迟时间的计算

节点最迟时间是指双代号网络计划中，以该节点为完成节点的各项工作的最迟完成时间。其计算应符合下述规定：

（1）节点 i 的最迟时间 LT_i 应从网络计划的终点节点开始，逆着箭线方向依次逐项计算，当部分工作分期完成时，有关节点的最迟时间必须从分期完成节点开始逆向逐项计算。

（2）终点节点 n 的最迟时间 LT_n 应按网络计划的计划工期 T_p 确定，即：

66

$$LT_n = T_p \tag{3-27}$$

分期完成节点的最迟时间应等于该节点规定的分期完成时间。

（3）其他节点 i 的最迟时间 LT_i 应为：

$$LT_i = \min \{LT_j - D_{i-j}\} \tag{3-28}$$

式中　LT_j——工作 i-j 的箭头节点 j 的最迟时间。

4．工作时间参数的计算

（1）工作最早开始时间的计算

工作 i-j 的最早开始时间 ES_{i-j} 应按公式（3-29）计算

$$ES_{i-j} = ET_i \tag{3-29}$$

（2）工作 i-j 的最早完成时间 EF_{i-j} 应按公式（3-30）计算

$$EF_{i-j} = ET_i + D_{i-j} \tag{3-30}$$

（3）工作 i-j 最迟完成时间的计算

工作 i-j 的最迟完成时间 LF_{i-j} 按公式（3-31）计算：

$$LF_{i-j} = LT_j \tag{3-31}$$

（4）工作最迟开始时间的计算

工作 i-j 的最迟开始时间 LS_{i-j} 按公式（3-32）计算：

$$LS_{i-j} = LT_j - D_{i-j} \tag{3-32}$$

（5）工作总时差的计算

工作 i-j 的总时差 TF_{i-j} 应按公式（3-33）计算：

$$TF_{i-j} = LT_j - ET_i - D_{i-j} \tag{3-33}$$

（6）工作自由时差的计算

工作 i-j 的自由时差 FF_{i-j} 按公式（3-34）计算

$$FF_{i-j} = ET_j - ET_i - D_{i-j} \tag{3-34}$$

为了进一步理解和应用以上计算公式，现仍以图 3-33 为例说明计算的各个步骤。

1．计算节点最早时间

$ET_1 = 0$

$ET_2 = \max [ET_1 + D_{1-2}] = \max [0 + 1] = 1$

$ET_3 = \max [ET_1 + D_{1-3}, ET_2 + D_{2-3}] = \max [0 + 5, 1 + 3] = 5$

$ET_4 = \max [ET_2 + D_{2-4}, ET_3 + D_{3-4}] = \max [1 + 2, 5 + 6] = 11$

$ET_5 = \max [ET_3 + D_{3-5}, ET_4 + D_{4-5}] = \max [5 + 5, 11 + 0] = 11$

$ET_6 = \max [ET_4 + D_{4-6}, ET_5 + D_{5-6}] = \max [11 + 5, 11 + 3] = 16$

ET_6 是网络图 3-33 终点节点最早可能开始时间的最大值，也是关键线路的持续时间。

2．计算各个节点最迟时间

$ET_6 = LT_6 = T_C = T_P = 16$

$LT_5 = \min [LT_6 + D_{5-6}] = 16 - 3 = 13$

$LT_4 = \min [LT_5 - D_{4-5}, LT_6 - D_{4-6}] = \min [13 - 0, 16 - 5] = 11$

$$LT_3 = \min [LT_4 - D_{3-4}, LT_5 - D_{3-5}] = \min [11-6, 13-5] = 5$$

$$LT_2 = \min [LT_3 - D_{2-3}, LT_4 - D_{2-4}] = \min [5-3, 11-2] = 2$$

$$LT_1 = \min [LT_2 - D_{1-2}, LT_3 - D_{1-3}] = \min [2-1, 5-5] = 0$$

3. 计算各项工作最早开始时间和最早完成时间

$$ES_{1-2} = ET_1 = 0$$

$$EF_{1-2} = ET_1 + D_{1-2} = 0 + 1 = 1$$

$$ES_{1-3} = ET_1 = 0$$

$$EF_{1-3} = ET_1 + D_{1-3} = 0 + 5 = 5$$

$$ES_{2-3} = ET_2 = 1$$

$$EF_{2-3} = ET_2 + D_{2-3} = 1 + 3 = 4$$

$$ES_{2-4} = ET_2 = 1$$

$$EF_{2-4} = ET_2 + D_{2-4} = 1 + 2 = 3$$

$$ES_{3-4} = ET_3 = 5$$

$$EF_{3-4} = ET_3 + D_{3-4} = 5 + 6 = 11$$

$$ES_{3-5} = ET_3 = 5$$

$$EF_{3-5} = ET_3 + D_{3-5} = 5 + 5 = 10$$

$$ES_{4-5} = ET_4 = 11$$

$$EF_{4-5} = ET_4 + D_{4-5} = 11 + 0 = 11$$

$$ES_{4-6} = ET_4 = 11$$

$$EF_{4-6} = ET_4 + D_{4-6} = 11 + 5 = 16$$

$$ES_{5-6} = ET_5 = 11$$

$$EF_{5-6} = ET_5 + D_{5-6} = 11 + 3 = 14$$

4. 计算各项工作最迟开始时间和最迟完成时间

$$LF_{5-6} = LT_6 = 16$$

$$LS_{5-6} = LT_6 - D_{5-6} = 16 - 3 = 13$$

$$LF_{4-6} = LT_6 = 16$$

$$LS_{4-6} = LT_6 - D_{4-6} = 16 - 5 = 11$$

$$LF_{4-5} = LT_5 = 13$$

$$LS_{4-5} = LT_5 - D_{4-5} = 13 - 0 = 13$$

$$LF_{3-5} = LT_5 = 13$$

$$LS_{3-5} = LT_5 - D_{3-5} = 13 - 5 = 8$$

$$LF_{3-4} = LT_4 = 11$$

$$LS_{3-4} = LT_4 - D_{3-4} = 11 - 6 = 5$$

$$LF_{2-4} = LT_4 = 11$$

$$LS_{2-4} = LT_4 - D_{2-4} = 11 - 2 = 9$$

$$LF_{2-3} = LT_3 = 5$$

$$LS_{2-3} = LT_3 - D_{2-3} = 5 - 3 = 2$$

$$LF_{1-3} = LT_3 = 5$$

$$LS_{1-3} = LT_3 - D_{1-3} = 5 - 5 = 0$$

$$LF_{1-2} = LT_2 = 2$$

$$LS_{1-2} = LT_2 - D_{1-2} = 2 - 1 = 1$$

5. 计算各项工作的总时差

$$TF_{1-2} = LT_2 - ET_1 - D_{1-2} = 2 - 0 - 1 = 1$$

$$TF_{1-3} = LT_3 - ET_1 - D_{1-3} = 5 - 0 - 5 = 0$$

$$TF_{2-3} = LT_3 - ET_2 - D_{2-3} = 5 - 1 - 3 = 1$$

$$TF_{2-4} = LT_4 - ET_2 - D_{2-4} = 11 - 1 - 2 = 8$$

$$TF_{3-4} = LT_4 - ET_3 - D_{3-4} = 11 - 5 - 6 = 0$$

$$TF_{3-5} = LT_5 - ET_3 - D_{3-5} = 13 - 5 - 5 = 3$$

$$TF_{4-5} = LT_5 - ET_4 - D_{4-5} = 13 - 11 - 0 = 2$$

$$TF_{4-6} = LT_6 - ET_4 - D_{4-6} = 16 - 11 - 5 = 0$$

$$TF_{5-6} = LT_6 - ET_5 - D_{5-6} = 16 - 11 - 3 = 2$$

6. 计算各项工作的自由时差

$$FF_{1-2} = ET_2 - ET_1 - D_{1-2} = 1 - 0 - 1 = 0$$

$$FF_{1-3} = ET_3 - ET_1 - D_{1-3} = 5 - 0 - 5 = 0$$

$$FF_{2-3} = ET_3 - ET_2 - D_{2-3} = 5 - 1 - 3 = 1$$

$$FF_{2-4} = ET_4 - ET_2 - D_{2-4} = 11 - 1 - 2 = 8$$

$$FF_{3-4} = ET_4 - ET_3 - D_{3-4} = 11 - 5 - 6 = 0$$

$$FF_{3-5} = ET_5 - ET_3 - D_{3-5} = 11 - 5 - 5 = 1$$

$$FF_{4-5} = ET_5 - ET_4 - D_{4-5} = 11 - 11 - 0 = 0$$

$$FF_{4-6} = ET_6 - ET_4 - D_{4-6} = 16 - 11 - 5 = 0$$

$$FF_{5-6} = ET_6 - ET_5 - D_{5-6} = 16 - 11 - 3 = 2$$

7. 关键工作和关键线路的确定

在网络计划中总时差最小的工作称为关键工作。本例中由于网络计划的计算工期等于其计划工期，故总时差为零的工作即为关键工作。

$$TF_{1-3} = LT_3 - ET_1 - D_{1-3} = 5 - 0 - 5 = 0$$

∴ 1-3 工作是关键工作

$$TF_{3-4} = LT_4 - ET_3 - D_{3-4} = 11 - 5 - 6 = 0$$

∴ 3-4 工作是关键工作

$$TF_{4-6} = LT_6 - ET_4 - D_{4-6} = 16 - 11 - 5 = 0$$

∴ 4-6 工作是关键工作

将上述各项关键工作依次连起来，就是整个网络图的关键线路。如图 3-33 和图 3-35 中双箭线所示。

（四）图上计算法

图上计算法是依据分析计算法的时间参数关系式，直接在网络图上进行计算的一种比较直观、简便的方法。现以图 3-35 所示的一个简单的网络说明图上计算法。

图中箭线下的数字代表该工作的持续时间；圆圈旁边的数字分别表示该节点最早的时间和最迟的时间。

1．计算节点最早时间

（1）起点节点

网络图中的起点节点一般是以相对时间 0 开始，因此起点节点的最早开始时间等于 0，把 0 注在起点节点的相应位置。

（2）中间节点

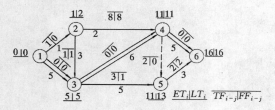

图 3-35　网络计划时间参数计算示意图

从起点节点到中间节点可能有几条线路，而每一条线路有一个时间和，这些线路和中的最大值，就是该中间节点的最早可能开始时间。如图 3-35 中节点 3 的最早可能开始时间，需要计算从 1 到 3 的两条线路，即 1-2-3 和 1-3 的时间和。1-2-3 的时间和为 1+3＝4 天，1-3 的时间和是 5 天，要取线路中的最大值，因此节点 3 的最早可能开始时间为 5 天。它表示紧前工作（1-3、2-3）最早可能完成的时间为 5 天末了，紧后工作（3-4、3-5）最早可能开始的时间为 5 天之后。

2．计算节点最迟时间

节点最迟时间的计算，是以网络图的终点节点（终点）逆箭头方向，从右到左（如图 3-35 所示）。逐个节点进行计算的，并将计算的结果添在相应节点的图示位置上。

（1）终点节点　当网络计划有规定工期时，终点节点的最迟时间就等于规定工期；当没有规定工期时，终点节点的最迟时间等于终点节点最早时间。

（2）中间节点　某一节点最迟时间的计算，是从终点节点开始向起点节点方向进行的，如果计算到某一中间节点可能有几条线路，那么在这几条线路中必有一个时间和的最大值。把结束节点的最迟时间减去这个最大值，就是该节点的最迟时间。如图 3-35 中节点 2 的最迟时间，需要由节点 6 反方向计算到节点 2 的四条线路中最大的时间和。6-4-2 的时间和是 5+2＝7 天，6-4-3-2 的时间和是 14 天，6-5-4-3-2 的时间和是 12 天，6-5-3-2 的时间是 11 天。从终点节点最迟时间的 16 天减去 14 天得 2 天就是节点 2 的最迟时间。它表示紧前工作 1-2 最迟必须在 2 天结束，紧后工作 2-3、2-4 最迟必须在 2 天后马上开始，否则就会拖整个计划工期。

3．计算各项工作的最早开始和最早完成时间

工作的最早开始时间也就是该工作开始节点的最早时间。工作的最早完成时间也就是该工作的最早开始时间加上该项工

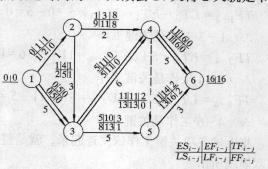

图 3-36　图上计算法示意

70

作的持续时间。

如图 3-35 中的工作 2-4 最早开始时间等于节点 2 的最早时间(1 天)。工作 2-4 最早完成时间等于工作 2-4 的最早开始时间 + 工作的持续时间,即 1+2=3 天。

4. 计算各项工作的最迟开始和最迟完成时间

工作的最迟完成时间也就是该工作完成节点的最迟时间。工作的最迟开始时间也就是工作最迟完成时间减去该工作的持续时间。如图 3-36 中的工作 2-4 的最迟开始时间等于工作 2-4 的最迟完成时间减去工作 2-4 的持续时间,即 11-2=9 天。把以上时间参数的计算值均可直接标注在图上,如图 3-36 所示。

5. 计算时差

图上计算法的总时差等于该工作的完成节点的最迟时间减去开始节点的最早时间再减去该工作的持续时间。

自由时差也可以用该工作完成节点的最早时间减去该工作开始节点的最早时间与该工作持续时间的和而求得。公式如下:

$$FF_{i-j} = ET_j - (ET_i + D_{i-j}) \tag{3-35}$$

有关总时差及自由时差的计算值见图所示。

图 3-35 和图 3-36 为图上计算法常用的两种表达方式(节点计算法和工作计算法)。除上述两种表达方式,还有其他图例。具体见图 3-37 所示。

图 3-37 时间参数表示法

(五)表上计算法

表上计算法是依据分析计算法所求出的时间关系式,用表格形式进行计算的一种方法。在表上应列出拟计算的工作名称,各项工作的持续时间以及所求的各项时间参数,见表 3-5。

网络计划时间参数计算表　　　　　　　表 3-5

工作一览表			时　间　参　数						关键线路
节点	工作	持续时间	节点最早时间	工作最早完成时间	工作最迟开始时间	节点最迟时间	工作总时差	工作自由时差	
i	$i-j$	D_{i-j}	ET_i	EF_{i-j}	LS_{i-j}	LT_i	TF_{i-j}	FF_{i-j}	CP
(1)	(2)	(3)	(4)	(5)	(6)	(7)	(8)	(9)	(10)
①	1-2 1-3	1 5	0	1 5	1 0	0	1 0	0 0	是
②	2-3 2-4	3 2	1	4 3	2 9	2	1 8	1 8	
③	3-4 3-5	6 5	5	11 10	5 8	5	0 3	0 1	是
④	4-5 4-6	0 5	11	11 16	13 11	11	2 0	0 0	是
⑤	5-6	3	11	14	13	13	2	0	
⑥			16			16			

计算前应先将网络图中的各个节点按其号码从小到大依次填入表中的第(1)栏内,然后各项工作 i-j 也要分别按 i、j 号码从小到大顺次填入第(2)栏内(如 1-2、1-3、2-3、2-4 等),同时把相应的每项工作的持续时间填入第(3)栏内。以上所要求的都是已知数,也是下列计算的基础。

为了便于理解，现举例说明表上计算法的步骤和方法。

1. 求表中的 ET_i 和 EF_{i-j} 值（见表中 $1-2$ 工作）

计算顺序：自上而下，逐行进行。

（1）已知条件 $ET_1=0$（计划从相对时间 0 天开始，因此，ET_1 值为 0），EF_{i-j}（表中第 5 栏）$=ET_i$（表中第 4 栏）$+D_{i-j}$（表中第 3 栏）则 $EF_{1-2}=0+1=1$；$EF_{1-3}=0+5=5$。

（2）求 ET_2 从表 3-5 中可以看出，节点 2 的紧前工作只有 $1-2$，于是就将这个紧前工作的 EF 值填入 ET_2。已知 $EF_{1-2}=1$，将 $ET_2=1$，按照表中（4）栏 +（3）栏 =（5）栏，又可求得 $EF_{2-3}=1+3=4$；$EF_{2-4}=1+2=3$。

（3）求 ET_3 从表 3-5 中可以看出节点 3 的紧前工作有 $1-3$ 和 $2-3$，应选这两项工作 EF_{2-3} 和 EF_{1-3} 的最大值填入 ET 栏，现已知 $EF_{1-3}=5$；$EF_{2-3}=4$；故 $ET_3=5$。同样由（4）栏 +（3）栏 =（5）栏，得 $EF_{3-4}=5+6=11$；$EF_{3-5}=5+5=10$。

（4）求 ET_4 节点 4 的紧前工作有 $2-4$ 和 $3-4$，现已知 $EF_{2-4}=3$，$EF_{3-4}=11$，故 $ET_4=11$。并计算得：$EF_{4-5}=5+6=11$；$EF_{3-5}=5+5=10$。

（5）求 ET_5 节点 5 的紧前工作有 $4-5$ 和 $3-5$，已知 $EF_{4-5}=11$，$EF_{3-5}=10$，故 $ET_5=11$。并计算得：$EF_{5-6}=11+3=14$。

（6）求 ET_6 节点的紧前工作有 $4-6$ 和 $5-6$，已知 $EF_{4-6}=16$，$EF_{5-6}=11$，取两者的最大值，得：$ET_6=16$。

2. 求 LT_i 和 LS_{i-j} 值

计算顺序：自下而上，逐行进行。

（1）已知条件 $ET_6=16$，而且整个网络图的终点节点的 LT 值在没有规定工期的时候应与 ET 值相同，即 $LT_6=ET_6$；则 $LT_6=16$。

从表 3-5 可以看出节点 6 的紧前工作有 $4-6$ 和 $5-6$，则有：

$$LS_{4-6}=LT_6-D_{4-6}=16-5=11$$

$$LS_{5-6}=LT_6-D_{5-6}=16-3=13$$

（2）求 LT_5 表 3-5 中，由节点 5 出发的工作（节点 5 的紧后工作）只有 $5-6$，已知 $LS_{5-6}=13$，故 $LT_5=13$（如果有两个或更多的紧后工作，则要选取其中 LS 的最小值作为该节点的 LT 值），节点 5 的紧前工作有 $3-5$ 和 $4-5$，则算得：

$$LS_{3-5}=LT_5-D_{3-5}=13-5=8$$

$$LS_{4-5}=LT_5-D_{4-5}=13-0=13$$

（3）求 LT_4 从表 3-5 中可以看出，由节点 4 出发的工作有 $4-5$ 和 $4-6$，已知：$LS_{4-5}=13$，$LS_{4-6}=11$ 选其最小值 $\min LS$ 填入 LT_4 得 $LT_4=11$。

节点 4 的紧前工作有 $2-4$ 和 $3-4$，则有

$$LS_{2-4}=LT_4-D_{2-4}=11-2=9$$

$$LS_{3-4}=LT_4-D_{3-4}=11-6=5$$

（4）求 LT_3 由节点 3 出发的工作有 $3-4$ 和 $3-5$，已知 $LS_{3-4}=5$，$LS_{2-4}=9$，选其 $\min LS$ 值填入 LT_3，得 $LT_3=5$。同样可算出节点 3 的紧前工作 $1-3$ 和 $2-3$ 的 LS 值为：

$$LS_{1-3} = LT_3 - D_{1-3} = 5 - 5 = 0$$

$$LS_{2-3} = LT_3 - D_{2-3} = 5 - 3 = 2$$

（5）求 LT_2 由节点 2 出发的工作有 2-3 和 2-4，已知 $LS_{2-3}=2$，$LS_{2-4}=9$，选其 minLS 值填入 LT_2，得 $LT_2=2$，节点 2 的紧前工作只有 1-2 则：

$$LS_{1-2} = LT_2 - D_{1-2} = 2 - 1 = 1$$

（6）求 LT_1 由节点 1 出发的工作有 1-2 和 1-3，已知 $LS_{1-2}=1$，$LS_{1-3}=0$，选其 minLS 值填入 LT_1，则 $LT_1=0$，由于节点 1 是整个网络图的起点节点，所以它前面没有工作，到此，LT 和 LS 值全部计算完毕。

3．求 TF_{i-j}

由计算式（3-17）及（3-33）得：表 3-5 中的第（8）栏等于第（6）栏减去第（4）栏。

4．求 FF_{i-j}

$$FF_{i-j} = ET_j - ET_i - D_{i-j}$$

如：工作 3-5 的 $FF_{3-5} = ET_5 - ET_3 - D_{3-5} = 11 - 5 - 5 = 1$；其余类推，计算结果见表 3-5。

5．判别关键线路

因本例无规定工期，因此在表 3-5 中，凡总时差 $TF_{i-j}=0$ 的工作就是关键工作，在表的第（10）栏中注明"是"，由这些工作首尾相接而形成的线路就是关键线路。

第三节 单代号网络计划

一、单代号网络图的绘制

在双代号网络计划中，为了正确地表达网络计划中各项工作（活动）间的逻辑关系，而引入了虚工作这一概念，通过绘制和计算可以看到增加了虚工作也是很麻烦的事，不仅增大了工作量，也使图形增大，使得计算更费时间。因此，人们在使用双代号网络图来表示计划的同时，也设想了第二种计划网络图——单代号网络图，从而解决了双代号网络图的上述缺点。

（一）绘图符号

单代号网络计划的表达形式很多，符号也各种各样，但总的说来，就是用一个圆圈或方框代表一项工作，至于圆圈或方框内的内容（项目）可以根据实际需要来填写和列出。一般将工作的名称、编号填写在圆圈或方框的上半部分；完成工作所需要的时间写在圆圈或方框的下半部分，见图 3-38 所示。连接两个节点圆圈或方框间的箭线用来表示两项工作间的紧前和紧后关系。例如：a 工作是 b 工作的紧前工作，或者说 b 工作是 a 工作的紧后工作。用双代号和单代号分别表示的方法见图 3-39（a）。这种只用一个节点（圆圈或方框）代表一项（活动）工作的表示方式称为单代号表示法。单代号表示法的其他形式见图 3-29（b）、（c）。

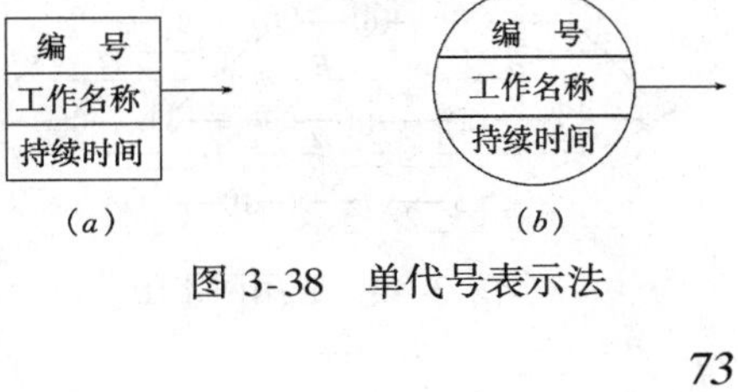

（二）绘图规则

图 3-38 单代号表示法

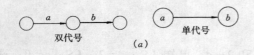

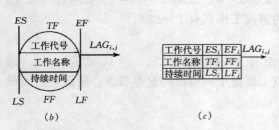

图 3-39 单代号表示法

同双代号网络图的绘制一样，绘制单代号网络图也必须遵循一定的绘图规则。当违背了这些规则时，就可能出现逻辑关系混乱，无法判别各工作之间的紧前和紧后关系，无法进行网络图的时间参数计算。这些基本规则主要是：

（1）为了保证单代号网络计划有一个起点和一个终点，当网络图中有多项起点节点或多项终点节点时，应在网络图的两端分别增加一个虚拟的起点节点和终点节点。这也是单代号网络图所特有的。

（2）网络图中不允许出现循环回路。

（3）网络图中不允许出现有重复编号的工作，一个编号只能代表一项工作。

（4）在网络图中除起点节点和终点节点外，不允许出现其他没有内向箭线的工作节点和没有外向箭线的工作节点。

（5）为了计算方便，网络图的编号应是箭头节点编号大于箭尾节点编号。

以上都是以单目标单代号网络图的情况来说明其基本规则：而单代号网络图工作逻辑关系的表示方法见表 3-6。

单代号网络图工作逻辑关系表示方法　　　　　　　表 3-6

描　　述	图　　示	描　　述	图　　示
A 工作完成后进行 B 工作	Ⓐ ⟶ Ⓑ	B 工作完成后，D、C 工作可以同时开始	Ⓑ ⟶ Ⓓ / Ⓒ
B、C 工作完成后进行 D 工作	Ⓑ Ⓒ ⟶ Ⓓ	A 工作完成后进行 C 工作，B 工作完成后同时进行 C、D 工作	Ⓐ ⟶ Ⓒ / Ⓑ ⟶ Ⓓ

（三）单代号、双代号网络图的对比分析

1. 从双代号到单代号

通过上面对单代号网络图的表示符号、绘图规则的学习，可以看出单代号网络图就是把一项计划所需要进行的许多工作，根据先后顺序和相互依赖、相互制约的关系，用单代号表示法从左至右绘制而成的，并根据先后顺序予以编号的网状图形。也可以认为，单代号网络图是由一种特别表达方式的双代号法（亦称通用网络图）演绎而来。具体过程见图 3-40、3-41。

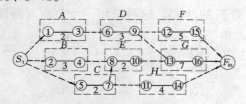

图 3-40　通用网络图

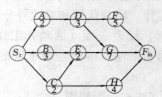

图 3-41　单代号网络图

74

在图 3-40 中，主要有 A 工作（1-3），B 工作（2-4），C 工作（5-7），D 工作（6-9），E 工作（8-10），H 工作（11-14），F 工作（12-15），G 工作（13-16），而其余都是表达逻辑关系和先后顺序关系的虚工作。S_t 节点是起点节点，F_{in} 是终点节点（以下同）。图 3-41 就是根据图 3-40 所给出的关系绘制的单代号网络图。

2. 单、双代号网络的对比分析

首先，我们从两者的逻辑关系表达式进行对比，两种网络表示法在不同情况下，其表现的繁简程度是不同的。有些情况下，应用单代号表示法较为简单，有些情况下，使用双代号表示法则更为清楚。所以，可以认为单、双代号网络图是两种互为补充，各具特色的表现方法。下面是它们各自的优缺点：

（1）单代号网络图绘制方便，不必增加虚工作，在此点上，弥补了双代号网络图的不足，所以，近年来在国外、特别是欧洲新发展起来的几种形式的网络计划，如：决策网络计划（DCPM），图示评审技术（GERT），前导网络（PN）等，都是采用单代号表示法表示的。

（2）根据使用者反映，单代号网络图具有便于说明，容易被非专业人员所理解和易于修改的优点。这对于推广应用网络计划技术编制工程进度计划，进行全面科学管理是有益的。

（3）在应用计算机进行网络计算和优化的过程中，人们认为：双代号网络图更为简便，这主要是由于双代号网络图中用两个节点代表一项工作，这样可以自然地直接反映出其紧前或紧后工作的关系。而单代号网络图就必须按工作逐个列出其直接前导和后继工作，也即采用所谓自然排序的方法来检查其紧前、紧后工作关系，这就在计算机中需占用更多的存贮单元。但是，通过已有的计算程序计算，两者的运算时间和费用的差异是很小的。

既然单代号网络图具有上述优点，为什么人们还要继续使用双代号网络图呢？这主要是一个"习惯问题"。人们首先接受和采用的是双代号网络图，其推广时间较长；这是其原因之一。另一个重要原因是用双代号网络图表示工程进度比用单代号网络图更为形象，特别是应用在时标网络计划中。

（四）单代号网络图的绘制

单代号网络图的绘制步骤与双代号网络图的绘制步骤基本相同，主要包括两部分：

（1）列出工作一览表及各工作的直接前导、后继工作名称，根据工程计划中各工作在工艺上，组织上的逻辑关系来确定其直接前导、后继工作名称；

（2）根据上述关系绘制网络图。这里包括：首先绘制草图，然后对一些不必要的交叉进行整理，绘出简化网络图。

下面举例对上述步骤加以说明。

1）各工作名称及其紧前、紧后工作见表 3-7。

2）首先设一个起点节点，然后根据所列紧前、紧后关系，从左向右进行绘制，最后设一个终点节点，见图 3-42。

对图 3-42 进行整理并编号。其编号原则同双代号网络图。整理后的单代号网络图见图 3-43。

表 3-7

工作名称	紧前工作	紧后工作
A	—	B、E、C
B	A	D、E
C	A	G
D	B	F、D
E	A、B	F
F	D、E	G
G	D、F、C	—

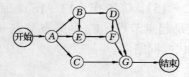

图 3-42　单代号网络图　　　　　　　　图 3-43　单代号网络图

二、单代号网络图时间参数的计算

单代号网络图时间参数主要有以下几个：

D_i——i 工作的持续时间；

T_p——计划工期；

ES_i——i 工作最早开始时间；

EF_i——i 工作最早完成时间；

LS_i——i 工作最迟开始时间；

LF_i——i 工作最迟完成时间；

TF_i——i 工作的总时差；

FF_i——i 工作的自由时差。

单代号网络图时间参数的计算方法主要有以下几种：

分析计算法；图上计算法；表上计算法；矩阵计算法；计算机法。

尽管方法很多，但都是以分析计算法作为基础而采用不同的计算及表现形式。我们主要介绍分析计算法、图上计算法和表上计算法（计算机法在第六节中介绍）。

（一）分析计算法

1. 计算最早时间

分析计算法就是通过对各工作间逻辑关系的分析，其最早时间的计算顺序从起点节点开始，顺着箭头方向依次逐项进行。

（1）当起点节点 i 的最早开始时间无规定时，其值应为零：

$$ES_i = 0 \ (i = 1)$$

（2）最早开始时间：

一项工作（节点）的最早开始时间等于它的各紧前工作的最早完成时间的最大值；如果本工作只有一个紧前工作，那么其最早开始时间就是这个紧前工作的最早完成时间。

j 工作前有多个紧前工作时：

$$ES_j = \max\{EF_i\}(i < j) \tag{3-36}$$

j 工作前只有一个紧前工作时：

$$ES_j = EF_i \tag{3-37}$$

（3）最早完成时间

一项工作（节点）的最早完成时间就等于其最早开始时间加本工作持续时间的和。

$$EF_j = ES_j + D_j \tag{3-38}$$

（4）当计算到网络图终点时，由于其本身不占用时间，即其持续时间为零，所以：

$$EF_n = ES_n = \max\{EF_i\} \quad （i \text{ 为终点节点的紧前工作}） \tag{3-39}$$

2. 计算最迟时间

（1）最迟完成时间：

一项工作的最迟完成时间是指在保证不致拖延总工期的条件下，本工作最迟必须完成的时间：

$$LF_n = T_P \tag{3-40}$$

式中　T_P——计划工期。

当 $T_P = EF_n$ 时

$$LF_n = EF_n \tag{3-41}$$

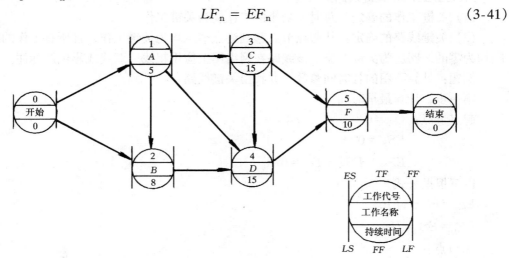

图 3-44　某单代号网络计划

任一工作最迟完成时间不应影响其紧后工作的最迟开始时间，所以，工作的最迟完成时间等于其紧后工作最迟开始时间的最小值，如果只有一个紧后工作，其最迟完成时间就等于此紧后工作的最迟开始时间：

i 有多项紧后工作时：

$$LF_i = \min[LS_j](i < j) \tag{3-42}$$

i 只有一个紧后工作时：

$$LF_i = LS_j(i < j) \tag{3-43}$$

从上面可以看出，最迟完成时间的计算是从终点节点开始逆箭头方向计算的。

（2）最迟开始时间 LS_i：

工作的最迟开始时间等于其最迟完成时间减去本工作的持续时间：

$$LS_i = LF_i - D_i \tag{3-44}$$

3. 计算时差

工作时差的概念与双代号网络图完全一致，但由于单代号工作在节点上，所以，其表示符号有所不同，其计算公式为：

（1）总时差：

$$TF_i = LS_i - ES_i \tag{3-45}$$

（2）自由时差：即不影响紧后工作按最早开始时间时本工作的机动时间。

77

$$FF_i = \min[ES_j - EF_i](i < j) \qquad (3\text{-}46)$$

4. 计算相邻两项工作 i 和 j 之间的时间间隔 $LAG_{i,j}$

(1) 当终点节点为虚拟节点时，其时间间隔应为：

$$LAG_{i,n} = T_P - EF_i \qquad (3\text{-}47)$$

(2) 其他节点之间的时间间隔为：

$$LAG_{i,j} = ES_j - EF_i \qquad (3\text{-}48)$$

5. 关键工作和关键线路的确定

(1) 关键工作的确定：总时差最小的工作应为关键工作。

(2) 关键线路的确定：从起点节点起到终点节点均为关键工作，且所有工作的时间间隔均为零的线路应为关键线路。该线路在网络图上应用粗线、双线或彩色线标注。

例题：计算下图的各时间参数，并找出关键线路。

第一步，计算最早时间

起点节点：$D_{St} = 0$

$\qquad\qquad ES_{St} = 0$

$\qquad\qquad EF_{St} = ES_{St} + D_{St} = 0$

以下根据公式

$ES_j = \max \{EF_i\}$

$EF_j = ES_j + D_j$

A 节点：

$ES_1 = ES_{St} = 0$（A 节点前只有起点节点）

$EF_1 = ES_1 + D_1 = 0 + 5 = 5$

B 节点：

$ES_2 = \max \{EF_{St}, EF_1\} = \max \{0, 5\} = 5$

$EF_2 = ES_2 + D_2 = 5 + 8 = 13$

C 节点：

$ES_3 = EF_1 = 5$

$EF_3 = ES_3 + D_3 = 5 + 15 = 20$

D 节点：有三个紧前工作：

$ES_4 = \max \{EF_1, EF_2, EF_3\} = \max \{5, 13, 20\} = 20$

$EF_4 = ES_4 + D_4 = 20 + 15 = 35$

F 节点：

$ES_5 = \max \{EF_3, EF_4\} = \max \{20, 35\} = 35$

$EF_5 = ES_5 + D_5 = 35 + 10 = 45$

终点节点：

$ES_6 = EF_5 = 45$

$EF_6 = ES_6 + D_6 = 45 + 0 = 45$

第二步，计算工作最迟时间：

首先令　$T_P = EF_6 = 45$（为计划工期）

所以：$LF_6 = LS_6 = EF_6 = 45$

以下根据公式

$LF_i = \min(LS_j)$

$LS_i = LF_i - D_i$

F 节点：

$LF_5 = LS_6 = 45$

$LS_5 = LF_5 - D_5 = 45 - 10 = 35$

D 节点：

$LF_4 = LS_5 = 35$

$LS_4 = LF_4 - D_4 = 35 - 15 = 20$

C 节点：

$LF_3 = \min(LS_4, LS_5) = \min(20, 35) = 20$

$LS_3 = LF_3 - D_3 = 20 - 15 = 5$

B 节点：

$LF_2 = LS_4 = 20$

$LS_2 = LF_2 - D_2 = 20 - 8 = 12$

A 节点

$LF_1 = \min(LS_3, LS_4, LS_2) = \min(5, 20, 12) = 5$

$LS_1 = LF_1 - D_1 = 5 - 5 = 0$

第三步，计算时差

根据公式：

$TF_i = LS_i - ES_i = LF_i - EF_i$

$FF_i = \min(ES_j - EF_i)$

或 $FF_i = \min(ES_j - ES_i - D_i)$

$$TF_1 = LS_1 - ES_1 = 0 - 0 = 0$$
$$= LF_1 - EF_1 = 5 - 5 = 0$$

以后各节点依此公式计算其总时差：

$TF_2 = LS_2 - ES_2 = 12 - 5 = 7$

$TF_3 = LS_3 - ES_3 = 5 - 5 = 0$

$TF_4 = LS_4 - ES_4 = 20 - 20 = 0$

$TF_5 = LS_5 - ES_5 = 35 - 35 = 0$

各节点的自由时差计算如下：

$FF_1 = \min(ES_2 - EF_1, ES_3 - EF_1, ES_4 - EF_1) = \min(5-5, 5-5, 20-5) = 0$

$FF_2 = ES_4 - EF_2 = 20 - 13 = 7$

$FF_3 = \min(ES_4 - EF_3, ES_5 - EF_3) = \min(20-20, 35-20) = 0$

$FF_4 = ES_5 - EF_4 = 35 - 35 = 0$

在本题中，起点节点、终点节点的最早开始和最迟开始是相同的，所以，其总时差为零。同双代号网络图一样，单代号网络图中总时差为零，其自由时差必然为零。

第四步，计算终点节点为虚拟节点，其时间间隔根据公式（3-47）计算为：$LAG_{5,6} = 45 - 45 = 0$。

其他节点的时间间隔根据公式（3-48）计算为：

$LAG_{4,5} = 35 - 35 = 0$；$LAG_{3,5} = 35 - 20 = 15$；$LAG_{3,4} = 20 - 20 = 0$；

$LAG_{2,4} = 20 - 13 = 7$；$LAG_{1,4} = 20 - 5 = 15$；$LAG_{1,3} = 5 - 5 = 0$；

$LAG_{1,2} = 5 - 5 = 0$；$LAG_{0,2} = 5 - 0 = 5$；$LAG_{0,1} = 0 - 0 = 0$。

将以上计算结果标注在图 3-45 中各箭线的上部或右旁。

第五步，确定关键工作和关键线路。

总时差最小的工作在本例中是总时差为零的工作，这些工作为 S_t，A，C，D，F，Fin。考虑这些工作之间的时间间隔为零的相连，则构成了关键线路为：S_t—A—C—D—F—Fin。将该线路在图 3-45 中用双线标注出来。

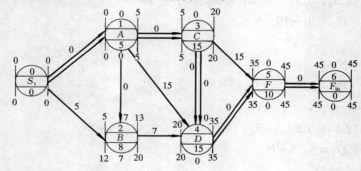

图 3-45　某单代号网络计划

（二）图上计算法

图上计算法就是根据分析计算法的时间参数计算公式，在图上直接计算的一种方法。此种方法必须在对分析计算理解和熟练的基础上进行，边计算边将所得时间参数填入图中预留的位置上。由于比较直观、简便，所以手算一般都采用此种方法。

下面还是通过前面例子对图上计算法进行说明（见图 3-44）。

第一步，计算最早时间：

根据前面分析计算法公式：

起点节点的最早开始时间为零，持续时间为零，则其最早完成时间为零

$ES_0 = 0$，$D_0 = 0$

$EF_0 = ES_0 + D_0 = 0 + 0 = 0$

将上面结果标注在开始节点的左上方、右上方（见图例）。

A 节点前有一项开始节点，则其最早开始、最早完成时间分别为：

$ES_1 = EF_0 = 0$

$EF_1 = ES_1 + D_1 = 0 + 5 = 5$

将 0，5 填写在 A 节点的 ES、EF 位置上。

B 节点前有起点节点和 A 节点。

$ES_2 = \max (EF_0, EF_1) = \max (0, 5) = 5$

$EF_2 = ES_2 + D_2 = 5 + 8 = 13$

将其结果填写在 B 节点相应位置上。依照上述计算过程可计算各节点的 ES、EF 值。

$ES_3 = EF_1 = 5$

$EF_3 = ES_3 + D_3 = 5 + 15 = 20$

$ES_4 = \max (5, 13, 20) = 20$

$EF_4 = 20 + 15 = 35$

$ES_5 = \max (20, 35) = 35$

$EF_5 = 35 + 10 = 45$

$ES_6 = 45$

$EF_6 = 45$

将其结果填写在各节点相应位置（见图 3-46）。

第二步，计算最迟时间

根据前述公式，由终点节点开始逆箭线方向计算。

终点节点：

$LF_6 = EF_6 = T_P = 45$

$LS_6 = LF_6 - D_6 = 45 - 0 = 45$

将 LF_6，LS_6 值标注在终点节点的右下、左下相应位置上（见图例）。

F 节点的紧后工作（节点）为终点节点，其最迟完成时间为：

$LF_5 = LS_6 = 45$

$LS_5 = LF_5 - D_5 = 45 - 10 = 35$

将 $LF_5 = 45$，$LS_5 = 35$ 标注在 F 节点下方相应位置上。依此类推，其他各工作（节点）的最迟时间为：

$LF_4 = LS_5 = 35$

$LS_4 = LF_4 - D_4 = 35 - 15 = 20$

$LF_3 = \min (LS_4, LS_5) = \min (35, 20) = 20$

$LS_3 = LF_3 + D_3 = 20 - 15 = 5$

$LF_2 = LS_4 = 20$

$LS_2 = LF_2 - D_2 = 20 - 8 = 12$

$LF_1 = \min (LS_2, LS_3, LS_4) = \min (12, 5, 20) = 5$

$LS_1 = LF_1 + D_1 = 5 - 5 = 0$

$LF_0 = \min (LS_1, LS_2) = \min (0, 12) = 0$

$LS_0 = 0$

将其结果标注在相应节点下右、左相应位置（见图 3-46）。

第三步，时差计算

根据前述公式分别计算总时差、自由时差填写在相应结点上方和下方：

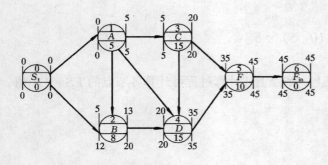

图 3-46　某单代号网络计划

$$TF_i = LS_i - ES_i$$

$$FF_i = \min\ (ES_j - EF_i)$$

其结果亦见图 3-45。

第四步，计算间隔时间

图上计算法计算间隔时间可用箭头节点左上角的数减去箭尾节点右上角的数，结果标注在箭线上方或右旁边，见图 3-45。

第五步，确定网络计划的关键工作和关键线路：

在图中找出总时差最小的工作为关键工作，并将其间时间间隔为零的工作联结为关键线路（见图 3-45 中划双线者）。

在上面的计算中，为了使读者更好地理解计算的过程而增加了一些计算的步骤及计算结果的文字说明，而在实际计算过程中，为了加快计算速度，在熟练的基础上可不必写出具体过程，只在图上计算即可。

（三）表上计算法

表上计算法就是利用分析计算法的基本原理及计算公式，以表格的形式进行计算的一种方法。其计算步骤与分析计算法，图上计算法大致相同，下面还是以前面例题为例说明其计算过程。

首先，列出表格将已知的工作名称、本工作的紧前工作和紧后工作名称、工作的持续时间填入表中，见表 3-8。

表 3-8

紧前工作	本工作	紧后工作	持续时间 D	最早开始 ES	最早完成 EF	最迟开始 LS	最迟完成 LF	总时差 TF	自由时差 FF	关键工作 CP
(1)	(2)	(3)	(4)	(5)	(6)	(7)	(8)	(9)	(10)	(11)
——	起点	A、B	0	0	0	0	0	0	0	√
起点	A	B、C	5	0	5	0	5	0	0	√
起点、A	B	D	8	5	13	12	20	7	7	
A	C	D、F	15	5	20	5	20	0	0	√
B、C	D	F	15	20	35	20	35	0	0	√
C、D	F	终点	10	35	45	35	45	0	0	√
F	终点	——	0	45	45	45	45	0	0	√

填表时，先将工作的名称按其编号的大小在第（2）栏中从上至下进行填写，然后，根据网络图中箭杆的指向找出各个工作的紧前、紧后工作分别填入第（1）、（3）栏的相应行中；各项工作的持续时间填写在第（4）栏中。

最早时间的计算：最早开始时间的计算从起点开始计算。由前述已知，起点节点的最早开始时间定为零，填写在第（5）栏相应行中，最早完成时间即第（6）栏等于第（5）栏加上第（4）栏，同行相加（$EF_i = ES_i + D_i$）；A 节点，只有一项紧前工作即起点节点，则根据分析公式，其最早开始时间为零，填写在第（5）栏，相应第（6）栏 EF 值为 5，即（6）=（5）+（4）；B 节点，从表中可以看出有两项紧前工作；起点节点和 A 节点，这样，我们找出相应于起点节点和 A 节点的第（6）栏、即 EF_0，EF_1 的值，取其大者

（max［EF_0，EF_1］）作为 B 节点的最早开始时间，填写在 B 节点相应行的第（5）栏，相应第（6）栏即等于第（5）栏加上第（4）栏。（6）＝（5）＋（4）；依此即可找出其余节点的第（5）栏、第（6）栏数值填入，见表3-8。

最迟时间的计算：其计算过程也是由后向前进行的。

首先确定终点的最迟必须完成时间，在此令 $LF_{Fin} = EF_{Fin}$（当然，这是在计划工期等于规定工期的情况下，如果计划工期与规定工期不同时，要令 $LF_{Fin} =$ 规定工期）。将终点的最迟完成时间填入相应行的第（8）栏中，相应行的第（7）栏就等于第（8）栏数值减去第（4）栏数值（即 $LS_i = LF_i - D_i$）。F 节点：从表中看出其紧后工作只有终点节点，则其最迟完成时间（$LF_5 = LS_6$），LS_6 值从终点节点相应行第（7）栏中得到，$LF_5 = 45$，填入 F 节点行的第（8）栏，相应第（7）栏为（7）＝（8）－（4）＝45－10＝35，亦即 $LS_5 = 35$；D 节点：从表中看出也只有一个直接紧后工作 F，则 D 节点的第（8）栏 LF_4 的值就等于 F 节点第（7）栏 LS_5 的值，相应 D 节点的第（8）栏 LF_4 的值就等于 F 节点第（7）栏 LS_5 的值，相应 D 节点（7）＝（8）－（4）＝35－15＝20，填入（7）栏中（D 行）。C 节点：从表中已知有两项直接紧后工作 D、F，则取相应于 D、F 两行中的第（7）栏数值的小者，即 $LF_3 = \min（LS_4，LS_5）$，作为 C 节点 LF_3 值填入 C 节点相应行的第（8）栏内，即 $LF_3 = \min（20，35）= 20$，相应行的第（7）栏数值（7）＝（8）－（4）＝20－15＝5。依次可计算出其余节点的 LS、LF 值（见表3-8）。

时差计算：总时差即为相应于各行的第（7）栏减第（5）栏，或第（8）栏减（6）栏，即：（9）＝（7）－（5）＝（8）－（6）

计算结果见表3-8。

自由时差的计算：自由时差等于本工作的紧后工作的最早开始时间（5）栏减本工作最早完成时间（第（6）栏）的最小值。例如：A 工作，其紧后工作有 B、C，相应于 B、C 工作的第（5）栏（即 ES 值）分别为5，5，本工作第（6）栏 $EF_1 = 5$，所以，第（10）栏即 $FF_1 = \min（ES_2 - EF_1，ES_3 - EF_1）= \min（0，0）= 0$；$B$ 工作第（10）栏 $FF_2 = ES_4 - EF_2 = 20 - 13 = 7$，填入（10）栏中，其余类推。见表3-8。

关键工作的确定：前面计算出了第（9）栏 TF，将 $TF = 0$ 的工作在相应行上打上√号，即为关键工作。［见表3-8的第（11）栏］。

上述计算在具体作题时只在表上进行即可，计算过程不必写出。

第四节　双代号时标网络计划

一、时标网络计划的概念

（一）时标网络计划的含义

"时标网络计划"是以时间坐标为尺度编制的网络计划。图3-48是图3-47时标网络计划。本章所述的是双代号时标网络计划（简称时标网络计划）。

（二）时标网络计划的时标计划表

时标网络计划绘制在时标计划表上。时标的时间单位是根据需要，在编制时标网络计划之前确定的，可以是小时、天、周、旬、月或季等。时间可标注在时标计划表顶部，也可以标注在底部，必要时还可以在顶部和底部同时标注。时标的长度单位必须注明。必要时可在顶部时标之上或底部时标之下加注日历的对应时间。时标计划表中部的刻度线宜为细线。为使图面清晰,该刻度线可以少画或不画。表3-9和表3-10是时标计划表的表达形式。

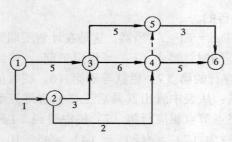
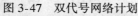

图 3-47 双代号网络计划

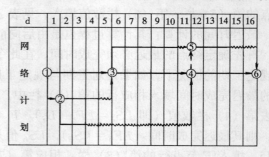

图 3-48 双代号时标网络计划

（三）时标网络计划的基本符号

时标网络计划的工作,以实箭线表示,自由时差以波形线表示,虚工作以虚箭线表示。当实箭线之后有波形线且其末端有垂直部分时,其垂直部分用实线绘制;当虚箭线有时差且其末端有垂直部分时,其垂直部分用虚线绘制,见图3-48所示。

（四）时标网络计划的特点

时标网络计划与无时标网络计划相比较,有以下特点:

（1）主要时间参数一目了然,具有横道计划的优点,故使用方便。

有 日 历 时 标 计 划 表　　　　　　　　　　　表 3-9

日　历																	
（时间单位）	1	2	3	4	5	6	7	8	9	10	11	12	13	14	15	16	17
网络计划																	
（时间单位）	1	2	3	4	5	6	7	8	9	10	11	12	13	14	15	16	17

无 日 历 时 标 计 划 表　　　　　　　　　　　表 3-10

（时间单位）	1	2	3	4	5	6	7	8	9	10	11	12	13	14	15	16	17
网络计划																	
（时间单位）																	

（2）由于箭线的长短受时标的制约,故绘图比较麻烦,修改网络计划的工作持续时间时必须重新绘图。

（3）绘图时可以不进行计算。只有在图上没有直接表示出来的时间参数,如总时差、最迟开始时间和最迟完成时间,才需要进行计算。所以,使用时标网络计划可大大节省计算量。

（五）时标网络计划的适用范围

由于时标网络计划的上述优点,加之过去人们习惯使用横道计划,故时标网络计划容易被接受,在我国应用面较广。时标网络计划主要适用以下几种情况:

（1）编制工作项目较少,并且工艺过程较简单的建筑施工计划,能迅速地边绘,边算,边调整。

（2）对于大型复杂的工程,特别是不使用计算机时,可以先用时标网络图的形式绘制各分部分项工程的网络计划，然后再综合起来绘制出较简明的总网络计划；也可以先编制一个总的施工网络计划，以后每隔一段时间，对下段时间应施工的工程区段绘制详细的时标网络计划。时间间隔的长短要根据工程的性质、所需的详细程度和工程的复杂性

图 3-49　无时标网络计划

决定。执行过程中，如果时间有变化，则不必改动整个网络计划，而只对这一阶段的时标网络计划进行修订。

（3）有时为了便于在图上直接表示每项工作的进程，可将已编制并计算好的网络计划再复制成时标网络计划。这项工作可应用计算机来完成。

（4）待优化或执行中在图上直接调整的网络计划。

（5）年、季、月等周期性网络计划。

（6）使用"实际进度前锋线"进行网络计划管理的计划，亦应使用时标网络计划。

二、双代号时标网络计划图的绘图方法

（一）绘图的基本要求

（1）时间长度是以所有符号在时标表上的水平位置及其水平投影长度表示的，与其所代表的时间值相对应。

（2）节点的中心必须对准时标的刻度线。

（3）虚工作必须以垂直虚箭线表示，有时差时加波形线表示。

（4）时标网络计划宜按最早时间编制，不宜按最迟时间编制。

（5）时标网络计划编制前，必须先绘制无时标网络计划。

（6）绘制时标网络计划图可以在以下两种方法中任选一种：

1）先计算无时标网络计划的时间参数，再按该计划在时标表上进行绘制。

2）不计算时间参数，直接根据无时标网络计划在时标表上进行绘制。

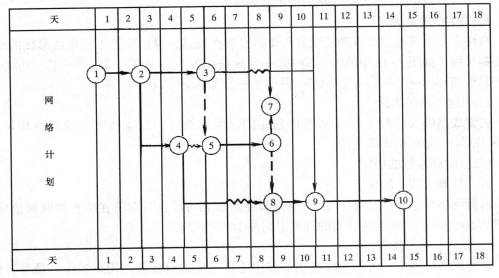

图 3-50　图 3-49 的时标网络计划

（二）时标网络计划图的绘制步骤

1．"先算后绘法"的绘图步骤

以图 3-49 为例，绘制完成的时标网络计划见图 3-50 所示。

具体步骤如下：

（1）绘制时标计划表。

（2）计算每项工作的最早开始时间和最早完成时间，见图 3-49。

（3）将每项工作的尾节点按最早开始时间定位在时标计划表上，其布局应与不带时标的网络计划基本相当，然后编号。

（4）用实线绘制出工作持续时间，用虚线绘制无时差的虚工作（垂直方向），用波形线绘制工作和虚工作的自由时差。

2．不经计算，直接按无时标网络计划编制时标网络计划的步骤

仍以图 3-49 为例，绘制时标网络计划的步骤如下：

（1）绘制时标计划表。

（2）将起点节点定位在时标计划表的起始刻度线上，见图 3-50 的节点①。

（3）按工作持续时间在时标表上绘制起点节点的外向箭线，见图 3-50 的 1-2。

（4）工作的箭头节点，必须在其所有内向箭线绘出以后，定位在这些内向箭线中最晚完成的实箭线箭头处，如图 3-50 中的节点⑤、⑦、⑧、⑨。

（5）某些内向实箭线长度不足以到达该箭头节点时，用波形线补足，如图 3-50 中的 3-7，4-8。如果虚箭线的开始节点和完成节点之间有水平距离时，以波形线补足，如箭线 4-5。如果没有水平距离，绘制垂直虚箭线，如 3-5，6-7，6-8。

（6）用上述方法自左至右依次确定其他节点的位置，直至终点节点定位，绘图完成。注意确定节点的位置时，尽量与无时标网络图的节点位置相当，保持布局基本不变。

（7）给每个节点编号，编号与无时标网络计划相同。

三、双代号时标网络计划关键线路和时间参数的确定

（一）时标网络计划关键线路的确定与表达方式

1．关键线路的确定

自终点节点至起点节点逆箭线方向朝起点节点观察，自始至终不出现波形线的线路，为关键线路。如图 3-48 中的①—③—④—⑥线路；图 3-50 中①—②—③—⑤—⑥—⑦—⑨—⑩线路和①—②—③—⑤—⑥—⑧—⑨—⑩线路。

2．关键线路的表达

关键线路的表达与无时标网络计划相同，即用粗线、双线和彩色线标注均可。图 3-48、图 3-50 是用粗线表达的。

（二）时间参数的确定

1．"计算工期"的确定

时标网络计划的"计算工期"，应是其终点节点与起点节点所在位置的时标值之差，如图 3-50 所示的时标网络计划的计算工期是 $14-0=14$ 天。

2．最早时间的确定

时标网络计划中，每条箭线箭尾节点中心所对应的时标值，代表工作的最早开始时间。箭线实线部分右端或箭头节点中心所对应的时标值代表工作的最早完成时间。虚箭线

的最早开始时间和最早完成时间相等，均为其所在刻度的时标值，如图 3-50 中箭线⑥→⑧的最早开始时间和最早完成时间均为第 8 天。

3．工作自由时差的确定

时标网络计划中，工作自由时差等于其波形线在坐标轴上水平投影的长度，如图 3-50 中工作③—⑦的自由时差值为 1 天，工作④—⑤的自由时差值为 1 天，工作④—⑧的自由时差值为 2 天，其他工作无自由时差。这个判断的理由是，每项工作的自由时差值均为其紧后工作的最早开始时间与本工作的最早完成时间之差。如图 3-50 中的工作④—⑧，其紧后工作⑧—⑨的最早开始时间以图判定为第 8 天，本工作的最早完成时间以图判定为第 6 天，其自由时差为 8－6＝2 天，即为图上该工作实线部分之后的波线的水平投影长度。

4．工作总时差的计算

时标网络计划中，工作总时差应自右而左进行逐个计算。一项工作只有其紧后工作的总时差值全部计算出以后才能计算出其总时差值。

工作总时差等于其诸紧后工作总时差的最小值与本工作自由时差之和。其计算公式是：

（1）以终点节点（$j = n$）为箭头节点的工作的总时差 TF_{i-j} 按网络计划的计划工期 T_P 计算确定，即

$$TF_{i-n} = T_P - EF_{i-n} \tag{3-49}$$

（2）其他工作的总时差应为

$$TF_{i-j} = \min\{TF_{j-k} + FF_{i-j}\} \tag{3-50}$$

按公式（3-49）计算得：

$$TP_{9-10} = 14 - 14 = 0（天）$$

按公式（3-50）计算得：

$$TF_{7-9} = 0 + 0 = 0（天）$$
$$TF_{3-7} = 0 + 1 = 1（天）$$
$$TF_{8-9} = 0 + 0 = 0（天）$$
$$TF_{4-8} = 0 + 2 = 2（天）$$

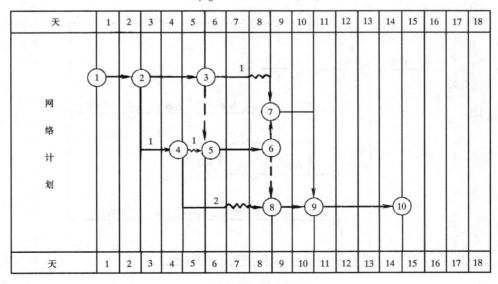

图 3-51　在时标网络计划上标注总时差

$$TF_{5-6} = \min\{0 + 0, 0 + 0\} = 0(\text{天})$$
$$TF_{4-5} = 0 + 1 = 1(\text{天})$$
$$TF_{2-4} = \min\{2 + 0, 1 + 0\} = 1(\text{天})$$

以此类推，可计算出全部工作的总时差值。

计算完成后，如果有必要，可将工作总时差值标注在相应的波形线或实箭线之上，见图 3-51 所示。

5. 工作最迟时间的计算

由于已知最早开始时间和最早完成时间，又知道了总时差，故其工作最迟时间可用以下公式进行计算：

$$LS_{i-j} = ES_{i-j} + TF_{i-j} \tag{3-51}$$
$$LF_{i-j} = EF_{i-j} + TF_{i-j} \tag{3-52}$$

按公式（3-51）和（3-52）进行计算图 3-51，可得：

$$LS_{2-4} = ES_{2-4} + TF_{2-4} = 2 + 1 = 3 \text{天}$$
$$LF_{2-4} = EF_{2-4} + TF_{2-4} = 4 + 1 = 5 \text{天}$$

四、双代号时标网络计划实例

例如某地下室工程施工。

（一）施工顺序

见图 3-52 所示。

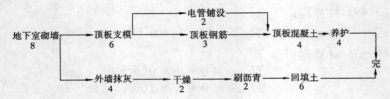

图 3-52 某地下室工程的施工顺序

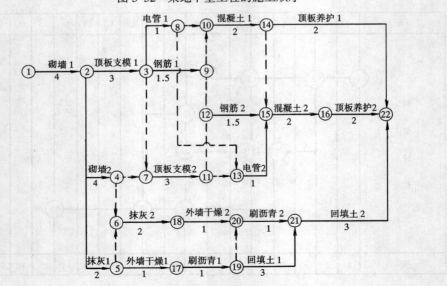

图 3-53 某地下室工程施工网络计划

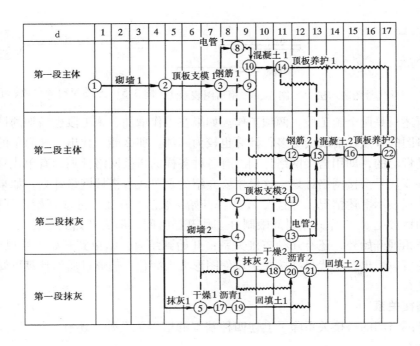

图 3-54　某地下室工程施工时标网络计划

（二）无时标网络计划

现有瓦工、混凝土工、钢筋工、抹灰工、电工、木工各一组，要求分两段施工。

其网络计划见图 3-53 所示。

（三）时标网络计划

图 3-53 的网络计划绘制成时标网络计划，见图 3-54 所示。

（四）关键线路的确定

按《规程》的规定及前面的叙述，从终点节点向起点节点逆箭线方向观察，没有出现波形线的线路是：1→2→4→7→11→12→15→16→22，这就是关键线路，在图 3-54 中，用粗线标注。

第五节　单代号搭接网络计划

一、基本概念

在前面所述的双代号、单代号网络计划中，工序之间的关系都是前面工作完成后，后面工作才能开始，这也是一般网络计划的正常连接关系。当然，这种正常的连接关系有组织上的逻辑关系，也有工艺上的逻辑关系。例如：有一项工程，由两项工作组成，即工作 A、工作 B。由生产工艺决定工作 A 完成后才进行工作 B。但作为生产指挥者，为了加快工程进度、尽快完工，在工作面允许的情况下，分为两个施工段施工，即 A_1、A_2、B_1、B_2，分别组织两个专业队进行流水施工，其单代号网络图及横道图表示见图 3-55 及图 3-56。

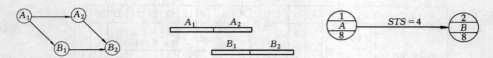

图 3-55　单代号图表示法　　图 3-56　横道图表示法　　图 3-57　STS 型时间参数表示法

上面所述只是两个施工段、两项工作。如果在工作增加、施工段也增加的情况下，绘制出的网络图的节点、箭线会更多，计算也较为麻烦。那么能否找出一种简单的表示方法呢？答案是肯定的，即用搭接网络计划。有各种各样的搭接网络计划，有单代号搭接网络计划，也有双代号搭接网络计划。这里主要介绍的是单代号搭接网络计划。如果用单代号搭接网络计划表示上述情况，并且设 A 工作开始 4 天后，B 工作才能开始，可见图3-57。

上面的搭接是 A 工作开始时间限制 B 工作开始时间，即为开始到开始（代号 STS）。除上面的开始到开始外，还有几种搭接关系：开始到结束，结束到开始，结束到结束等。至此，我们可以看出，单代号搭接关系可使图形大大简化。但通过后面计算可知，其计算过程较为复杂。

二、搭接关系

单代号网络图的搭接关系除了上述四种基本的搭接关系外，还有一种混合搭接关系。下面分别介绍：

（一）结束到开始

表示前面工作的结束到后面工作开始之间的时间间隔。一般用符号"FTS"表示。用横道图和单代号网络图表示见图 3-58。

图 3-58 中，A 工作完成后，要有一个时间间隔 B 工作才能开始，例如，房屋装修工程中先油漆，后安玻璃，就必须在油漆完成后有一个干燥时间才能安玻璃。这个关系就是 FTS 关系。如果需干燥 2 天，即 FTS＝2，则其单代号网络表示见图 3-59。

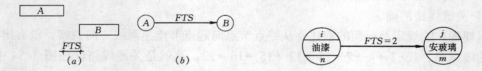

图 3-58　FTS 型时间参数示意图　　图 3-59　FTS 型时间参数示意图

当 $FTS_{ij}=0$ 时，即紧前工作的完成到本工作开始之间的时间间隔为零。这就是前面讲述的单代号、双代号网络计划的正常连接关系，所以，我们可以将正常的逻辑关系看成是搭接网络计划的一个特殊情况。

从图示可直接看出从结束到开始的搭接关系计算公式为：

$$\left.\begin{array}{l} ES_j = EF_i + FTS_{i,j} \\ EF_i = ES_j - FTS_{i,j} \end{array}\right\} \qquad (3\text{-}53)$$

或

$$\left.\begin{array}{l} LF_i = LS_j - FTS_{i,j} \\ LS_j = LF_i + FTS_{i,j} \end{array}\right\} \qquad (3\text{-}54)$$

（二）开始到开始

表示前面工作的开始到后面工作开始之间的时间间隔，一般用符号"STS"表示，用横道图和单代号网络图表示见图 3-60。

图 3-60 表示 A 工作开始一段时间后 B 工作才能开始。例如：挖管沟与铺设管道分段组织流水施工，每段挖管沟需要 2 天时间，那么铺设管道的班组在挖管沟开始的 2 天后就可开始铺设管道，如图 3-61 所示。

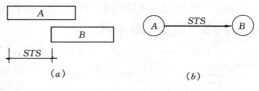

图 3-60 STS 时间
参数示意图

开始到开始搭接关系的时间计算公式：

$$\left.\begin{array}{l} ES_j = ES_i + STS_{i,j} \\ ES_i = ES_j - STS_{i,j} \end{array}\right\} \tag{3-55}$$

或

$$\left.\begin{array}{l} LS_i = LS_j - STS_{i,j} \\ LS_j = LS_i + STS_{i,j} \end{array}\right\} \tag{3-56}$$

（三）开始到结束

表示前面工作的开始时间到后面工作的完成时间的时间间隔。用 STF 表示。横道图和单代号网络图表示见图 3-62。

图 3-61 STS 时间参数示意图　　　　　　图 3-62 STF 时间参数示意图

图中 A 工作开始一段时间间隔后，B 工作必须完成。例如：挖掘带有部分地下水的基础，地下水位以上的部分基础可以在降低地下水位开始之前就进行开挖，而在地下水位

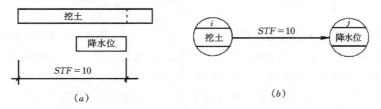

图 3-63 STF 时间参数示意图

以下的部分基础则必须在降低地下水位以后才能开始。这就是说，降低地下水位的完成与何时挖地下水位以下的部分基础有关，而降低地下水位何时开始则与挖土的开始无直接关系。在此设挖地下水位以上的基础土方需要 10 天，则挖土方开始与降低水位的完成之间的关系见图 3-63。

开始到结束搭接关系时间计算公式：

$$\left.\begin{array}{l} EF_j = ES_i + STF_{i,j} \\ ES_i = EF_j - STF_{i,j} \end{array}\right\} \tag{3-57}$$

或

$$\left.\begin{array}{l} LS_i = LF_j - STF_{i,j} \\ LF_j = LS_i + STF_{i,j} \end{array}\right\} \tag{3-58}$$

（四）结束到结束

前面工作的结束时间到后面工作结束时间之间的时间间隔，用 FTF 表示。横道图和单代号网络图表示见图 3-64。

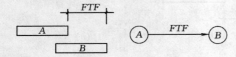

例如：某工程的主体工程砌筑，分两个施工段组织流水施工，每段每层砌筑为 4 天。则 Ⅰ 段砌筑完后转移到第 Ⅱ 段上施工，Ⅰ 段进行板的吊装。由于板的安装时间较短，在此不一定要求墙砌后立即吊装板，但必须在砌砖完的第 4 天完成板的吊装

图 3-64 FTF 时间参数示意图

板的吊装，以便不影响砌砖专业队进行上一层的砌筑。这就形成了 FTF 关系。具体见图 3-65。

FTF 的时间关系式：

或
$$\left. \begin{array}{l} EF_j = EF_i + FTF_{i,j} \\ EF_i = EF_j - FTF_{i,j} \end{array} \right\} \tag{3-59}$$

或
$$\left. \begin{array}{l} LF_i = LF_j - FTF_{i,j} \\ LF_j = LF_i + FTF_{i,j} \end{array} \right\} \tag{3-60}$$

（五）混合的连接关系

表示前面工作和后面工作的时间间隔除了受到开始到开始的限制外，还要受到结束到结束的时间间隔限制，其关系如图 3-66 所示。

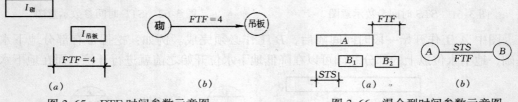

图 3-65 FTF 时间参数示意图　　　　图 3-66 混合型时间参数示意图

图 3-66 中，A 工作的开始时间与 B 工作的开始时间有一个时间间隔，A 工作的结束时间与 B 工作的结束时间还有一个时间间隔限制。例如：前面所提到的管道工程，挖管沟和铺设管道两个工序分段施工，两工序开始到开始的时间间隔为 4 天，即铺设管道至少需 4 天后才能开始。如按 4 天后开始铺管道进行施工，且连续进行，则由于铺管道持续时间短，挖管沟的第 2 段还没有完成，而铺管道专业队已进入，这就出现了矛盾，所以为了排除这种矛盾，使施工顺利进行，除了有一个开始到开始的限制时间外，还要考虑一个结束到结束的限制时间，即设 $FTF = 2$ 才能保证流水施工的顺利进行，见图 3-67。

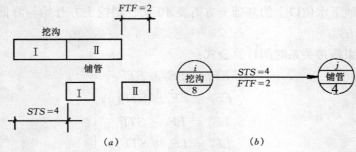

图 3-67 混合型时间参数示意图

混合连接关系的时间参数计算公式：

最早时间计算：

$$\left.\begin{array}{l} ES_j = ES_i + STS_{i,j} \\ EF_j = ES_j + D_j \end{array}\right\} \quad (3\text{-}61)$$

$$\left.\begin{array}{l} EF_j = EF_i + FTF_{i,j} \\ ES_j = EF_j - D_j \end{array}\right\} \quad (3\text{-}62)$$

结果取上面两组中的大者。

最迟时间计算：

$$\left.\begin{array}{l} LS_i = LS_j - STS_{i,j} \\ LF_i = LS_i + D_i \end{array}\right\} \quad (3\text{-}63)$$

$$\left.\begin{array}{l} LF_i = LF_j - FTF_{i,j} \\ LS_i = LF_i - D_i \end{array}\right\} \quad (3\text{-}64)$$

结果取上面两组中的小者。

三、单代号搭接网络计划的计算方法

搭接网络计划具有几种不同形式的搭接关系，所以其计算也较前述的单、双代号网络计划的计算复杂一些。一般的计算方法是：依据计算公式，在图上进行计算，或采用计算机。在此主要介绍前一种方法。图 3-68 是一个用单代号搭接网络表示的某工程计划。

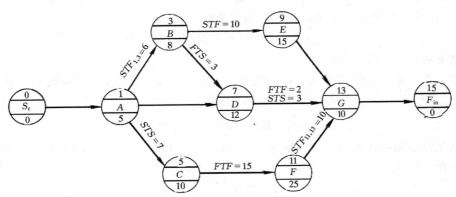

图 3-68　单代号搭接网络图

注：图中没有标出搭接关系的均为一般的搭接关系（即 $FTS = 0$）。

通过此项计划的计算说明单代号搭接网络的计算步骤。

（一）计算最早开始、完成时间

工作的最早开始和最早完成时间在上节中介绍知道，根据不同的搭接关系，其计算公式也不同，现汇总如下：

$$ES_{St} = 0$$
$$EF_{St} = ES_S + D_S$$

$$ES_j = \max \begin{cases} EF_i + FTS_{i,j} \\ ES_i + STS_{i,j} \\ EF_i + FTF_{i,j} - D_j \\ ES_i + STF_{i,j} - D_j \end{cases} \tag{3-65}$$

$$EF_j = ES_j + D_j$$

单代号搭接网络计划的最早时间计算顺序也同其他网络计划一样，从起点节点顺箭头方向进行计算。图 3-68 的计划：首先计算起点节点，由于是假设的，所以其持续时间 $D_{St}=0$，$ES_{St}=0$，$EF_{St}=ES_{St}+D_{St}=0$，将其结果标在起点节点上方的 ES、EF 位置上。

A 节点：紧前工作为起点节点，且为一般搭接。

则：
$$ES_1 = EF_{St} = 0$$
$$EF_1 = ES_1 + D_1 = 0 + 5 = 5$$

将 $ES_1=0$，$EF_1=5$ 标在 A 节点上方相应位置上。

B 节点：其紧前工作为 A，搭接关系为 STF，根据上述 STF 搭接关系的公式：
$$ES_3 = ES_1 + STF_{1,3} - D_3 = 0 + 6 - 8 = -2$$
$$EF_3 = -2 + 8 = 6$$

计算出的 $ES_3 = -2 < 0$，即在起点节点的前 2 天开始，这个结果不符合网络计划只有一个起始节点的规则，因此，节点 B 的最早开始时间只能大于或等于零，在此设 $ES_3 = 0$，且在起点节点到 B 节点之间增加一条虚箭线，则：
$$EF_3 = ES_3 + D_3 = 0 + 8 = 8$$

结果和表示见图 3-69。

C 节点：紧前工作只有 A，搭接关系为 STS，根据 STS 搭接关系时的计算公式：
$$ES_5 = ES_1 + STS_{1,5} = 0 + 7 = 7$$
$$EF_5 = ES_5 + D_5 = 7 + 10 = 17$$

D 工作：紧前工作 A、B，与 A 工作为一般搭接关系，与 B 工作为 FTS 搭接，其计算取两者计算值之大者：
$$ES_7 = \max \begin{cases} EF_1 = 5 \\ EF_3 + FTS_{3,7} = 8 + 3 = 11 \end{cases} = 11$$
$$EF_7 = \max \begin{cases} 5 + 12 \\ 11 + 12 \end{cases} = 23$$

在图上计算时，可将两组数值都标上，在数值大的划上圆圈，以示取值，见图 3-69。

E 工作：紧前工作只有 B 工作，且搭接关系为 FTF，根据上面公式：
$$ES_9 = EF_3 + FTF_{3,9} - D_9 = 8 + 10 - 15 = 3$$
$$EF_9 = ES_9 + D_9 = 3 + 15 = 18$$

F 工作：紧前工作为 C，搭接关系也是 FTF。则：
$$ES_{11} = EF_5 + FTF_{5,11} - D_{11} = 17 + 15 - 25 = 7$$
$$EF_{11} = ES_{11} + D_{11} = 7 + 25 = 32$$

G 工作：有三项紧前工作，分别为 D、E、F，与 D 为混合搭接，与 F 为 STF 搭接，与 E 为一般搭接，由其最早时间取上面几种搭接关系计算出的数值的最大者：

$$ES_{13} = \max \begin{cases} ES_7 + STS_{7,13} = 11 + 3 \\ EF_7 + FTF_{7,13} - D_7 = 23 + 2 - 12 \\ EF_9 = 18 \\ ES_{11} + STF_{11,13} - D_{13} = 7 + 10 - 10 \end{cases} = 18$$

$$EF_{13} = ES_{13} + D_{13} = 18 + 10 = 28$$

终点节点：其紧前工作只有 G，且为正常搭接：

$$ES_{\text{Fin}} = EF_{13} = 28$$

$$EF_{\text{Fin}} = ES_{\text{Fin}} + D_{\text{Fin}} = 28 + 0 = 28$$

如果是前面讲过的一般网络计划，其计算到此即可确定出其整个工程的计划工期为 28 天。但对于搭接网络计划，由于其存在着比较复杂的搭接关系，特别是存在着 STS、STF 搭接关系的点之间，就使得其最后的终点节点的最早完成时间有可能小于前面有些节点的最早完成时间。所以，在确定计划工期之前要对各节点的最早完成时间进行检查，看其是否大于终点节点的最早完成时间。如小于终点节点的最早完成时间，就取终点节点的最早完成时间为计划工期；如有些节点的最早完成时间大于终点节点的最早完成时间，则所有大于终点节点最早完成时间的节点最早完成时间的最大值作为整个网络计划的计划工期，并在此节点到终点节点之间增加一条虚线。在本题中，通过检查可以看出：F 工作（节点）最早可能完成时间为 32 天，大于终点节点的最早完成时间 28 天，所以：

$$ES_{\text{Fin}} = 32$$

$$EF_{\text{Fin}} = ES_{\text{Fin}} + D_{\text{Fin}} = 32 + 0 = 32$$

然后在终点节点与 F 节点之间增加一条虚线见图 3-69，计划工期为 32 天。

（二）工作最迟时间的计算

最迟必须开始、最迟必须完成时间的计算，是从终点节点开始，逆箭头方向进行的。根据不同的搭接关系，其计算公式也不同，根据上节，其公式汇总为：

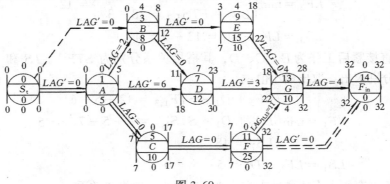

图 3-69

$$LF_i = \min \begin{cases} LS_j - FTS_{i,j} \\ LS_j + D_i - STS_{i,j} \\ LF_j - FTF_{i,j} \\ LF_j + D_i - STF_{i,j} \end{cases} \qquad (3\text{-}66)$$

$$LS_i = LF_j - D_i$$

终点节点的计算：令其最迟必须完成时间等于规定工期，如一般计算取其计划工期，即由网络终点节点的最早可能完成时间确定。本题中，令终点节点的最迟必须完成时间等于其最早可能完成时间：

$$LF_{\text{Fin}} = EF_{\text{Fin}} = T = 32$$

$$LS_{\text{Fin}} = LF_{\text{Fin}} - D_{\text{Fin}} = 32 - 0 = 32$$

终点节点前有 G 工作、F 工作：都为一般搭接关系，则其最迟时间参数为：

$$LF_{13} = LS_{\text{Fin}} = 32$$

$$LS_{13} = LF_{13} - D_{13} = 32 - 10 = 22$$

$$LF_{11} = LS_{\text{Fin}} = 32$$

$$LS_{11} = LF_{11} - D_{11} = 32 - 25 = 7$$

将上述数值分别标在网络图中相应节点的 LS，LF 的位置上。E 工作只有一个直接紧后工作 G，为一般搭接关系。则：

$$LF_9 = LS_{13} = 22$$

$$LS_9 = LF_9 - D_9 = 22 - 15 = 7$$

D 工作也只有一个直接紧后工作 G，为混合搭接关系，则：

$$LF_7 = \min \begin{cases} LS_{13} + D_7 - STS_{7,13} = 22 + 12 - 3 \\ LF_{13} - FTF_{7,13} = 32 - 2 \end{cases} = 30$$

$$LS_7 = LF_7 - D_7 = 30 - 12 = 18$$

C 工作只有一个直接紧后工作 F，搭接关系为 FTF，根据公式：

$$LF_5 = LF_{11} - FTF_{5,11} = 32 - 15 = 17$$

$$LS_5 = LF_5 - D_5 = 17 - 10 = 7$$

B 工作有两个直接紧后工作 E、D、搭接关系分别为 FTF、FTS 根据前述公式：

$$LF_3 = \min \begin{cases} LF_9 - FTF_{3,9} = 22 - 10 \\ LS_7 - FTS_{3,7} = 18 - 3 \end{cases} = 12$$

$$LS_3 = LF_3 - D_3 = 12 - 8 = 4$$

A 工作直接紧后工作为 B、C、D，其搭接关系分别为 STF、STS 和一般搭接。根据前述公式分别求出，取出最小值：

$$LF_1 = \min \begin{cases} LF_3 + D_1 - STF_{1,3} = 12 + 5 - 6 \\ LS_5 + D_1 - STS_{1,5} = 7 + 5 - 7 \\ LS_7 = 18 \end{cases} = 5$$

$$LS_1 = LF_1 - D_1 = 5 - 5 = 0$$

起点节点：有两个直接紧后工作，A、B 都为一般搭接关系：

$$LF_{S_t} = \min \begin{Bmatrix} LS_3 = 4 \\ LS_1 = 0 \end{Bmatrix} = 0$$

$$LS_{S_t} = LF_{S_t} - D_5 = 0 - 0 = 0$$

将以上得出的各工作的 LS、LF 值分别标在网络图中各节点相应的位置见图 3-69。

（三）前后两工作间时间间隔的计算

两工作时间间隔 LAG_{ij} 的定义在前面单代号网络图中已讲过。但在搭接网络中，由于两工作的搭接关系不同，其 LAG_{ij} 就不能简单地用相邻两工作中后面工作的开始时间与前面工作的完成时间之差来表示，必须考虑其各种不同的搭接关系的影响。在搭接网络图中，根据计算的最后结果，前后两工作关系的时间之差超过要求的搭接时间的那部分时间就是该两工作的时间间隔 LAG_{ij}。根据不同的搭接关系，其计算公式汇总如下：

$$LAG_{ij} = \begin{cases} ES_j - EF_i - FTS_{i,j}(1) \\ ES_j - ES_i - STS_{i,j}(2) \\ EF_j - EF_i - FTF_{i,j}(3) \\ EF_j - ES_i - STF_{i,j}(4) \end{cases} \tag{3-67}$$

一般搭接关系，即上式（1）的特例，$FTS = 0$

$$LAG_{i,j} = ES_j - EF_i$$

如出现混合搭接关系时，则取两个工作时间间隔的最小值。

$$LAG_{i,j} = \min \begin{cases} ES_j - ES_i - STS_{i,j} \\ EF_j - EF_i - FTF_{i,j} \end{cases}$$

上面例题中：

$LAG_{0,1} = 0 - 0 = 0$

$LAG_{0,3} = 0 - 0 = 0$

$LAG_{1,3} = EF_3 - ES_1 - STF_{1,3} = 8 - 0 - 6 = 2$

$LAG_{1,5} = ES_5 - ES_1 - STS_{1,5} = 7 - 0 - 7 = 0$

$LAG_{1,7} = ES_7 - EF_1 = 11 - 5 = 6$

$LAG_{3,7} = ES_7 - EF_3 - FTS_{3,7} = 11 - 8 - 3 = 0$

$LAG_{3,9} = EF_9 - EF_3 - FTF_{3,9} = 18 - 8 - 10 = 0$

$LAG_{5,11} = EF_{11} - EF_5 - FTF_{5,11} = 32 - 17 - 15 = 0$

$$LAG_{7,13} = \min \begin{cases} ES_{13} - ES_7 - STS_{7,13} = 18 - 11 - 3 \\ EF_{13} - EF_7 - FTF_{7,13} = 28 - 23 - 2 \end{cases} = 3$$

$LAG_{9,13} = ES_{13} - EF_9 = 18 - 18 = 0$

$LAG_{11,13} = EF_{13} - ES_{11} - STF_{11,13} = 28 - 7 - 10 = 11$

$LAG_{11,15} = ES_{15} - EF_{11} = 32 - 32 = 0$

$LAG_{13,15} = ES_{15} - EF_{13} = 32 - 28 = 4$

将上面数值标在相应两节点之间的箭线上面，见图 3-69。

（四）时差的计算

1. 自由时差

自由时差的含义同前述相同。它主要是指在不影响紧后工作按最早可能时间开始或结束的情况下，本工作能推迟的最大幅度。在搭接网络计划中，由于存在着不同的搭接关系，其自由时差也必然受其影响，所以，自由时差也要根据不同的搭接关系来确定。

如果工作 i 只有一个紧后工作 j，其自由时差就等于本工作与紧后工作的时间间隔：

$$FF_i = LAG_{i,j}$$

这一点通过前面对时差的学习可不难理解。

如果工作 i 有若干个紧后工作时，其自由时差就等于本工作与这些工作间的时间间隔 $LAG_{i,j}$ 的最小值。

$$FF_i = \min(LAG_{i,j}) \tag{3-68}$$

这样，只要把搭接网络图中的各工作的时间间隔 $LAG_{i,j}$ 求出，其自由时差就很容易确定。

本题中：

$FF_0 = \min(LAG_{0,1}, LAG_{0,3}) = 0$

$FF_1 = \min \begin{cases} LAG_{1,3} = 2 \\ LAG_{1,5} = 0 \\ LAG_{1,7} = 6 \end{cases} = 0$

$FF_3 = \min \begin{cases} LAG_{3,7} = 0 \\ LAG_{3,9} = 0 \end{cases} = 0$

$FF_5 = LAG_{5,11} = 0$

$FF_7 = LAG_{7,13} = 3$

$FF_9 = LAG_{9,13} = 0$

$FF_{11} = \min \begin{cases} LAG_{11,13} = 11 \\ LAG_{11,15} = 0 \end{cases} = 0$

$FF_{13} = LAG_{13,14} = 4$

终点节点没有紧后工作，其自由时差为零。

$$FF_{15} = 0$$

将上面的 FF 值标在相应节点的下方，见图3-69。

2. 总时差

前面也讲过，即该项工作的总机动时间。其计算同一般网络计划计算公式相同。

$$TF_i = LS_i - ES_i = LF_i - EF_i \tag{3-69}$$

总时差的存在，意味着该项工作有一定的变化幅度。在规定工期等于计划工期的情况下，总时差为零的工作即为关键工作。将网络计划中总时差为零的工作沿其间的 TF_i 为零的线路由起点节点至终点节点连接起来的线路即为关键线路。关键线路上的工作都是关键工作，但关键工作不一定只存在于关键线路上。

本题的总时差分别可求出为：

$TF_0 = LS_0 - ES_0 = 0$

$TF_1 = LS_1 - ES_1 = 0 - 0 = 0$

$$TF_3 = LS_3 - ES_3 = 4 - 0 = 4$$

$$TF_5 = 7 - 7 = 0$$

$$TF_7 = 18 - 11 = 7$$

$$TF_9 = 7 - 3 = 4$$

$$TF_{11} = 7 - 7 = 0$$

$$TF_{13} = 22 - 18 = 4$$

$$TF_{15} = 32 - 32 = 0$$

将上述数值标在相应节点下方。将 $TF = 0$ 的节点从起点节点连接起来，构成了本题的关键线路，见图 3-69 划双线者。

上面通过例题对单代号搭接网络计划的计算方法进行了论述。通过计算可以看出，其计算过程比一般单、双代号网络计划较为麻烦，这是其不足的地方。但是，作为一项复杂的工程项目，即使由一般的单、双代号来计算也是很难进行的。随着计算机技术的发展，计算机作为一种高速运算机器来进行网络计划计算是轻而易举的事。而在前面已经进过，一般网络计划简单，但节点较多，而搭接网络计划计算复杂，但节点较少，这样输入简单，计算复杂由计算机进行计算，充分发挥了计算机的作用，所以利用计算机进行搭接网络计划的计算是应该加以推广的。

第六节　网　络　计　划　优　化

网络计划的优化，应在满足既定约束条件下，按选定目标，通过不断改进网络计划寻求满意方案。其优化目标，应按计划任务的需要和条件选定。包括工期目标、费用目标、资源目标。

一、工期优化

网络计划编制后，最常遇到的问题是计算工期大于上级规定的要求工期。因此需要改变计划的施工方案或组织方案。但是在许多情况下，采用上述的措施后工期仍然不能达到要求，当计算工期不满足要求工期时，可通过压缩关键工作的持续时间满足工期要求。那么惟一的途径就是增加劳动力或机械设备，缩短工作的持续时间。缩短哪一个或哪几个工作才能缩短工期呢？工期优化方法能帮助计划编制者有目的地去压缩那些能缩短工期的工作的持续时间。解决此类问题的方法有"顺序法"、"加权平均法"、"选择法"等。"顺序法"是按关键工作开工时间来确定，先干的工作先压缩。"加权平均法"是按关键工作持续时间长度的百分比压缩。这两种方法没有考虑压缩的关键工作所需的资源是否有保证及相应的费用增加幅度。"选择法"更接近于实际需要，故在此作重点介绍。

（一）"选择法"工期优化

1. 缩短关键工作的持续时间应考虑的因素

（1）缩短持续时间对质量影响不大的工作；

（2）有充足备用资源的工作；

（3）缩短持续时间所需增加的费用最少的工作。

2. 工期优化的步骤

(1) 计算并找出初始网络计划的计算工期、关键工作和关键线路。

(2) 按要求工期计算应缩短的持续时间 $\Delta T = T_c - T_r$

式中　T_c——计算工期；

　　　T_r——要求工期。

(3) 确定各关键工作能缩短的持续时间。

(4) 按上述因素选择关键工作压缩其持续时间，并重新计算网络计划的计算工期。

(5) 当计算工期仍然超过要求工期时,则重复以上步骤,直到计算工期满足要求工期为止。

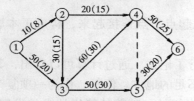

图 3-70　某网络计划

(6) 当所有关键工作的持续时间都已达到其能缩短的极限而工期仍不能满足要求时应对原组织方案进行调整或对要求工期重新审定。

（二）工期优化计算示例

【例 3-1】　某网络计划如图 3-70 所示, 图中括号内数据为工作最短持续时间、假定上级指令性工期为 100 天, 优化的步骤如下:

第一步, 用工作正常持续时间计算节点的最早时间和最迟时间, 找出网络计划的关键工作及关键线路, 如图 3-71 所示。

其中关键线路用粗箭线表示, 为①—③—④—⑥, 关键工作为 1—3, 3—4, 4—6。

第二步, 计算需缩短时间, 根据图 3-71 所计算的工期需要缩短时间 60 天。根据图 3-70 中数据, 关键工作 1—3 可缩短 20 天, 3—4 可缩短 30 天, 4—6 可缩短 25 天, 共计可缩短 75 天, 但考虑前述原则, 因缩短工作 4—6 增加劳动力较多, 故仅缩短 10 天, 重新计算网络计划工期如图 3-72 所示。图 3-72 的关键线路为 1—2—3—5—6, 关键工作为 1—2, 2—3, 3—5, 5—6; 工期为 120 天。

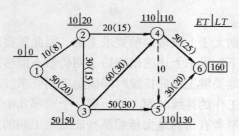

图 3-71　某网络计划的节点时间

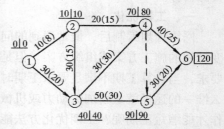

图 3-72　某网络计划第一次调整结果

按上级要求工期尚需压缩 20 天。仍根据前述原则, 选择工作 2—3, 3—5 较宜, 用最短工作持续时间换置工作 2—3 和工作 3—5 的正常持续时间, 重新计算网络计划参数, 如图 3-73 所示。经计算, 关键线路为 1—3—4—6, 工期 100 天, 满足要求。

二、资源优化的基本原理

所谓优化就是求最优解的过程。网络计划的资源优化是有约束条件的最优化过程。网络计划中各个工作的开始时间就是我们的决策变量。每一种计划实质上是一个决策项目。对计划的优化就是在众多的方案中选择这样一个方案（决策），它使我们的目标函数值最佳。

目标函数随着情况的不同, 资源本身性质的不同, 我们所追求的目标是不同的。比如对于一些非库存的材料，像施工用的混凝土，我们希望每天的消耗量，大致均衡，这样才可能提高搅拌设备及运输设备的利用率。最理想的资源曲线如图3-74，我们希望资源的高峰最小。对于人力除有时希望均衡外，也有可能希望人力的需要曲线如图3-75。这样的图形是：工作在开始阶段因为工作面还没完全打开，需要的人较少，随着工作的进行逐渐增加人力，当工作快结束时又

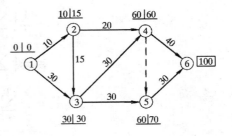

图 3-73　优化后的某网络计划

逐渐减少人力。如果增加的人力来源是请民工的话，我们就不会在施工过程中，把人请来，送走，过一阶段再请来；这样可节约有关费用和充分利用临时建筑。总之我们目标函数的形式是多种多样的。

在优化中决策变量的取值还需满足一定的约束条件，比如优先关系、搭接关系、总工

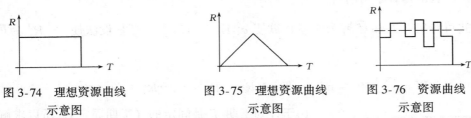

图 3-74　理想资源曲线　　　　图 3-75　理想资源曲线　　　　图 3-76　资源曲线
　　　　示意图　　　　　　　　　　　　示意图　　　　　　　　　　　示意图

期、资源的高峰等等。当然随着面临问题不同，约束条件也不同。

对于资源优化的问题目前还没有十分完善的理论，在算法方面一般是以通常的网络计划（CPM）参数计算的结果出发，逐步修改工作的开工时间，达到改善目标函数的目的，这就是资源优化的基本原理。

三、工期-资源优化

在此我们以双代号网络为例，工期-资源优化就是在工期固定的情况下，使资源的需要量大体均衡。也就是我们希望的如图3-74所示的资源曲线。对图3-76的资源曲线如何进行评价呢？也就是用数学语言来表达我们的希望。众所周知，评价均衡性的指标常用方差（σ^2）和标准差（σ）指标，方差（标准差）越大，说明计划的均衡性越差。

方差和标准差可按下式计算：

$$\sigma^2 = \frac{1}{T} \sum_{t=1}^{T} (R_t - \overline{R})^2$$

$$= \frac{1}{T} \left[(R_1 - \overline{R})^2 + (R_2 - \overline{R})^2 \cdots\cdots (R_T - \overline{R})^2 \right]$$

$$= \frac{1}{T} \left[(R_1^2 + R_2^2 \cdots\cdots + R_T^2) + T\overline{R}^2 - 2\overline{R}(R_1 + R_2 + \cdots\cdots R_T) \right]$$

$$= \frac{1}{T} \left[\sum_{t=1}^{T} R_t^2 + T\overline{R}^2 - 2\overline{R} \sum_{t=1}^{T} R_t \right]$$

$$\therefore \quad \overline{R} = \frac{R_1 + R_2 + \cdots\cdots R_T}{T} = \sum_{t=1}^{T} R_t / T$$

$$\therefore \quad \sigma^2 = \frac{1}{T}\Big[\sum_{t=1}^{T} R_t^2 + T\overline{R}^2 - 2\overline{R}\cdot T\overline{R}\Big]$$

$$= \frac{1}{T}\Big[\sum_{t=1}^{T} R_t^2 - T\overline{R}^2\Big]$$

$$\sigma^2 = \frac{1}{T}\sum_{t=1}^{T} R_t^2 - \overline{R}^2$$

或

$$\sigma = \sqrt{\frac{1}{T}\sum_{t=1}^{T} R^2 - \overline{R}^2}$$

式中　σ^2——资源消耗的方差；

　　　σ——资源消耗的标准方差；

　　　T——计划工期；

　　　R_t——资源在第 t 天的消耗量；

　　　$\overline{R}$——资源每日平均消耗量。

由公式可看出，T 和 $\overline{R}$ 皆为常量，欲使 σ^2 或 σ 为最小，必须设法使 $\sum_{t=1}^{T} R_t^2$ 为最小值。即使

$$W = \sum_{t=1}^{T} R_t^2 = \min = R_1^2 + R_2^2 + R_3^2 + \cdots\cdots R_i^2 + \cdots\cdots R_T^2$$

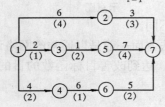

图 3-77　某工程网络图

由于计划工期 T 是固定的（工期固定），所以求解 σ^2 或 σ 为最小值问题，只能在各工序总时差范围内调整其开始或结束时间，从中找出一个 σ^2 或 σ 最小的计划方案，即为最优方案。

设某符合工期要求的计划网络图 3-77。起点节点编号为①，终点节点编号为⑦。图中箭线上的数字（不带括号）为作业时间；箭线下数字（带括号）为某种资源的每日消耗量。

该网络计划属于工期固定，求资源利用最优问题，可按以下步骤进行：

（1）计算各工作的时间参数（计算结果见表 3-11）。

网 络 工 作 参 数 表　　　　　　　　　　　　　表 3-11

工	作	作业时间	基本时间参数				机动时间参数		关键工作
i	j	D_{i-j}	ij	ij	ij	ij	ij	ij	*
①	②	6	0	6	6	12	6	0	
①	③	2	0	2	5	7	5	0	
①	④	4	0	4	0	4	0	0	*
②	⑦	3	6	9	12	15	6	6	
②	⑤	1	2	3	7	8	5	0	
④	⑥	6	4	10	4	10	0	0	*
⑤	⑦	7	3	10	8	15	5	5	
⑥	⑦	5	10	15	10	15	0	0	*

（2）按照工作最早开始及最早结束时间，将网络计划绘在时间坐标上（图 3-78）；计

算资源逐日消费量，并绘出相应的资源消费曲线；

（3）由终点节点开始，逆箭头方向顺序逐个调整非关键工作的开始和结束时间。

调整的方法是：令工作的最早开始时间和最早结束时间逐日向后移动，每移动一天检查一次 σ^2 或 σ（一般均用 σ^2）的变化。例如，某工作 $i-j$ 在第 t_{ES} 天开始后第 t_{EF} 天结束，该工作的某项资源的每日消费量为 $S_{i,j}$。如果将该工作向后移动一天，则第 t_{ES+1} 天的资源消费量 R_{ES+1} 将减少 $S_{i,j}$；而第 t_{EF+1} 天的资源消费量 R_{ES+1} 将增加 $S_{i,j}$。根据公式（3-70），任一工作每后移一天，W 值的变化量 ΔW 为：

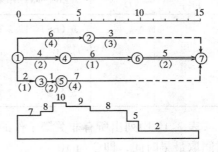

图 3-78 资源优化网络图

$$\Delta W = (R_{ES+1} - S_{i,j})^2 + (R_{EF+1} + S_{i,j})^2 - (R_{ES+1}^2 + R_{EF+1}^2)$$

$$\therefore \qquad \Delta W = 2S_{i,j}(R_{EF+1} - R_{ES+1} + S_{i,j}) \qquad (3-70)$$

显然，$\Delta W < 0$ 时，表示 σ^2 减小，工作 $i-j$ 可向后移动；如果 $\Delta W > 0$ 时，即 σ^2 增加，不宜移动，据此可以定出该工作最优的开始和结束时间。

由于计划工期是固定的，故每一工作的时间调整范围要受该工作总时差的限制。

如果移动第 k 天出现 $\Delta W > 0$，此时，还要计算该天至以后各天的 ΔW 的累计值：

$$\Sigma\Delta W = \Delta W_k + \Delta W_{k+1} + \cdots\cdots \qquad (3-71)$$

如发现该天至某一天的 $\Sigma\Delta W \leqslant 0$，说明该工作还可以后移到该天。

以上计算最好列表进行（参阅表 3-12）。

网络资源优化表　　　　　　　　　　　　　　　　表 3-12

工序 $i-j$	作业时间 D_{i-j}	开始时间	结束时间	总时差 TF_{ij}	σ^2	ΔW	$\Sigma\Delta W$
⑤—⑦	7	3 (ES)	10 (EF)	5	8.86	−32	
		4	11	4	6.73	−24	
		5	12	3	5.13	−16	
		6	13	2	3.35	−16	
		7	14	1	2.46		
		8 (LS)	15 (LF)	0	1.43		
②—⑦	3	6 (ES)	9 (EF)	6	1.43	+24	
		7	10	5	2.99	+30	
		8	11	4	4.99	+6	+66
		9	12	3	5.79	+6	+66
		10	13	2	5.79	0	+66
		11	14	1	5.79	0	
		12 (LS)	15 (LF)	0	5.79		
③—⑤	1	2 (ES)	3 (EF)	5	1.43	0	
		3	4	4	1.43	−4	
		4	5	3	1.12	0	
		5	6	2	1.12	−4	
		6	7	1	0.9	0	
		7 (LS)	8 (LF)	0	0.9		

工序 $i-j$	作业时间 D_{i-j}	开始时间	结束时间	总时差 TF_{ij}	σ^2	ΔW	$\Sigma\Delta W$
①—③	2	0 (ES)	2 (EF)	5	0.9	0	
		1	3	4	0.9	0	
		2	4	3	0.9	−2	
		3	5	2	0.73	−2	
		4	6	1	0.59	−2	
		5 (LS)	7 (LF)	0	0.46		

表 3-12 中列出所有非关键工作的优化计算过程。首先计算工作⑤—⑦，开始和结束时间取最早时间，即 3 与 10。

$$\frac{1}{T}\sum_{t=1}^{T}R_t^2 = \frac{1}{15}(2\times7^2 + 8^2 + 10^2 + 2\times9^2 + 3\times8^2 + 5^2 + 5\times2^2) = 44.06$$

$$\overline{R}^2 = \left(\frac{2\times7 + 8 + 10 + 2\times9 + 3\times8 + 5 + 5\times2}{15}\right)^2 = \left(\frac{89}{15}\right)^2 = 35.20$$

$$\sigma^2 = \frac{1}{T}\sum_{t=1}^{T}R_t^2 - \overline{R}^2 = 44.06 - 35.20 = 8.86$$

$$\Delta W = 2S_{i,j}(R_{EF+1} - R_{ES+1} + S_{i,j})$$
$$= 2\times4(2 - 10 + 4) = -32$$

由于 ΔW 小于 0，故工作⑤—⑦可以向后移动 1 天，此时，

$$R_{3+1} = 10 - 4 = 6$$
$$R_{10+1} = 2 + 4 = 6$$

据此，再求 σ 平方和 ΔW 值。结果 $\sigma = 6.73$，比原来减少且 $\Delta W = -24$，故工作还要后移；如此继续下去直至工作的开始时间变为 8，完成时间变为 15，即变成了 LS 和 LF 值，此时 $TF = 0$，无法再移动。

再计算工作②—⑦，同样先使开始和完成时间为最早时间，即 6 与 9。计算结果 $\sigma = 2.99$，比原来增加，且 $\Delta W = 30$ 大于 0。核算 $\Sigma\Delta W$ 值：

$$\Sigma\Delta W = 24 + 30 = 54 \text{（大于 0）}$$

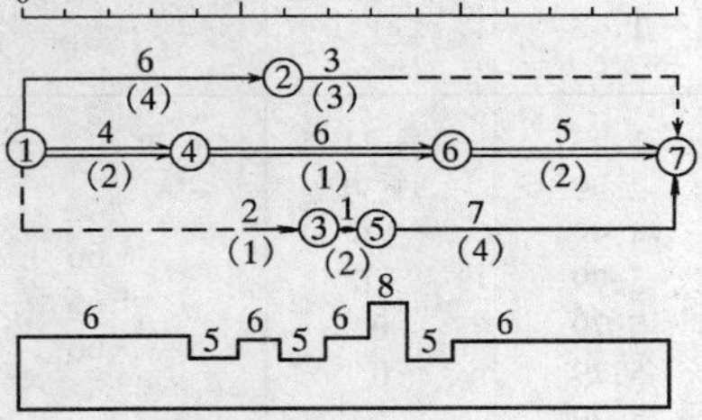

图 3-79　资源优化网络计划

但此时还不能停止，继续后移，再核算 $\Sigma\Delta W$，直至算完，未发现有 $\Sigma\Delta W$ 小于 0 的情况，因此该工作应保持最早开始时间和最早完成时间不动。然后继续计算其他工作。

（4）按步骤（3）将所有非关键工作调整（优化）一遍后，还需进行第二次、第三次……调整（优化），直至 σ^2 不再减少为止。此时才算得到最优计划方案。

图 3-79 为本例经优化后得到的最优方案网络计划，下面为相应资源消费曲线。由上可知，资源优化计算工作量十分庞大，对于大中型网络，用手工计算是难以实现的，只能依靠计算机进行计算。

四、工期-成本优化

一项计划都是由许多工作组成的。这些工作都有着各自的施工方法、施工机械、材料

及持续时间等，根据这些因素和实际条件，一项工程可组合成若干方式进行施工。而成本就是确定最优组合方式的一个重要技术经济指标。但是，在一定范围内，成本是随着工期的变化而变化的，在工期与成本之间就应存在最优解的平衡点。工期-成本优化就是应用前述的网络计划方法，在一定约束条件下，综合考虑成本与工期两者的相互关系，以期达到成本低、工期短目的的定量方法之一。

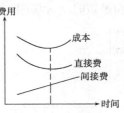

图 3-80　时间-费用
关系示意图

（一）时间-成本的关系

工程成本包括直接费用和间接费用两部分。在一定范围内，直接费用随着时间的延长而减少，而间接费用则随着时间延长而增加，见图 3-80。

图 3-80 中的工程成本曲线是由直接费曲线和间接费曲线叠加而成的。曲线上的最低点就是工程计划的最优方案之一。此方案工程成本最低，相对应的工程持续时间称为最优工期。

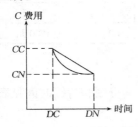

图 3-81　时间-直接费
关系图

间接费曲线：表示间接费用和时间成正比关系的曲线，通常用直线表示。其斜率表示间接费用在单位时间内的增加（或减少）值。间接费用是与施工单位的管理水平、施工条件、施工组织等有关。

直接费曲线：表示直接费用在一定范围内和时间成反比关系的曲线。一般在施工时为了加快作业速度，必须突击作业，即采取加班加点或多班制作业，增加许多非熟练工人，并且增加了高价的材料及劳动力，采用高价的施工方法及机械设备等。这样，尽管工期加快了但其直接费用也增加了。然而，在施工中存在着一个极限工期。另外，也同样存在着不管怎样延长工期也不能使得直接费用再减少，此时的费用称为最低费用亦称为正常费用。相应的工期称为正常工期，其关系见图3-81。表示某工作（工序）的时间-直接费关系。

直接费用曲线实际并不像图中那样圆滑，而是由一系列线段组成的折线，并且越接近最高费用（极限费用），其曲线越陡。确定其曲线是一件很麻烦的事，而且就工程而言，也不需要这样精确。所以为了简化计算，一般都将其曲线近似表示为直线。其斜率称为费用斜率；表示单位时间内直接费用的增加（或减少）。其计算公式为：

$$\Delta C_{i-j} = \frac{CC_{i-j} - CN_{i-j}}{DN_{i-j} - DC_{i-j}} \tag{3-72}$$

式中　ΔC_{i-j}——工作 $i-j$ 的直接费变化率；

CC_{i-j}——将工作 $i-j$ 持续时间缩短为最短持续时间后，完成该工作所需的直接费用；

CN_{i-j}——在正常条件下完成工作 $i-j$ 所需的直接费用；

DN_{i-j}——工作 $i-j$ 的正常持续时间；

DC_{i-j}——工作 $i-j$ 的最短持续时间。

根据各工作的性质不同，其工作持续时间和费用之间的关系通常有以下两种情况：

1. 连续型变化关系

有些工作的直接费用随着工作持续时间的改变而改变，如图 3-81。介于正常持续时间和最短时间（极限）之间的任意持续时间的费用可根据其费用斜率，用数学式子推算出来。这种时间和费用之间的关系是连续变化的，称为连续型变化关系。

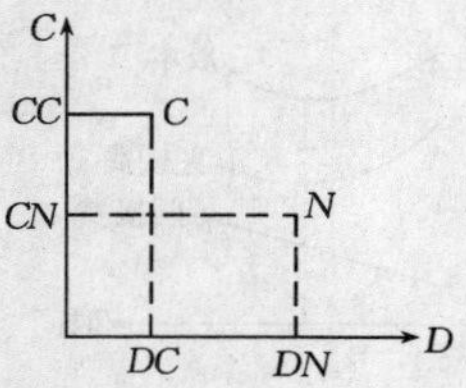

例如，某工作经过计算确定其正常持续时间为 8 天，所需费用 500 元，在考虑增加人力、机具设备和加班的情况下，其最短时间为 4 天，而费用为 900 元，则其单位变化率为：

$$\Delta C_{i-j} = \frac{CC_{i-j} - CN_{i-j}}{DN_{i-j} - DC_{i-j}} = \frac{900 - 500}{8 - 4} = 100 \ 元 / 天$$

即每缩短一天，其费用增加 100 元。

图 3-82 非连续型
时间-直接费关系图

2. 非连续型变化关系

有些工作的直接费用与持续时间之间的关系是根据不同施工方案分别估算的，所以介于正常持续时间与最短持续时间之间的关系不能用线性关系表示，不能通过数学式子计算，只能存在几种情况供选择，在图上表示为几个点，见图 3-82。

时间及费用表			表 3-13
机械类型	A	B	C
持续时间	5	7	10 天
费用	3600	2500	1700 元

例如，某单层工业厂房吊装工程，采用三种不同的吊装机械，其费用和持续时间见表 3-13 所示。

所以，在确定施工方案时，根据工期要求，只能在上表中的三种不同机械中选择。在图中也就是只能取三点中的一点。

（二）优化的方法及步骤

工期-成本优化的基本方法就是从网络计划各工作的持续时间和费用的关系中，依次找出既能使计划工期缩短又能使得其直接费用增加最少的工作，不断地缩短其持续时间，同时考虑间接费用叠加，即可求出工程成本最低时的相应最优工期和工期固定对应的最低工程成本。

下面通过例题对其优化步骤加以说明。

某工程计划网络图如图 3-83 所示，其各工作的相应费用和变化率、正常和极限时间如箭线上下标出。整个工程计划的间接费率为 150 元/天，最短工期时间接费为 500 元。对此计划进行工期-成本优化，确定其工期-成本曲线。

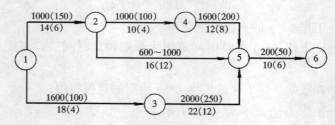

图 3-83 某工程网络图

注：图 3-83 中 2-5 工作为非连续型变化关系，其正常时间及费用为
（16，600）最短时间及相应费用为（12，1000）。

（1）通过列表确定各个工作的正常持续时间及相应的费用，并分析各工作的持续时间与费用之间的关系（见表3-14）。

时间-成本数据表 表3-14

工作编号	正常工期		最短工期		费用变化率
	时间（天）	成本（元）	时间（天）	成本（元）	元/天
1—2	14	1000	6	2200	150
1—3	18	1600	4	3000	100
2—4	10	1000	4	1600	100
2—5	16	600	12	1000	
3—5	22	2000	12	4500	250
4—5	12	1600	8	2400	200
5—6	10	2000	6	2200	50

（2）计算各工作在正常持续时间下网络计划时间参数，确定其关键线路，见图3-84，并确定整个网络计划的直接费用。

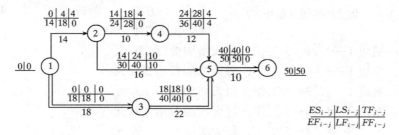

图3-84 某工程网络计划

从图3-84可看到其关键线路为1—3—5—6

工期 $T_C = 50$ 天

直接费用 $C = 9800$ 元

图3-84为原始网络，作为工期-成本优化的基础。

（3）从原始网络出发，逐步压缩工期，直至各工作均合理地加快了持续时间，不能再继续缩短工期为止。此过程要进行多个循环，而每一循环又分以下几步：

1）通过计算找出上次循环后网络图的关键线路和关键工作；

2）从各关键工作中找出缩短单位时间所增加费用最少的方案；

3）通过试算并确定该方案可能缩短的最多天数；

4）计算由于缩短工作持续时间所引起的费用增加或其循环后的费用。

在本题中

循环一：

在原始网络计划中（图3-84），关键工作为1—3，3—5，5—6，在表3-14中可以看到：5—6工作费用变化率最小，为50元/天，时间可缩短4天，则

工期 $T_1 = 50 - 4 = 46$ 天

费用 $C_1 = 9800 + 4 \times 50 = 10000$ 元

关键线路没有改变

循环二：

关键工作仍为 1—3，3—5，5—6，表中费用变化率最低的是 5—6 工作，但在循环一已达到了最短时间，不能再缩短，所以考虑 1—3，3—5 工作，经比较 1—3 工作费用变化率较低，1—3 工作可缩短 14 天，但压缩 5 天时其他非关键工作也必须缩短。所以在不影响其他工作的情况下，只能压缩 4 天，其工期和费用为：

$$T_2 = 46 - 4 = 42 \text{ 天}$$

$$C_2 = 10000 + 4 \times 100 = 10400 \text{ 元}$$

循环二完成后的网络图见图 3-85。

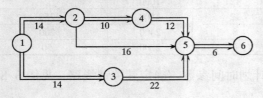

图 3-85　优化网络图（循环二）

循环三：

从图 3-85 看到关键线路变成 2 条：1—2—4—5—6 和 1—3—5—6。

关键工作为：1—2、2—4、4—5、1—3、3—5、5—6。其压缩方案为：

方案一：缩短 1—3，2—4 工作，每天增加费用 200 元

方案二：缩短 1—3，1—2 工作，每天增加费用 250 元

方案三：缩短 1—3，4—5 工作，每天增加费用 300 元

方案四：缩短 1—2，3—5 工作，每天增加费用 400 元

方案五：缩短 2—4，3—5 工作，每天增加费用 350 元

方案六：缩短 3—5，4—5 工作，每天增加费用 450 元

根据增加费用最少的原则，缩短 1—3，2—4 各 6 天，其工期和费用为：

$$T_3 = 42 - 6 = 36 \text{ 天}$$

$$C_3 = 10400 + 6 \times 200 = 11600 \text{ 元}$$

缩短后的网络图见图 3-86。

循环四：

从图 3-86 可看到，2—5 工作也变成关键工作，即网络图上所有工作都是关键工作，共有三条关键线路。其压缩方案为：

方案一：缩短 1—2，1—3 工作，每天增加费用 250 元

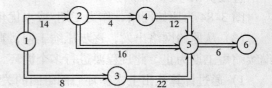

图 3-86　优化网络图（循环三）

方案二：缩短 1—3，2—5，4—5 工作，必须缩短 4 天，费用增加 1600 元，平均每天增加费用 400 元；

方案三：缩短 1—2，3—5 工作，每天增加费用 400 元

方案四：缩短 2—5，3—5、4—5 工作，必须缩短 4 天，费用增加 2200 元，平均每天增加费用 550 元；

通过比较压缩 1—2，1—3 工作各 4 天

$$T_4 = 36 - 4 = 32 \text{ 天}$$

$$C_4 = 11600 + 4 \times 250 = 12600 \text{ 元}$$

其压缩后的网络图见图 3-87。

循环五：

从图 3-87 中找出其压缩方案为：

方案一：缩短 1—2，3—5 工作，每天增加费用 400 元

方案二：缩短 2—5，3—5，4—5，4 天，费用增加 2200 元，平均每天 550 元。

所以取方案一，缩短 1—2，3—5 工作各 4 天

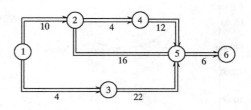

图 3-87 优化网络图（循环四）

$$T_5 = 32 - 4 = 28 \text{ 天}$$
$$C_5 = 12600 + 4 \times 400 = 14200 \text{ 元}$$

缩短后网络图，见图 3-88。

循环六：

通过图 3-88 可以看出缩短工期的方案只有一个，即压缩 2—5，3—5，4—5 工作各 4 天，（由于 2—5 工作是非连续型变化关系）

$$T_6 = 28 - 4 = 24 \text{ 天}$$
$$C_6 = 14200 + 200 + 450 \times 4 = 16200 \text{ 元}$$

网络图见图 3-89。

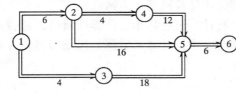

图 3-88 优化网络图（循环五）　　　图 3-89 优化网络图（循环六）

计算到此，可以看出 3—5 工作还可继续缩短，其费用增加到 $T = 16200 + 500 = 16700$ 元，但是与 3—5 工作平行的其他工作不能再缩短了，即已达到了极限时间，所以尽管缩短 3—5 工作时整个工程的直接费用增加了，但工期并没有再缩短，那么缩短 3—5 工作是徒劳的，这就告诉我们，工期—成本优化并不是把整个计划的所有工作都按其最短时间计算，而是有针对性地压缩到那些影响工期的工作。本题的优化循环过程结束。将上面每次循环后的工期，费用列入表中（见表 3-15）

（4）根据优化循环的结果和间接费用率绘制直接费、间接费曲线。并由直接费和间接

网络工期-成本优化表　　　　　　　　　　　　　　　　表 3-15

循环次数	工　期　（天）	直　接　费	间　接　费	总　成　本
(1)	(2)	(3)	(4)	(5)
原始网络	50	9800	4400	14200
一	46	10000	3800	13800
二	42	10400	3200	13600
三	36	11600	2300	13900
四	32	12600	1700	14300
五	28	14200	1100	15300
六	24	16200	500	16700

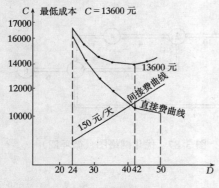

图 3-90 优化后的工程成本曲线

最低成本为 13600 元。

费曲线叠加确定工程成本曲线，求出最佳工期最优成本。

本题中，根据表 3-15 列成的每组数字在坐标上找出对应点连接起来就是直接费曲线，见图 3-90。

间接费曲线根据已给的费用变化率（曲线斜率）和在极限工期时的值即可确定，见图 3-90。将直接费曲线和间接费曲线对应点相加，即可得出工程成本曲线上的对应点，其值见表 3-15 中的（4）、（5）项。将这些点连接起来就得到工程成本曲线。从曲线上可以确定最佳工期：$T = 42$ 天，

第七节　网络计划的计算机应用

网络计划的时间参数计算、方案的各种优化以及实施期间的进度管理都需要大量的重复计算。而计算机的普及应用为解决这一问题创造了有利条件，尤其是微型机的出现，使得网络计划使用计算机在企业中应用成为可能。

本节主要介绍如何在微机上实现网络计划使用计算机基本方法。

网络计划电算程序同其他的电算程序相比有计算过程简单、数据变量较多的特点，它介于计算程序和数据处理程序之间。所以在学习之中，计算和数据处理都很重要，希引起足够的重视。

一、建立数据文件

由前面介绍的基本知识可知，一个网络计划是由许多工作组成，一个工作又有若干个数据来表示，所以网络计划的时间参数计算过程很大程度是在数据处理，为了计算上的方便，也为了便于数据的检查，有必要建立数据文件，数据文件就是用来存放原始数据的。

为了使用上的方便，建立数据文件的程序时，不但要考虑到学过计算机语言的人使用，也要考虑到没学过计算机语言的人使用，可以利用人机对话的优点，进行一问一答的交换信息。这个过程实现起来并不复杂，其程序框图如图 3-91 所示。

二、计算程序

网络时间参数计算程序的关键就是确定其计算公式，用迭代公式进行计算。由前面网络计算公式可知，尽管网络时间参数较多，但其关键的两个参数 ET、LT 确定之后，其余参数都可据此算出。所以其计算法中关键就是 ET、LT 两个参数的计算。

$$ET_j = \max (ET_i + D_{i,j})$$

式中　$D_{i,j}$——工作 $i - j$ 的持续时间。

由上式可推出：

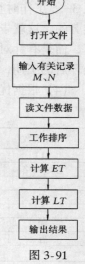

图 3-91

110

$$ET_i + D_{i-j} \leqslant ET_j$$

如果 $ET_i + D_{i-j} > ET_j$

则令 $ET_j = ET_i + D_{i-j}$

上式即为利用计算机进行计算的迭加公式。由于计算机不能直观的进行比较，必须依节点顺序依次计算比较，故在进行参数计算之前要对所有工作按其前节点、后节点的顺序进行自然排序。所谓工作的自然排序就是按工作前节点的编号从小到大，当前节点相同时按后节点的编号从小到大进行排列的过程。

图 3-92 给出了计算 ET 的框图。

同样，由网络的计算公式可以得出节点的最迟时间计算公式：

$$LT_i = \min(LT_j - D_{i-j})$$

由上式可推出：

$$LT_j - D_{i-j} \geqslant LT_i$$

如果 $LT_j - D_{i-j} < LT_i$

则令：$LT_i = LT_j - D_{i-j}$

从上述两个公式看出，在迭代过程中，ET 值不断增大，LT 值不断减少。这也正符合其原来的计算规律。值得提出的是，由于 ET 值是由小到大，故开始计算时，对所有节点的 ET 值赋初值，都令

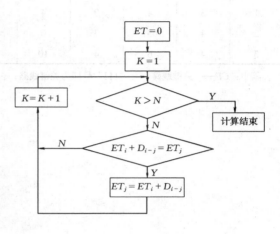

图 3-92

其等于零。而 LT 是由大到小，故所有节点的 LT 初值都要赋予一个较大的值，为了计算上的方便，一般将最后一个节点的 ET 值赋给它。因在网络图中，终节点的 LT 值一般都为最大值的计算框图如图 3-93 所示。图 3-94 给出了有关网络时间参数计算整个过程的粗框图。

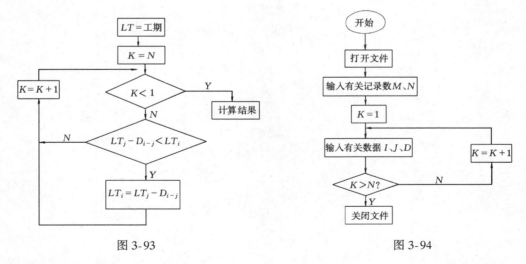

图 3-93   图 3-94

三、输出部分

计算结果的输出也是程序设计的主要部分。首先要解决输出的表格形式。目前输出的

表格形式，一种是采用横道图形式；另一种是直接用表格形式，输出相应的各时间参数值。无论什么形式总是先要设计好格式，用 *TAB* 语句或 *PRINT USING* 语句等严格控制好打印位置、换行的位置。

本节中介绍的输出形式如表 3-16。

NETWORKPLAN

表 3-16

I!	J!	D!	ES!	EF!	LS!	LF!	FF!	TF	CP
1	2	3	0	3	1	4	0	1	
1	3	4	0	4	0	4	0	0	!!!
2	4	3	3	6	7	10	4	4	
3	4	6	4	10	4	10	0	0	!!!

其中：*CP*——关键线路；有"!!!"号即为关键线路，否则为非关键线路。

第四章 施工组织总设计

第一节 施工组织总设计的编制内容与依据

一、施工组织总设计及其作用

施工组织总设计是以整个建设项目或建筑群施工为对象，根据初步设计或扩大初步设计图纸以及其他有关资料和现场施工条件编制的，用以指导其施工全过程中各项施工活动的技术经济的综合文件。一般由建设总承包公司或大型工程项目经理部的总工程师主持，组织有关人员编制。其主要作用有以下几方面：

（1）为建设项目或建筑群体工程施工阶段做出全局性的战略部署；

（2）为做好施工准备工作，保证资源供应提供依据；

（3）为组织全工地性施工业务提供科学方案和实施步骤；

（4）为施工单位编制工程项目生产计划和单位工程的施工组织设计提供依据；

（5）为业主编制工程建设计划提供依据；

（6）为确定设计方案的施工可行性和经济合理性提供依据。

二、施工组织总设计的编制依据

为了保证施工组织总设计的编制工作顺利进行并提高质量，使施工组织设计文件能更密切地结合工程实际情况，从而更好地发挥其在施工中的指导作用，在编制施工组织总设计时，应以如下资料为依据：

（一）设计文件及有关资料

设计文件及有关资料主要包括：建设项目的初步设计、扩大初步设计或技术设计的有关图纸、设计说明书、建筑区域平面图、建筑总平面图、建筑竖向设计、总概算或修正概算等。

（二）计划文件及有关合同

计划文件及有关合同文件主要包括：国家批准的基本建设计划、可行性研究报告、工程项目一览表、分期分批施工项目和投资计划；地区主管部门的批件；招投标文件及签订的工程承包合同；工程材料和设备的订货指标；引进材料和设备供货合同等。

（三）工程勘察和技术经济资料

建设地区的工程勘察资料：地形、地貌、工程地质及水文地质、气象等自然条件。建设地区技术经济条件：可能为建设项目服务的建筑安装企业、预制加工企业的人力、设备、技术和管理水平；工程材料的来源和供应情况；交通运输情况、水、电供应情况；商业和文化教育水平和设施情况等。

（四）现行规范、规程和有关技术规定

国家现行的施工及验收规范、操作规程、定额、技术规定和技术经济指标。

（五）类似建设项目的施工组织总设计和有关总结资料

三、施工组织总设计的编制程序

施工组织总设计通常按照图 4-1 所示程序进行编制。

四、施工组织总设计的内容

施工组织总设计的内容，一般主要包括：工程概况和施工特点分析、施工部署和主要项目施工方案、施工总进度计划、全场性的施工准备工作计划、施工资源总需要量计划、施工总平面图和各项主要技术经济评价指标等。但是由于建设项目的规模、性质、建筑和结构的复杂程度、特点不同，建筑施工场地的条件差异和施工复杂程度不同，其内容也不完全一样。

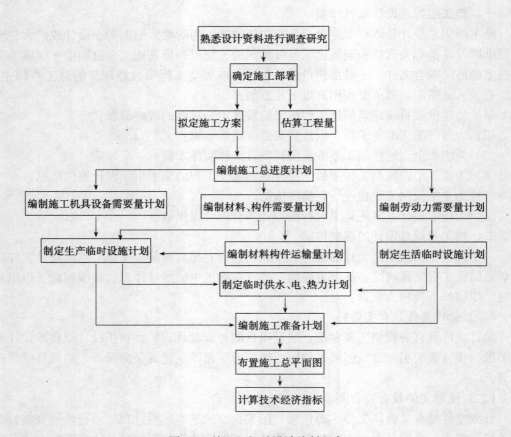

图 4-1 施工组织总设计编制程序

工程概况和特点分析是对整个建设项目的总说明和分析。一般应包括以下内容：

（一）建设项目主要情况

主要包括：工程性质、建设地点、建设规模、总占地面积、总建筑面积、总工期、分期分批投入使用的项目和工期；主要工种工程量、设备安装及其吨数；总投资额、建筑安装工作量、工厂区和生产区的工作量；生产流程和工艺特点；建筑结构类型、新技术、新材料的复杂程度和应用情况等。

（二）建设地区的自然条件和技术经济条件

主要包括：气象、地形地貌、水文、工程地质和水文地质情况；地区的施工能力、资源供应情况、交通和水电等条件。

（三）建设单位或上级主管部门对施工的要求

主要包括：企业的施工能力、技术装备水平、管理水平和完成各项经济指标的情况等。

除此之外，还有土地征用范围居民搬迁情况等与建设项目施工有关的主要情况。

第二节 施 工 部 署

施工部署是对整个建设项目全局做出的统筹规划和全面安排，其主要解决影响建设项目全局性的重大战略问题。

由于建设项目的性质、规模和客观条件不同，其施工部署的内容和侧重点会有所不同。一般应包括以下内容：确定工程开展程序、拟定主要工程项目的施工方案、明确施工任务划分与组织安排，编制施工准备工作计划等。

一、工程开展程序

根据建设项目总目标的要求，确定工程分期分批施工的合理开展程序。对于一些大型工业企业项目，如冶金联合企业、化工联合企业、火力发电厂等项目都是由许多工厂或车间组成的，确定施工开展程序时，应主要考虑以下几点：

（1）在保证工期的前提下，实行分期分批建设，既可使各具体项目迅速建成，尽早投入使用，又可在全局上实现施工的连续性和均衡性，减少暂设工程数量，降低工程成本。

为了充分发挥工程建设投资的效果，对于大中型工业建设项目，一般应该在保证工期的前提下分期分批建设。至于分几期施工，各期工程包含哪些项目，则要根据生产工艺要求、建设单位或业主要求、工程规模大小和施工难易程度、资金、技术资源情况由建设单位或业主和施工单位共同研究确定。例如，一个大型火力发电厂工程，按其工艺过程大致可分为以下几个系统：热工系统、燃料供应系统、除灰系统、水处理系统、供水系统、电气系统、生产辅助系统、全厂性交通及公用工程、生活福利系统等。每个系统都包含许多的工程项目，建设周期为 4～7 年。我国某大型火力发电厂工程，由于技术、资金、原料供应等原因，工程分两期建设。一期工程装两台 20 万 kW 国产汽轮发电机组和各种辅助生产、交通、生活福利设施。建成投产两年后，继续建设二期工程，安装一台 60 万 kW 国产汽轮发电机组，最终形成了 100 万 kW 的发电能力。

对于小型企业或大型建设项目的某个系统，由于工期较短或生产工艺的要求，亦可不必分期分批建设采取一次性建成投产。

（2）统筹安排各类项目施工，保证重点，兼顾其他，确保工程项目按期投产。按照各工程项目的重要程序，应优先安排的工程项目是：

1）按生产工艺要求，须先期投入生产或起主导作用的工程项目；

2）工程量大、施工难度大、工期长的项目；

3）运输系统、动力系统。如厂区内外道路、铁路和变电站等；

4）生产上需先期使用的机修、车床、办公楼及部分家属宿舍等；

5）供施工使用的工程项目。如采砂（石）场、木材加工厂、各种构件加工厂、混凝土搅拌站等施工附属企业及其他为施工服务的临时设施。

对于建设项目中工程量小、施工难度不大、周期较短而又不急于使用的辅助项目，可以考虑与主体工程相配合，作为平衡项目穿插在主体工程的施工中进行。

（3）所有工程项目均应按照先地下、后地上；先深后浅；先干线后支线的原则进行安排。如地下管线和修筑道路的程序，应该先铺设管线，后在管线上修筑道路。

（4）要考虑季节对施工的影响。例如大规模土方工程和深基础施工，最好避开雨季。寒冷地区入冬以后最好封闭房屋并转入室内作业和设备安装。

对于大中型的民用建设项目（如居民小区），一般亦应按年度分批建设。除考虑住宅以外，还应考虑幼儿园、学校、商店和其他公共设施的建设，以便交付使用后保证居民的正常生活。

二、主要工程项目的施工方案

施工组织总设计中要拟定一些主要工程项目的施工方案，这些项目通常是建设项目中工程量大、施工难度大、工期长，对整个建设项目的完成起关键性作用的建筑物（或构筑物），以及全场范围内工程量大、影响全局的特殊分项工程。拟定主要工程项目的施工方案，目的是为了进行技术和资源的准备工作，同时也为了施工进程的顺利开展和现场的合理布置。其内容包括确定施工方法、施工工艺流程、施工机械设备等。对施工方法的确定要兼顾技术工艺的先进性和经济上的合理性；对施工机械的选择，应使主导机械的性能既能满足工程的需要，又能发挥其效能，在各个工程上能够实现综合流水作业，减少其拆、运的次数；对于辅助配套机械，其性能应与主导施工机械相适应，以充分发挥主导施工机械的工作效率。

三、施工任务划分与组织安排

在明确施工项目管理体制、机构的条件下，划分各参与施工单位的工作任务，明确总包与分包的关系，建立施工现场统一的组织领导机构及职能部门，确定综合的专业化的施工组织，明确各单位之间分工与协作的关系，划分施工阶段，确定各单位分期分批的主导项目和穿插项目。

四、施工准备工作总计划

根据施工开展程序和主要工程项目施工方案，编制好施工项目全场性的施工准备工作计划。主要内容包括：

（1）安排好场内外运输、施工用主干道、水、电、气来源及其引入方案；

（2）安排场地平整方案和全场性排水、防洪；

（3）安排好生产和生活基地建设。包括商品混凝土搅拌站、预制构件厂、钢筋、木材加工厂、金属结构制作加工厂、机修厂等；

（4）安排建筑材料、成品、半成品的货源和运输、储存方式；

（5）安排现场区域内的测量工作，设置永久性测量标志，为放线定位做好准备；

（6）编制新技术、新材料、新工艺、新结构的试制试验计划和职工技术培训计划；

（7）冬、雨季施工所需的特殊准备工作。

例如，为某高层公寓群的主要施工准备工作计划，如表4-1所示。

序号	施工准备工作内容	负责单位	涉及单位	要求完成时间
1	民房及其他单位占用房拆迁	建设单位		第 1 年度 5 月
2	现场测量控制网	项目经理部		第 1 年度 3 月
3	平整场地、施工道路	项目经理部		第 1 年度 4 月
4	施工水、电设施	项目经理部		第 1 年度 6 月
5	暂设用房	项目经理部		第 1 年度 4~12 月
6	了解出图计划、设计意图	分公司技术组		第 1 年度 4~6 月
7	编制施工组织设计	分公司技术组		第 1 年度 4~10 月
8	大型机具计划	分公司生产组		第 1 年度 4~10 月
9	成品、半成品、加工品计划	项目经理部	项目经理部	第 1 年度
10	设计大模板	分公司技术组		第 2 年度 5 月
11	试验预贴马赛克墙板	公司构件厂	分公司	第 1 年度 1 月
12	解决存土、卸土场地	建设单位机械施工公司		第 1 年度 5 月
13	解决新车路占用慢行道	建设单位	分公司	第 1 年度 10 月

第三节　施工总进度计划

施工总进度计划是施工现场各项施工活动的时间上的体现。编制施工总进度计划就是根据施工部署中的施工方案和工程项目的开展程序，对全工地的所有工程项目做出时间上的安排。其作用在于确定各个施工项目及其主要工种工程、准备工作和全工地性工程的施工期限及其开工和竣工的日期，从而确定建筑施工现场上劳动力、材料、成品、半成品、施工机械的需要数量和调配情况，以及现场临时设施的数量、水电供应数量和能源、交通的需要数量等等。因此，正确地编制施工总进度计划是保证各项目以及整个建设工程按期交付使用，充分发挥投资效益，降低建筑工程成本的重要条件。

编制施工总进度计划的基本要求是：保证拟建工程在规定的期限内完成；迅速发挥投资效益；施工的连续性和均衡性；节约施工费用。

根据施工部署中建设工程分期分批投产顺序，将每个交工系统的各项工程分别列出，在控制的期限内进行各项工程的具体安排，如建设项目的规模不太大，各交工系统工程项目不很多时，亦可不按分期分批投产顺序安排，而直接安排总进度计划。

施工总进度计划编制的步骤如下：

一、列出工程项目一览表并计划工程量

施工总进度计划主要起控制总工期的作用，因此项目划分不宜过细。通常按照分期分批投产顺序和工程开展程序列出，并突出每个交工系统中的主要工程项目，一些附属项目及小型工程，临时设施可以合并列出工程项目一览表。

在工程项目一览表的基础上，按工程的开展顺序，以单位工程计算主要实物工程量。此时计算工程量的目的是为了选择施工方案和主要的施工、运输机械；初步规划主要施工过程的流水施工；估算各项目的完成时间；计算劳动力和物资的需要量。因此，工程量只需粗略地计算即可。

计算工程量，可按初步（或扩大初步）设计图纸并根据各种定额手册进行计算。常用的定额、资料有以下几种：

（1）万元、十万元投资工程量、劳动力及材料消耗扩大指标。这种定额规定了某一种结构类型建筑，每万元或十万元投资中劳动力、主要材料等消耗数量。根据设计图纸中的结构类型，即可估算出拟建工程各分项需要的劳动力和主要材料的消耗数量。

（2）概算指标或扩大结构定额。这两种定额都是预算定额的进一步扩大。概算指标是以建筑物每 $100m^3$ 体积为单位；扩大结构定额则以每 $100m^2$ 建筑面积为单位。查定额时，首先查找与本建筑物结构类型、跨度、高度相类似的部分，然后查出这种建筑物按定额单位所需要的劳动力和各项主要材料消耗量，从而推算出拟计算建筑物所需要的劳动力和材料的消耗数量。

（3）标准设计或已建房屋、构筑物的资料。在缺少上述几种定额手册的情况下，可采用标准设计或已建成的类似工程实际所消耗的劳动力及材料加以类比，按比例估算。但是，由于和拟建工程完全相同的已建工程是极为少见的，因此在采用已建工程资料时，一般都要进行折算、调整。

除房屋外，还必须计算主要的全工地性工程的工程量，如场地平整、铁路及道路和地下管线的长度等，这些可以根据建筑总平面图来计算。

将按上述方法计算出的工程量填入统一的工程量汇总表中。工程项目一览表，如表4-2所示。

二、确定各单位工程的施工期限

建筑物的施工期限，由于各施工单位的施工技术与管理水平、机械化程度、劳动力和材料供应情况等不同，而有很大差别。因此应根据各施工单位的具体条件，并考虑施工项目的建筑结构类型、体积大小和现场地形工程与水文地质、施工条件等因素加以确定。此外，也可参考有关的工期定额来确定各单位工程的施工期限。工期定额（或指标）是根据我国各部门多年来的施工经验，经统计分析对比后制定的。

工程项目一览表　　　　　　　　　　　　　　　表4-2

工程分类	工程项目名称	结构类型	建筑面积 1000m²	幢数 个	概算投资 万元	主要实物工程量							
						场地平整 1000m²	土方工程 1000m³	铁路铺设 km	…	砖石工程 1000m³	钢筋混凝土工程 1000m³	…	装饰工程 1000m²	…
全工地性工程													
主体项目													
辅助项目													
永久住宅													
临时建筑													
合计													

三、确定各单位工程的开竣工时间和相互搭接关系

在施工部署中已经确定了总的施工期限、施工程序和各系统的控制期限及搭接时间，但对每一个单位工程的开竣工时间尚未具体确定。通过对各主要建筑物或构筑物的工期进行分析，确定了每个建筑物或构筑物的施工期限后，就可以进一步安排各建筑物或构筑物的搭接施工时间。此时通常应考虑以下各主要因素：

1. 保证重点，兼顾一般

在安排进度计划时，要分清主次，抓住重点，同时期进行的项目不宜过多，以免分散有限的人力物力。主要工程项目指工程量大、工期长、质量要求高、施工难度大，对其他工程施工影响大、对整个建设项目的顺利完成起关键性作用的工程子项。这些项目在各系统的控制期限内应优先安排。

2. 满足连续、均衡施工要求

在安排施工进度计划时，应尽量使各工种施工人员、施工机械在全工地内连续施工，同时尽量使劳动力、施工机具和物资消耗量在全工地上达到均衡，避免出现突出的高峰和低谷，以利于劳动力的调度、原材料供应和充分利用临时设施。为达到这种要求，应考虑在施工项目之间组织大流水施工，即在相同结构特征的工程或主要工种工程之间组织流水施工，从而实现人力、材料和施工机械的综合平衡。另外，为实现连续均衡施工，还要留出一些后备项目，如宿舍、附属或辅助车间、临时设施等，作为调节项目，穿插在主要项目的流水中。

3. 满足生产工艺要求

工业企业的生产工艺系统是串联各个建筑物的主动脉。要根据工艺所确定的分期分批建设方案，合理安排各个建筑物的施工顺序，使土建施工、设备安装和试生产实现"一条龙"以缩短建设周期，尽快发挥投资效益。

4. 认真考虑施工总进度计划对施工总平面空间布置的影响

工业企业建设项目的建筑总平面设计，应在满足有关规范要求的前提下，使各建筑物的布置尽量紧凑，这可以节省占地面积，缩短场内各种道路、管线的长度，但同时由于建筑物密集，也会导致施工场地狭小，使场内运输、材料构件堆放、设备组装和施工机械布置等产生困难。为减少这方面的困难，除采取一定的技术措施外，对相邻各建筑物的开工时间和施工顺序予以调整，以避免或减少相互影响也是重要措施之一。

5. 全面考虑各种条件限制

在确定各建筑物施工顺序时，还应考虑各种客观条件的限制。如施工企业的施工力量，各种原材料、机械设备的供应情况，设计单位提供图纸的时间、各年度建设投资数量等，对各项建筑物的开工时间和先后顺序予以调整。同时，由于建筑施工受季节、环境影响较大，因此，经常会对某些项目的施工时间提出具体要求，从而对施工的时间和顺序安排产生影响。

四、安排施工进度

施工总进度计划可以用横道图表达，也可以用网络图表达。由于施工总进度计划只是起控制性作用，因此不必搞得过细。当用横道图表达总进度计划时，项目的排列可按施工总体方案所确定的工程展开程序排列。横道图上应表达出各施工项目的开竣工时间及其施工持续时间。例如某城市供热厂施工总进度计划横道图，如表4-3所示。其中各主要单位工程控制性进度如下：

（1）主厂房南锅炉房及汽机间6月开工，同年11月吊装主体结构，次年6月至第三年6月进行设备安装，第三年6月设备安装结束，7～10月地面和装修工程以及调试设备。

（2）输煤、出灰、出渣系统于7月开工，第二年5月主体完成，进行设备安装，第三年6月再进行土建安装墙板，施工地面和装修工程。

（3）主控楼于第二年4月开工，年底进行设备安装和工艺管线施工，第三年3月再交回土建公司收尾。

（4）水处理楼第二年3月底开工，第三年底交付设备安装，同年5月进入土建收尾。

（5）烟道、引风机室、除尘器等于第二年9月开工，第三年4月末交付设备安装等。

（6）厂区外管线、电缆沟、暖气沟等于第三年3月末交付安装公司。

供热厂工程施工总进度计划　　　　　　表 4-3

项次	单位工程名称	建筑面积(㎡)	总工日	第一年度						第二年度						第三年度						第四年度		
				2	4	6	8	10	12	2	4	6	8	10	12	2	4	6	8	10	12	2	4	6
1	油化库	335	672																					
2	空压站	138	216																					
3	汽车库	609	1249																					
4	机修车间	475	1710																					
5	围墙及传达室、推煤机库	132	6792																					
6	热网出口间	100	360																					
7	南锅炉间及汽机间	6376	46492																					
8	北锅炉间	4642	33422																					
9	1号转运站	253	1093																					
10	3号A、B输煤沟		5094																					
11	煤场、灰沟、灰池、灰水泵间	6565	7337																					
12	2号3号转运站渣塔	875	1400																					
13	渣2—3号，渣站1—3号		3060																					
14	2号B，4号5号B栈桥		860																					
15	2号A，5号A栈桥		180																					
16	烟囱		18530																					
17	热网泵间及水处理楼	3894	18530																					
18	主控楼	1405	7200																					
19	办公楼及食堂	5330	25884																					
20	烟道、除尘器、引风机室	670	4892																					
21	水泵房	90	576																					
22	蓄水池、软化水池		3268																					
23	男女浴池	259	1380																					
24	厂区排水工程		840																					
25	厂区工艺管道工程		3960																					
26	厂区给水工程		1800																					
27	厂区电线		1440																					
28	厂区道路		4105																					
	合　计	32011	205390																					

120

近年来，随着网络计划技术的推广和普及，采用网络图表达施工总进度计划，已经在实践中得到了广泛应用。用有时间坐标网络图表达总进度计划，比横道图更加直观、明了，还可以表达出各项目之间的逻辑关系。同时，由于可以应用电子计算机计算和输出，更便于对进度计划进行调整、优化、统计资源数量，甚至输出图表等。

某电厂一号机组施工网络计划如图 4-2 所示。该网络计划在计算机上用 PERT 工程项目管理软件计算并输出，网络计划按主要系统排列，关键工作、关键线路、逻辑关系、持续时间和时差等信息一目了然。

五、总进度计划的调整与修正

施工总进度计划表绘制完后，将同一时期各项工程的工作量加在一起，用一定的比例画在施工总进度计划的底部，即可得出建设项目资源需要量动态曲线。若曲线上存在较大的高峰或低谷，则表明在该时间里各种资源的需求量变化较大，需要调整一些单位工程的施工速度或开竣工时间，以便消除高峰或低谷，使各个时期的资源需求量尽量达到均衡。

编制的各个单位工程的施工进度，在实施过程中，也应随着施工的进展及时作必要的调整；对于跨年度的建设项目，还应根据年度国家基本建设投资或业主投资情况，对施工进度计划予以调整。

第四节　资源需要量计划

施工总进度计划编好以后，就可以编制各种主要资源的需要量计划。主要有：

一、综合劳动力和主要工种劳动力计划

劳动力综合需要量计划是确定暂设工程规模和组织劳动力进场的依据。编制时首先根据工种工程量汇总表中分别列出的各个建筑物专业工种的工程量，查相应定额，但可得到各个建筑物几个主要工种的劳动量，再根据总进度计划表中各单位工程工种的持续时间，即可得到某单位工程在某段时间里的平均劳动力数。同样方法可计算出各个建筑物的主要工种在各个时期的平均工人数。将总进度计划表纵坐标方向上各单位工程同工种的人数叠加在一起并连成一条曲线，即为某工种的劳动力动态曲线图和计划表。劳动力需要量计划见表 4-4。

二、材料、构件及半成品需要量计划

根据各工种工程量汇总表所列各建筑的和构筑物的工程量，查万元定额或概算指标便可得出各建筑物或构筑物所需的建筑材料、构件和半成品的数量。然后根据总进度计划表，大致估计出某些建筑材料在某季度的需要量，从而编制出建筑材料、构件和半成品的需要量计划。它是材料和构件等落实组织货源、签订供应合同、确定运输方式、编制运输计划、组织进场、确定暂设工程规模的依据。有关材料需要量计划，运输量计划见表 4-5，表 4-6，表 4-7 所示。

劳动力需要量计划

表 4-4

序号	工程名称	施工高峰需用人数	20××年				20××年				现有人数	多余（＋）或不足（－）
			一季	二季	三季	四季	一季	二季	三季	四季		

注：1. 工种名称除生产工人外，应包括附属辅助用（如机修、运输、构件加工、材料保管等）以及服务和管理用工。

　　2. 表下应附以分季度的劳动力动态曲线（纵轴表示人数，横轴表示时间）。

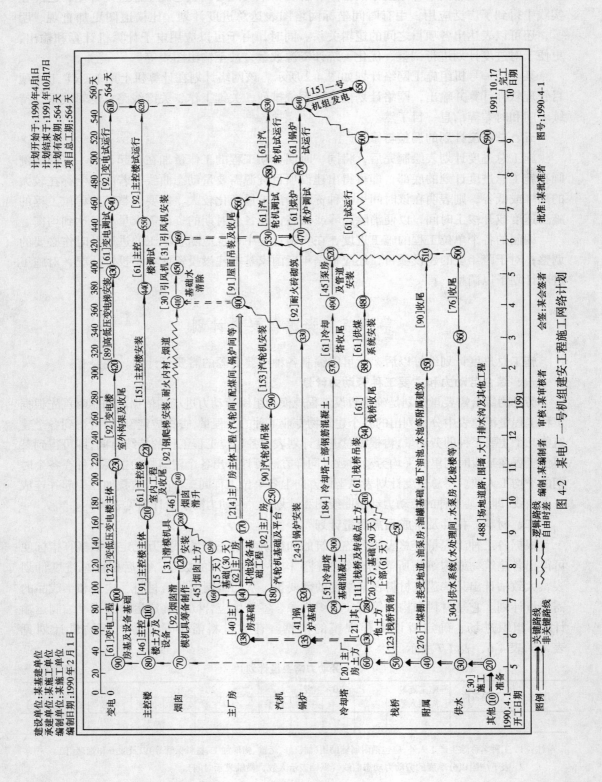

图 4-2 某电厂一号机组建安工程施工网络计划

122

主要材料需用量计划 表 4-5

材料名称 单位 工程名称	主 要 材 料														

注：1．主要材料可按型钢、钢板、钢筋、管材、水泥、木材、砖、石、砂、石灰、油毡、油漆等填列。
2．木材按成材计算。

主要材料、预制加工品需用量进度计划 表 4-6

序号	材料或预制 加工品名称	规格	单位	需用量				需用量进度					
				合计	正式 工程	大型 临时 设施	施工 措施	20××年				20××年	20××年
								一季	二季	三季	四季		

主要材料、预制加工品运输量计划 表 4-7

序号	材料或预制 加工品名称	单位	数量	折合 吨数	运距（k·m）			运输量 （t·km）	分类运输量（t·km）			备注
					装货点	卸货点	距离		公路	铁路	航运	

注：材料和预制加工品所需运输总量应另加入 8%～10%的不可预见系数，垃圾运输量按年度工作量的 12t/万元
计算，生活日用品运输量按人年 1.2～1.5t 计算。

三、施工机具需要量计划

主要施工机械，如挖土机、起重机等的需要量，根据施工进度计划，主要建筑物施工
方案和工程量，并套用机械产量定额求得；辅助机械可以根据建筑安装工程每 10 万元扩
大概算指标求得；运输机械的需要量根据运输量计算。最后编制施工机具需要量计划，施
工机具需要量计划除为组织机械供应外，还可作为施工用电、选择变压器容量等的计算和

确定停放场地面积依据。主要施工机具、设备需用量计划见表 4-8 所示。

主要施工机具、设备需用量计划
表 4-8

| 序号 | 机具设备名称 | 规格型号 | 电动机功率（kW） | 数　量 | | | 购置价值（万元） | 使用时间 | 备注 |
				单位	需用	现有	不足			

注：机具设备名称可按土方、钢筋混凝土、起重、金属加工、运输、木材加工、动力、测试、脚手等机具设备分别分类填列。

<h1 align="center">第五节　全场性暂设工程</h1>

为满足工程项目施工需要，在工程正式开工之前，要按照工程项目施工准备工作计划的要求，建造相应的暂设工程，为施工项目创造良好的施工条件。暂设工程类型和规模因工程而异，主要内容有：工地加工厂组织，工地仓库组织，工地运输组织，办公及福利设施组织，工地供水组织和工地供电组织等。

一、工地加工厂组织

（一）工地加工厂类型和结构

1. 工地加工厂类型

通常工地加工厂类型主要有：钢筋混凝土预制构件加工厂、木材加工厂、粗木加工厂、细木加工厂、钢筋加工厂、金属结构构件加工厂和机械修理厂等。

2. 工地加工厂结构

各种加工厂的结构型式，应根据使用期限而定，使用期限较短者采用简易结构，如一般油毡、铁皮或草屋面的竹木结构；使用期限较长者宜采用瓦屋面的砖木结构，砖石结构或装拆式活动房屋等。

（二）工地加工厂面积确定

加工厂的建筑面积，主要取决于：设备尺寸、工艺过程、设计和安全防火要求，通常可参考有关经验指标等资料确定。

对于钢筋混凝土构件预制厂、锯木车间、模板加工车间、细木加工车间、钢筋加工车间（棚）等，其建筑面积可按下式计算：

$$F = \frac{K \cdot Q}{T \cdot S \cdot \alpha} \tag{4-1}$$

式中　F——所需建筑面积（m^2）；

K——不均衡系数，取 $1.3 \sim 1.5$；

Q——加工总量（m^3）；

T——加工总时间（月）；

S——每 m^2 场地平均加工量定额；

α——场地或建筑面积利用系数，取 $0.6 \sim 0.7$。

常用各种临时加工厂的面积参考指标，如表4-9和表4-10所示。

临时加工厂所需面积参考指标 表4-9

序号	加工厂名称	年产量		单位产量所需建筑面积	占地总面积（m²）	备注
		单位	数量			
1	混凝土搅拌站	m³	3200	0.022（m²/m³）	按砂石堆场考虑	400L搅拌机2台
		m³	4800	0.021（m²/m³）		400L搅拌机3台
		m³	6400	0.020（m²/m³）		400L搅拌机4台
2	临时性混凝土预制厂	m³	1000	0.25（m²/m³）	2000	生产屋面板和中小型梁柱板等，配有蒸养设施
		m³	2000	0.20（m²/m³）	3000	
		m³	3000	0.15（m²/m³）	4000	
		m³	5000	0.125（m²/m³）	小于6000	
3	半永久性混凝土预制厂	m³	3000	0.6（m²/m³）	9000~12000	
		m³	5000	0.4（m²/m³）	12000~15000	
		m³	10000	0.3（m²/m³）	15000~20000	
4	木材加工厂	m³	15000	0.0244（m²/m³）	1800~3600	进行原木、木方加工
		m³	24000	0.0199（m²/m³）	2200~4800	
		m³	30000	0.0181（m²/m³）	3000~5500	
	综合木工加工厂	m³	200	0.30（m²/m³）	100	加工门窗、模板、地板、屋架等
		m³	500	0.25（m²/m³）	200	
		m³	1000	0.20（m²/m³）	300	
		m³	2000	0.15（m²/m³）	420	
	粗木加工厂	m³	5000	0.12（m²/m³）	1350	加工屋架、模板
		m³	10000	0.10（m²/m³）	2500	
		m³	15000	0.09（m²/m³）	3750	
		m³	20000	0.08（m²/m³）	4800	
	细木加工厂	m³	5	0.0140（m²/m³）	7000	加工门窗、地板
		m³	10	0.0114（m²/m³）	10000	
		m³	15	0.0106（m²/m³）	14000	
	钢筋加工厂	t	200	0.35（m²/t）	280~560	加工、成型、焊接
		t	500	0.25（m²/t）	380~750	
		t	1000	0.20（m²/t）	400~800	
		t	2000	0.15（m²/t）	450~900	
5	现场钢筋调直、冷拉拉直场、卷扬机棚、冷拉场、时效场	所需场地（长×宽）70~80m×3~4m 15~20（m²）40~60m×3~4m 30~40m×6~8m				包括材料和成品堆放
	钢筋对焊对焊场地对焊棚	所需场地（长×宽）30~40m×4~5m 15~24（m²）				包括材料和成品堆放
	钢筋冷加工冷拔剪断机冷轧机弯曲机φ12以下弯曲机φ40以下	所需场地（m²/台）40~50 30~40 50~60 60~70				按一批加工数量计算

125

序号	加工厂名称	年产量		单位产量所需建筑面积	占地总面积（m²）	备　注
		单位	数量			
6	金属结构加工 （包括一般铁件）			所需场地（m²/t） 年产 500t 为 10 年产 1000t 为 8 年产 2000t 为 6 年产 3000t 为 5		按一批加工数量 计算
7	石灰消化 贮灰池 淋灰池 淋灰槽			5×3＝15（m²） 4×3＝12（m²） 3×2＝6（m²）		每两个贮灰池 配一个淋灰池
8	沥青锅场地			20～24（m²）		台班产量 1～ 1.5t/台

现场作业棚所需面积参考指标　　　　　　　　　　　　表 4-10

序号	名　称	单　位	面积（m²）	备　注
1	木工作业棚	m²/人	2	占地为建筑面积2～3倍
2	电锯房	m²	80	86～92cm 圆锯1台
3	电锯房	m²	40	小圆锯1台
4	钢筋作业棚	m²/人	3	占地为建筑面积3～4倍
5	搅拌棚	m²/台	10～18	
6	卷扬机棚	m²/台	6～12	
7	烘炉房	m²	30～40	
8	焊工房	m²	20～40	
9	电工房	m²	15	
10	白铁工房	m²	20	
11	油漆工房	m²	20	
12	机、钳工修理房	m²	20	
13	立式锅炉房	m²/台	5～10	
14	发电机房	m²/kW	0.2～0.3	
15	水泵房	m²/台	3～8	
16	空压机房（移动式）	m²/台	18～30	
	空压机房（固定式）	m²/台	9～15	

二、工地仓库组织

（一）工地仓库类型和结构

1．工地仓库类型

建筑工程施工中所用仓库有以下几种：

（1）转运仓库。设在车站、码头等地用来转运货物的仓库。

（2）中心仓库。是专用来贮存整个建筑工地（或区域型建筑企业）所需的材料。贵重材料及需要整理配套的材料的仓库。

（3）现场仓库。是专为某项工程服务的仓库，一般均就近建在现场。

（4）加工厂仓库。专供某加工厂贮存原材料和加工半成品，构件的仓库。

2．工地仓库结构

工地仓库按保管材料的方法不同，可分为以下几种：

（1）露天仓库。用于堆放不因自然条件而影响性能、质量的材料。如砖、砂石、装配式混凝土构件等的堆场。

（2）库棚。用于堆放防止阳光雨雪直接侵蚀的材料。如细木做零件、珍珠岩、沥青等的半封闭式仓库。

（3）封闭库房。用于储存防止风霜雨雪直接侵蚀变质的物品，贵重建筑用材料、五金器具以及细巧容易散失或损坏的材料。

（二）工地仓库规划

1. 确定工地物资储备量

材料储备一方面要确保工程施工的顺利进行，另一方面还要避免材料的大量积压，以免仓库面积过大，增加投资，积压资金。通常储备量根据现场条件，供应条件和运输条件来确定。

对经常或连续使用的材料，如砖、瓦、砂石、水泥和钢材等，可按储备期计算：

$$P = T_c \frac{Q_i \cdot K_i}{T} \tag{4-2}$$

式中　P——材料储备量（t 或 m³ 等）；

　　　T_c——储存期定额（天），见表 4-11；

　　　Q_i——材料、半成品的总需要量（t 或 m³ 等）；

　　　T——有关项目的施工总工作日（天）；

　　　K_i——材料使用不均衡系数，详见表 4-11。

对于用量少，不经常使用或储备期较长的材料，如耐火砖、石棉瓦、水泥管、电缆等可按储备量计算（以年度需要量的百分比储备）。

2. 确定仓库面积

$$F = \frac{P}{q \cdot K} \tag{4-3}$$

式中　F——仓库总面积（m²）；

　　　P——仓库材料储备量；

　　　q——每 m² 仓库面积能存放的材料、半成品和制品的数量；

　　　K——仓库面积有效利用系数（考虑人行道和车道所占面积），见表 4-11。

另外规划仓库面积时，也可用另一种简便的系数计算法，其公式如下：

$$F = \alpha \cdot m \tag{4-4}$$

计算仓库面积的有关系数　　　　　　　　　　表 4-11

序号	材料及半成品	单位	储备天数 T_c	不均衡系数 K_i	每平方米储存定额 P	有效利用系数 α	仓库类别	备　注
1	水泥	t	30~60	1.3 1.5	1.5~1.9	0.65	封闭式	堆高 10~12 袋
2	生石灰	t	30	1.4	1.7	0.7	棚	堆高 2m
3	砂子（人工堆放）	m³	15~30	1.4	1.5	0.7	露天	堆高 1~1.5m
4	砂子（机械堆放）	m³	15~30	1.4	2.5~3	0.8	露天	堆高 2.5~3m
5	石子（人工堆放）	m³	15~30	1.5	1.5	0.7	露天	堆高 1~1.5m
6	石子（机械堆放）	m³	15~30	1.5	2.5~3	0.8	露天	堆高 2.5~3m

序号	材料及半成品	单位	储备天数 T_c	不均衡系数 K_i	每平方米储存定额 P	有效利用系数 α	仓库类别	备注
7	块石	m³	15～30	1.5	10	0.7	露天	堆高 1.0m
8	预制钢筋混凝土槽型板	m³	30～60	1.3	0.26～0.30	0.6	露天	堆高 4 块
9	梁	m³	30～60	1.3	0.8	0.6	露天	堆高 1.0～1.5m
10	柱	m³	30～60	1.3	1.2	0.6	露天	堆高 1.2～1.5m
11	钢筋（直筋）	t	30～60	1.4	2.5	0.6	露天	占全部钢筋的80%，堆高 0.5m
12	钢筋（盘筋）	t	30～60	1.4	0.9	0.6	封闭库或棚	占全部钢筋的20%，堆高 1m
13	钢筋成品	t	10～20	1.5	0.07～0.1	0.6	露天	堆高 0.5m
14	型钢	t	45	1.4	1.5	0.6	露天	
15	金属结构	t	30	1.4	0.2～0.3	0.6	露天	
16	原木	m³	30～60	1.4	0.3～15	0.6	露天	堆高 2m
17	成材	m³	30～45	1.4	0.7～0.8	0.5	露天	堆高 1m
18	废木材	m³	15～20	1.2	0.3～0.4	0.5	露天	废木料约占锯木量的10%～15%
19	门窗扇	m³	30	1.2	45	0.6	露天	堆高 2m
20	门窗框	m³	30	1.2	20	0.6	露天	堆高 2m
21	木屋架	m³	30	1.2	0.6	0.6	露天	
22	木模板	m³	10～15	1.4	4～6	0.7	露天	
23	模板整理	m³	10～15	1.2	1.5	0.65	露天	
24	砖	千块	15～30	1.2	0.7～0.8	0.6	露天	堆高 1.5～1.6m
25	泡沫混凝土制件	m³	30	1.2	1	0.7	露天	堆高 1m

注：储备天数根据材料来源、供应季节、运输条件等确定。一般就地供应的材料取表中之低值，外地供应采用铁路运输或水运者取高值。现场加工企业供应的成品、半成品的储备天数取低值，工程处的独立核算加工企业供应者取高值。

式中　α——系数（m²/人或 m²/万元等）；

　　　m——计算基数（生产工人数或全年计划工作量等），详见表 4-12。

按系数计算仓库面积表　　　　　　表 4-12

序号	名称	计算基数（m）	单位	系数（α）
1	仓库（综合）	按全员（工地）	m²/人	0.7～0.8
2	水泥库	按当年水泥用量的40%～50%	m²/t	0.7
3	其他仓库	按当年工作量	m²/万元	2～3
4	五金杂品库	按年建安工作量计算	m²/万元	0.2～0.3
		按在建建筑面积计算	m²/百 m²	0.5～1
5	土建工具库	按高峰年（季）平均人数	m²/人	0.1～0.20
6	水暖器材库	按年在建建筑面积	m²/百 m²	0.2～0.4
7	电器器材库	按年在建建筑面积	m²/百 m²	0.3～0.5
8	化工油漆危险品库	按年建安工作量	m²/万元	0.1～0.15
9	三大工具库（脚手、跳板、模板）	按在建建筑面积	m²/百 m²	1～2
		按年建安工作量	m²/万元	0.5～1

　　在设计仓库时，还应正确决定仓库的长度和宽度。仓库的长度应满足货物装卸的要求，它需有一定的装卸前线，装卸前线一般用下式计算：

$$L = nl + \alpha(n + 1) \tag{4-5}$$

式中　L——装卸前线长度（m）；

　　l——运输工具长度（m）；

　　α——相邻两个运输工具之间的间距（火车运输时取 $\alpha = 1m$；汽车运输时，端卸 $\alpha = 1.5m$，侧卸 $\alpha = 2.5m$）；

　　n——同时卸货的运输工具数目。

三、工地运输组织

（一）工地运输方式及特点

工地运输方式有：铁路运输、水路运输、汽车运输和马车运输等。

1．铁路运输

铁路运输具有运量大、运距长、不受自然条件限制等优点，但其投资大，筑路技术要求高，只有在拟建工程需要铺设永久性铁路专用线或者工地需从国家铁路上运输大量物料（年运输量在 20 万 t 以上者），方可采用铁路运输。

2．水路运输

水路运输是最经济的一种运输方式，在可能条件下，应尽量采用水运。采用水运时应注意与工地内部运输配合，码头上通常要有转运仓库和卸货设备，同时还要考虑洪水、枯水期对运输的影响。

3．汽车运输

汽车运输是目前应用最广泛的一种运输方式，其优点是机动性大，操作灵活，行驶速度快，适合各类道路和物料，可直接运到使用地点，汽车运输特别适合于货运量不大，货源分散或地形复杂不宜于铺设轨道以及城市和工业区内的运输。

4．马车运输

马车运输适宜于较短距离（3～5km）运送大量货物，具有使用灵活，对道路要求较低，费用也较低廉的特点。马车运输不宜用于城市的施工项目。

（二）工地运输组织

1．确定运输量

运输总量按工程的实际需要量来确定。同时还考虑每日的最大运输量以及各种运输工具的最大运输密度。每日货运量可用下式计算：

$$q = \frac{\Sigma Q_i \cdot L_i \cdot K}{T} \tag{4-6}$$

式中　q——日货运量（t·km）；

　　Q_i——每种货物需要总量；

　　L_i——每种货物从发货地点到储存地点的距离；

　　T——有关施工项目的施工总工日；

　　K——运输工作不均衡系数，铁路可取 1.5，汽车运输可取 1.2。

2．确定运输方式

工地运输方式有铁路运输、公路运输、水路运输和特种运输等方式。选择运输方式，必须考虑各种因素的影响，如材料的性质、运输量的大小、超重、超高、超大、超宽设备及构件的形状尺寸、运距和期限、现有机械设备、利用永久性道路的可能性、现场及场外道路的地形、地质及水文自然条件。在有几种运输方案可供选择时，应进行全面的技术经济分析比较，确定最合适的运输方式。

3. 确定运输工具数量

运输方式确定后，就可计算运输工具的需要量。每一工作台班内所需的运输工具数量计算如下：

$$n = \frac{q}{c \cdot b \cdot K_1} \tag{4-7}$$

式中 n——运输工具数量；

q——每日货运量；

c——运输工具的台班生产率；

b——每日的工作班次；

K_1——运输工具使用不均衡系数。对于汽车可取 $0.6 \sim 0.81$，马车可取 0.5，拖拉机可取 0.65。

4. 确定运输道路

工地运输道路应尽可能利用永久性道路，或先修永久性道路路基并铺设简易路面。主要道路应布置成环形，次要道路可布置成单行线，但应有回车场。要尽量避免与铁路交叉。

现场内临时道路技术要求和临时路面种类厚度如表 4-13、表 4-14 所示。

临时道路路面种类和厚度

表 4-13

路面种类	特点及其使用条件	路基土壤	路面厚度（cm）	材料配合比
级配砾石路面	雨天照常通车，可通行较多车辆，但材料级配要求严格	砂质土	10～15	体积比：粘土:砂:石＝1:0.7:3.5 重量比：1.面层：粘土 13%～15%，砂石料 85%～87% 2.底层：粘土 10%，砂石混合料 90%
		粘质土或黄土	14～18	
碎（砾）石路面	雨天照常通车，碎（砾）石本身含土较多，不加砂	砂质土	10～18	碎（砾）石＞65%，当地土含量 ≤35%
		砂质土或黄土	15～20	
碎砖路面	可维持雨天通车，通行车辆较少	砂质土	13～15	垫层：砂或炉渣 4～5cm 底层：7～10cm 碎砖 面层：2～5cm 碎砖
		粘质土或黄土	15～8	
炉渣或矿渣路面	可维持雨天通车，通行车辆较少，当附近有此项材料可利用时	一般土	10～15	炉渣或矿渣 75%，当地土 25%
		较松软时	15～30	
砂土路面	雨天停车，通行车辆较少，附近不产石料而只有砂时	砂质土	15～20	粗砂 50%，细砂、粉砂和粘质土 50%
		粘质土	15～30	
风化石屑路面	雨天不通车，通行车辆较少，附近有石屑可利用	一般土	10～15	石屑 90%，粘土 10%
石灰土路面	雨天停车，通行车辆少，附近产石灰时	一般土	10～13	石灰 10%，当地土 90%

指标名称	单　位	技　术　标　准
设计车速	km/h	≤20
路基宽度	m	双车道 6～6.5；单车道 4.4～5；困难地段 3.5
路面宽度	m	双车道 5～5.5；单车道 3～3.5
平面曲线最小半径	m	平原、丘陵地区 20；山区 15；回头弯道 12
最大纵坡	%	平原地区 6；丘陵地区 8；山区 11
纵坡最短长度	m	平原地区 100；山区 50
桥面宽度	m	木桥 4～4.5
桥涵载重等级	t	木桥及涵 7.8～10.4（汽-6～汽-8）

四、办公及福利设施组织

（一）办公及福利设施类型

（1）行政管理和生产用房。包括：建筑安装机构办公室、传达室、车库及各类材料仓库和辅助性修理车间等。

（2）居住生活用房。包括：家属宿舍、职工单身宿舍、招待所、商店、医务所、浴室等。

（3）文化生活用房。包括：俱乐部、学校、托儿所、图书馆、邮亭、广播室等。

（二）办公及福利设施规划

1．确定建筑工地人数

（1）直接参加建筑施工生产的工人。包括：机械维修工人、运输及仓库管理人员、动力设施管理工人、冬季施工的附加工人等；

（2）行政及技术管理人员；

（3）为建筑工地上居民生活服务的人员。

（4）以上各项人员的家属。

上述人员的比例，可按国家有关规定或工程实际情况算，家属人数可按职工人数的一定比例计算，通常占职工人数的 10％～30％。

2．确定办公及福利设施建筑面积

建筑施工工地人数确定后，就可按实际使用人数确定建筑面积：

$$S = N \cdot P \tag{4-8}$$

式中　S——建筑面积（m²）；

　　　N——人数；

　　　P——建筑面积指标，详见表 4-15。

计算所需要的各种生活办公所用房屋。应尽量利用施工现场及其附近的永久性建筑物，或者提前修建能够利用的永久性建筑。不足部分修建临时建筑物。临时建筑物修建时，遵循经济适用、装拆方便的原则，按照当地的气候条件，工期长短确定结构类型。通常有帐篷、装拆式房屋或利用地方材料修建的简易房屋等。

序号	临时房屋名称	指标使用方法	参考指标	序号	临时房屋名称	指标使用方法	参考指标
一	办公室	按使用人数	3～4	3	理发室	按高峰年平均人数	0.01～0.03
二	宿舍			4	俱乐部	按高峰年平均人数	0.1
1	单层通铺	按高峰年（季）平均人数	2.5～3.0	5	小卖部	按高峰年平均人数	0.03
2	双层床	（扣除不在工地住人数）	2.0～2.5	6	招待所	按高峰年平均人数	0.06
3	单层床	（扣除不在工地住人数）	3.5～4.0	7	托儿所	按高峰年平均人数	0.03～0.06
三	家属宿舍		16～25m²/人	8	子弟学校	按高峰年平均人数	0.06～0.08
四	食堂	按高峰年平均人数	0.5～0.8	9	其他公用	按高峰年平均人数	0.05～0.10
	食堂兼礼堂	按高峰年平均人数	0.6～0.9	六	小型		
五	其他合计	按高峰年平均人数	0.5～0.6	1	开水房		10～40
1	医务所	按高峰年平均人数	0.05～0.07	2	厕所	按现场平均人数	0.02～0.07
2	浴室	按高峰年平均人数	0.07～0.1	3	工人休息室	按现场平均人数	0.15

五、工地供水组织

（一）工地供水类型

建筑工地临时供水主要包括：生产用水、生活用水和消防用水三种。

（二）工地供水规划

1．确定用水量

生产用水包括工程施工用水、施工机械用水。生活用水包括施工现场生活用水和生活区生活用水。

（1）工程施工用水量

$$q_1 = K_1 \Sigma \frac{Q_1 \cdot N_1}{T_1 \cdot b} \times \frac{K_2}{8 \times 3600} \qquad (4\text{-}9)$$

式中　q_1——施工工程用水量（L/s）；

　　　K_1——未预见的施工用水系数（1.05～1.15）；

　　　Q_1——年（季）度工程量（以实物计量单位表示）；

　　　N_1——施工用水定额，见表 4-16；

　　　T_1——年季度有效工作日（天）；

　　　b——每天工作班次；

　　　K_2——用水不均衡系数，见表 4-17。

（2）施工机械用水量

$$q_2 = K_1 \Sigma Q_2 \cdot N_2 \cdot \frac{K_3}{8 \times 3600} \qquad (4\text{-}10)$$

式中　q_2——施工机械用水量（L/s）；

　　　K_1——未预见施工用水系数（1.05～1.15）；

　　　Q_2——同种机械台数（台）；

　　　N_2——施工机械用水定额，见表 4-18；

　　　K_3——施工机械用水不均衡系数，见表 4-17。

序号	用水对象	单位	耗水量 N_1（L）	备　注
1	浇注混凝土全部用水	m³	1700～2400	
2	搅拌普通混凝土	m³	250	实测数据
3	搅拌轻质混凝土	m³	300～350	
4	搅拌泡沫混凝土	m³	300～400	
5	搅拌热混凝土	m³	300～350	
6	混凝土养护（自然养护）	m³	200～400	
7	混凝土养护（蒸汽养护）	m³	500～700	
8	冲洗模板	m³	5	
9	搅拌机清洗	台班	600	实测数据
10	人工冲洗石子	m³	1000	
11	机械冲洗石子	m³	600	
12	洗砂	m³	1000	
13	砌砖工程全部用水	m³	150～250	
14	砌石工程全部用水	m³	50～80	
15	粉刷工程全部用水	m³	30	
16	砌耐火砖砌体	m³	100～150	包括砂浆搅拌
17	洗砖	千块	200～250	
18	洗硅酸盐砌块	m³	300～350	
19	抹面	m³	4～6	不包括调制用水，找平层同
20	楼地面	m³	190	
21	搅拌砂浆	m³	300	
22	石灰消化	t	3000	

施工用水不均衡系数　　　　表 4-17

	用　水　名　称	系　数		用　水　名　称	系　数
K_2	施工工程用水	1.5	K_3	动力设备	1.05～1.10
	生产企业用水	1.25	K_4	施工现场生活用水	1.30～1.50
K_3	施工机械运输机械	2.00	K_5	居民区生活用水	2.00～2.50

施工机械（N_2）用水参考定额　　　　表 4-18

序号	用水对象	单位	耗水量 N_1（L）	备　注
1	内燃挖土机	L/（台·m³）	200～300	以斗容量 m³ 计
2	内燃起重机	L/（台班·t）	15～18	以起重吨数计
3	蒸汽起重机	L/（台班·t）	300～400	以起重吨数计
4	蒸汽打桩机	L/（台班·t）	1000～1200	以锤重吨数计
5	蒸汽压路机	L/（台班·t）	100～150	以压路机吨数计
6	内燃压路机	L/（台班·t）	12～15	以压路机吨数计
7	拖拉机	L/（昼夜·台）	200～300	
8	汽车	L/（昼夜·台）	400～700	
9	标准轨蒸汽机车	L/（昼夜·台）	10000～20000	
10	窄轨蒸汽机车	L/（昼夜·台）	4000～7000	
11	空气压缩机	L/［台班·（m³/min）］	40～80	以压缩空气机排气量 m³/min 计
12	内燃机动力装置（直流水）	L/（台班·马力）	120～300	
13	内燃机动力装置（循环水）	L/（台班·马力）	25～40	
14	锅驼机	L/（台班·马力）	80～160	不利用凝结水
15	锅炉	L/（h·t）	1000	以小时蒸发量计
16	锅炉	L/（h·m²）	15～30	以受热面积计
17	点焊机 25 型	L/h	100	实测数据
	50 型	L/h	150～200	实测数据
	75 型	L/h	250～350	
18	冷拔机	L/h	300	
19	对焊机	L/h	300	
20	凿岩机 01-30（CM-56）	L/min	3	
	01-45（TN-4）	L/min	5	
	01-35（KⅡM-4）	L/min	8	
	YQ-100	L/min	8～12	

注：1 马力 = 735.499W。

（3）施工现场生活用水量

$$q_3 = \frac{P_1 N_3 K_4}{b \times 8 \times 3600} \tag{4-11}$$

式中　q_3——施工现场生活用水量（L/s）；

　　　P_1——施工现场高峰期生活人数（人）；

　　　N_3——施工现场生活用水定额，参见表4-19；

　　　K_4——施工现场生活用水不均衡系数，见表4-17；

　　　b——每天工作班次（班）。

（4）生活区生活用水量

$$q_4 = \frac{P_2 N_4 K_5}{24 \times 3600} \tag{4-12}$$

式中　q_4——生活区生活用水量（L/s）；

　　　P_2——生活区居民人数（人）；

　　　N_4——生活区昼夜全部用水定额，参见表4-19；

　　　K_5——生活区用水不均衡系数，见表4-17；

（5）消防用水量

　　　q_5——消防用水量，见表4-20。

（6）总用水量 Q

1）当 $(q_1 + q_2 + q_3 + q_4) \leqslant q_5$ 时，则

$$Q = q_5 + \frac{1}{2}(q_1 + q_2 + q_3 + q_4) \tag{4-13}$$

2）当 $(q_1 + q_2 + q_3 + q_4) > q_5$ 时，则

$$Q = (q_1 + q_2 + q_3 + q_4) \tag{4-14}$$

3）当工地面积小于 5 万 m^2，并且 $(q_1 + q_2 + q_3 + q_4) < q_5$ 时，则

$$Q = q_5 \tag{4-15}$$

最后计算的总用水量，还应增加 10%，以补偿不可避免的水管渗漏损失。

生活用水量 N_3（N_4）参考定额　　　　　　　　表4-19

序号	用水对象	单位	耗水量 N_3（N_4）	备　注
1	工地全部生活用水	L/（人·日）	100～120	
2	生活用水（盥洗生活饮用）	L/（人·日）	25～30	
3	食堂	L/（人·日）	15～20	
4	浴室（淋浴）	L/（人·次）	50	
5	淋浴带大池	L/（人·次）	30～50	
6	洗衣	L/人	30～35	
7	理发室	L/（人·次）	15	
8	小学校	L/（人·日）	12～15	
9	幼儿园托儿所	L/（人·日）	75～90	
10	病院	L/（病床·日）	100～150	

消防用水量 表 4-20

序号	用水名称	火灾同时发生次数	单　位	用水量
1	居民区消防用水			
	5000 人以内	一次	L/s	10
	10000 人以内	二次	L/s	10～15
	25000 人以内	二次	L/s	15～20
2	施工现场消防用水			
	施工现场在 25ha 以内	一次	L/s	10～15
	每增加 25ha 递增			5

2．选择水源

建筑工地临时供水水源，有供水管道和天然水源两种。应尽可能利用现场附近已有供水管道，只有在工地附近没有现成的供水管道或现成给水管道无法使用以及给水管道供水量难以满足使用要求时，才使用江河、水库、泉水、井水等天然水源。选择水源时应注意下列因素：

（1）水量充沛可靠；

（2）生活饮用水、生产用水的水质，应符合要求；

（3）与农业、水利综合利用；

（4）取水、输水、净水设施要安全、可靠、经济；

（5）施工、运转、管理和维护方便。

3．确定供水系统

临时供水系统可由取水设施、净水设施、贮水构筑物（水塔及蓄水池）输水管和配水管线综合而成。

（1）确定取水设施　取水设施一般由进水装置、进水管和水泵组成。取水口距河底（或井底）一般 0.25～0.9m。给水工程所用水泵有离心泵、隔膜泵及活塞泵三种。所选用的水泵应具有足够的抽水能力和扬程。水泵应具有扬程，按下列公式计算：

1）将水送至水塔时的扬程为：

$$H_p = (Z_t - Z_p) + H_t + \alpha + \Sigma h' + h_s \tag{4-16}$$

式中　H_p——水泵所需扬程（m）；

Z_t——水塔处的地面标高（m）；

Z_p——泵轴中线的标高（m）；

H_t——水塔高度（m）；

α——水塔的水箱高度（m）；

$\Sigma h'$——从泵站到水塔间的水头损失（m）；

h_s——水泵的吸水高度（m）。

2）将水直接送到用户时其扬程为：

$$H_p = (Z_y - Z_p) + H_y + \Sigma h' + h_s$$

式中　H_y——供水对象最大标高处必须具有的自由水头，一般为 8～10m；

Z_y——供水对象的最大标高（m）；

（2）确定贮水构筑物　一般有水池、水塔或水箱。在临时供水时，如水泵房不能连续抽水，则需设置贮水构筑物。其容量以每小时消防用水决定，但不得少于 $10\sim20m^3$。贮水构筑物（水塔）高度与供水范围、供水对象位置及水塔本身的位置有关，可用下式确定：

$$H_t = (Z_y - Z_t) + H_y + h \qquad (4-17)$$

式中符号意义同上。

（3）确定供水管径　在计算出工地的总需水量后，可计算出管径，公式如下

$$D = \sqrt{\frac{4Q \times 1000}{\pi \cdot v}} \qquad (4-18)$$

式中　D——配水管内径（mm）；

　　　Q——用水量（L/s）；

　　　v——管网中水的流速（m/s），见表 4-21。

（4）选择管材　临时给水管道，根据管道尺寸和压力大小进行选择，一般干管为钢管或铸铁管，支管为钢管。

临时水管经济流速表　　　　　　　　　　　　表 4-21

管径	流速（m/s）	
	正常时间	消防时间
1. 支管 $D<0.10$	2	
2. 生产消防管道 $D=0.1\sim0.3m$	1.3	>3.0
3. 生产消防管道 $>0.3m$	$1.5\sim1.7$	2.5
4. 生产用水管道 $>0.3m$	$1.5\sim2.5$	3.0

六、工地供电组织

建筑工地临时供电组织包括：计算用电总量，选择电源，确定变压器，确定导线截面面积并布置配电线路。

（一）工地总用电计算

施工现场用电量大体上可分为动力用电量和照明用电量两类。在计算用电量时，应考虑以下几点：

（1）全工地使用的电力机械设备、工具和照明的用电功率；

（2）施工总进度计划中，施工高峰期同时用电数量；

（3）各种电力机械的利用情况。

总用电量可按下式计算：

$$P = 1.05 \sim 1.10\left(K_1\frac{\Sigma P_1}{\cos\varphi} + K_2\Sigma P_2 + K_3\Sigma P_3 + K_4\Sigma P_4\right) \qquad (4-19)$$

式中　　　　P——供电设备总需要容量（kVA）；

　　　　　P_1——电动机额定功率（kW）；

　　　　　P_2——电焊机额定容量（kVA）；

　　　　　P_3——室内照明容量（kW）；

　　　　　P_4——室外照明容量（kW）；

　　　　$\cos\varphi$——电动机的平均功率因数，（施工现场最高为 $0.75\sim0.78$，一般为 $0.65\sim0.75$）；

K_1、K_2、K_3、K_4——需要系数，见表 4-22。

单班施工时，最大用电负荷量以动力用电量为准，不考虑照明用电。各种机械设备以及室外照明用电可参考有关定额。

需要系数 *K* 值　　　　　　　　　　　　表 4-22

用电名称	数　量	需要系数		备　注
		K	数值	
电动机	3～10 台 11～30 台 30 台以上	K_1	0.7 0.6 0.5	如施工中需用电热时，应将其用电量计算进去。为使计算接近实际，式中各项用电根据不同性质分别计算
加工厂动力设备			0.5	
电焊机	3～10 台 10 台以上	K_2	0.6 0.5	
室内照明		K_3	0.8	
室外照明		K_4	1.0	

（二）选择电源

选择临时供电电源，通常有如下几种方案：

（1）完全由工地附近的电力系统供电，包括在全面开工之前把永久性供电外线工程作好，设置变电站。

（2）工地附近的电力系统能供应一部分，工地尚需增设临时电站以补充不足。

（3）利用附近的高压电网，申请临时加设配电变压器。

（4）工地处于新开发地区，没有电力系统时，完全由自备临时电站供给。

采取何种方案，须根据工程实际，经过分析比较后确定。

通常将附近的高压电，经设在工地的变压器降压后，引入工地。

（三）确定变压器

变压器功率可由下式计算：

$$P = K\left(\frac{\Sigma P_{\max}}{\cos\varphi}\right) \tag{4-20}$$

式中　*P*——变压器输出功率（kVA）；

　　　K——功率损失系数，取 1.05；

$\Sigma P_{\max}$——各施工区最大计算负荷（kW）；

　　$\cos\varphi$——功率因数。

根据计算所得容量，从变压器产品目录中选用略大于该功率的变压器。

（四）确定配电导线截面积

配电导线要正常工作，必须具有足够的力学强度、耐受电流通过所产生的温升并且使得电压损失在允许范围内，因此，选择配电导线有以下三种方法：

1. 按机械强度确定

导线必须具有足够的机械强度以防止受拉或机械损伤而折断。在各种不同敷设方式下，导线按机械强度要求所必须的最小截面可参考有关资料。

2. 按允许电流强度选择

导线必须能承受负荷电流长时间通过所引起的温升。

（1）三相四线制线路上的电流强度可按下式计算：

$$I = \frac{P}{\sqrt{3} \cdot V \cdot \cos\varphi} \tag{4-21}$$

（2）二线制经一路的电流强度可按下式计算：

$$I = \frac{P}{V \cdot \cos\varphi} \tag{4-22}$$

式中　I——电流强度（A）；

　　　P——功率（W）；

　　　V——电压（V）；

　　$\cos\varphi$——功率因数，临时电网取 $0.7 \sim 0.75$。

制造厂家根据导线的容许温升，制定了各类导线在不同的敷设条件下的持续容许电流值（详见有关资料），选择导线时，导线中的电流不能超过此值。

3. 按容许电压降确定

导线上引起的电压降必须限制在一定限度内。配电导线的截面可用下式确定：

$$S = \frac{\Sigma P \cdot L}{C \cdot \varepsilon} \tag{4-23}$$

式中　S——导线断面积（mm^2）；

　　　P——负荷电功率或线路输送的电功率（kW）；

　　　L——送电路的距离（m）；

　　　C——系数，视导线材料，送电电压及配电方式而定；

　　　ε——容许的相对电压降（即线路的电压损失百分比）。照明电路中容许电压降不
　　　　　应超过 $2.5\% \sim 5\%$。

所选用的导线截面应同时满足以上三项要求，即以求得的三个截面积中最大者为准，从导线的产品目录中选用线芯。通常先根据负荷电流的大小选择导线截面，然后再以机械强度和允许电压降进行复核。

第六节　施 工 总 平 面 图

施工总平面图是拟建项目施工场地的总布置图。它按照施工方案和施工进度的要求，对施工现场的道路交通、材料仓库、附属企业、临时房屋、临时水电管线等做出合理的规划布置，从而正确处理全工地施工期间所需各项设施和永久建筑、拟建工程之间的空间关系。

一、施工总平面图设计的内容

（一）建设项目施工总平面图上的一切地上、地下已有的和拟建的建筑物、构筑物以及其他设施的位置和尺寸。

（二）一切为全工地施工服务的临时设施的布置位置，包括：

（1）施工用地范围，施工用的各种道路；

（2）加工厂、制备站及有关机械的位置；

（3）各种建筑材料、半成品、构件的仓库和生产工艺设备的主要堆场、取土弃土位置；

（4）行政管理房、宿舍、文化生活福利建筑等；

（5）水源、电源、变压器位置，临时给排水管线和供电、动力设施；

（6）机械站、车库位置；

（7）一切安全、消防设施位置。

（三）永久性测量放线标桩位置

许多规模巨大的建筑项目，其建设工期往往很长。随着工程的进展，施工现场的面貌将不断改变。在这种情况下，应按不同阶段分别绘制若干张施工总平面图，或者根据工地的变化情况，及时对施工总平面图进行调整和修正，以便符合不同时期的需要。

二、施工总平面图设计的原则

（1）尽量减少施工用地，少占农田，使平面布置紧凑合理。

（2）合理组织运输，减少运输费用，保证运输方便通畅。

（3）施工区域的划分和场地确定，应符合施工流程要求，尽量减少专业工种和各工程之间的干扰。

（4）充分利用各种永久性建筑物、构筑物和原有设施为施工服务，降低临时设施的费用。

（5）各种生产生活设施应便于工人的生产生活。

（6）满足安全防火、劳动保护的要求。

三、施工总平面图设计的依据

（1）各种设计资料，包括建筑总平面图、地形地貌图、区域规划图、建筑项目范围内有关的一切已有和拟建的各种设施位置。

（2）建设地区的自然条件和技术经济条件。

（3）建设项目的建筑概况、施工方案、施工进度计划，以便了解各施工阶段情况，合理规划施工场地。

（4）各种建筑材料、构件、加工品、施工机械和运输工具需要量一览表，以便规划工地内部的储放场地和运输线路。

（5）各构件加工厂规模、仓库及其他临时设施的数量和外廓尺寸。

四、施工总平面图的设计步骤

（一）场外交通的引入

设计全工地性施工总平面图时，首先应从研究大宗材料、成品、半成品、设备等进入工地的运输方式入手。当大宗材料由铁路运来时，首先要解决铁路的引入问题；当大批材料是由水路运来时，应首先考虑原有码头的运用和是否增设专用码头问题；当大批材料是由公路运入工地时，由于汽车线路可以灵活布置，因此，一般先布置场内仓库和加工厂，然后再布置场外交通的引入。

1．铁路运输

当大量物资由铁路运入工地时，应首先解决铁路由何处引入及如何布置问题。一般大型工业企业、厂区内都设有永久性铁路专用线，通常可将其提前修建，以便为工程施工服务。但由于铁路的引入将严重影响场内施工的运输和安全，因此，铁路的引入应靠近工地一侧或两侧。仅当大型工地分为若干个独立的工区进行施工时，铁路才可引入工地中央。此时，铁路应位于每个工区的侧边。

2．水路运输

当大量物资由水路运进现场时，应充分利用原有码头的吞吐能力。当需增设码头时，卸货码头不应少于两个，且宽度应大于 2.5m，一般用石或钢筋混凝土结构建造。

3．公路运输

当大量物资由公路运进现场时，由于公路布置较灵活，一般先将仓库，加工厂等生产性临时设施布置在最经济合理的地方，再布置通向场外的公路线。

（二）仓库与材料堆场的布置

通常考虑设置在运输方便、位置适中、运距较短并且安全防火的地方。区别不同材料、设备和运输方式来设置。

（1）当采用铁路运输时，仓库通常沿铁路线布置，并且要留有足够的装卸前线，必须在附近设置转运仓库。布置铁路沿线仓库时，应将仓库设置在靠近工地一侧，以免内部运输跨越铁路。同时仓库不宜设置在弯道处或坡道上。

（2）当采用水路运输时，一般应在码头附近设置转运仓库，以缩短船只在码头上的停留时间。

（3）当采用公路运输时，仓库的布置较灵活。一般中心仓库布置在工地中央或靠近使用的地方，也可以布置在靠近于外部交通连接处。砂石、水泥、石灰、木材等仓库或堆场宜布置在搅拌站、预制场和木材加工厂附近；砖、瓦和预制构件等直接使用的材料应该直接布置在施工对象附近，以避免二次搬运。工业项目建筑工地还应考虑主要设备的仓库（或堆场），一般笨重设备应尽量放在车间附近，其他设备仓库可布置在外围或其他空地上。

（三）加工厂布置

各种加工厂布置，应以方便使用、安全防火、运输费用最少、不影响建筑安装工程施工的正常进行为原则。一般应将加工厂集中布置在同一个地区，且多处于工地边缘。各种加工厂应与相应的仓库或材料堆场布置在同一地区。

（1）混凝土搅拌站。根据工程的具体情况可采用集中、分散或集中与分散相结合的三种布置方式。当现浇混凝土量大时，宜在工地设置混凝土搅拌站；当运输条件好时，以采用集中搅拌或选用商品混凝土最有利；当运输条件较差时，以分散搅拌为宜。

（2）预制加工厂。一般设置在建设单位的空闲地带上，如材料堆场专用线转弯的扇形地带或场外临近处。

（3）钢筋加工厂。区别不同情况，采用分散或集中布置。对于需进行冷加工、对焊、点焊的钢筋和大片钢筋网，宜设置中心加工厂，其位置应靠近预制构件加工厂；对于小型加工件，利用简单机具成型的钢筋加工，可在靠近使用地点的分散的钢筋加工棚里进行。

（4）木材加工厂。要视木材加工的工作量、加工性质及种类决定是集中设置还是分散设置几个临时加工棚。一般原木、锯材堆场布置在铁路专用线、公路或水路沿线附近；木材加工场亦应设置在这些地段附近；锯木、成材、细木加工和成品堆放，应按工艺流程布置。

（5）砂浆搅拌站。对于工业建筑工地，由于砂浆量小且分散，可以分散设置在使用地点附近。

（6）金属结构、锻工、电焊和机修等车间。由于它们在生产上联系密切，应尽可能布置在一起。

（四）布置内部运输道路

根据各加工厂、仓库及各施工对象的相对位置，研究货物转运图，区分主要道路和次要道路，进行道路的规划。规划场区内道路时，应考虑以下几点：

（1）合理规划临时道路与地下管网的施工程序。在规划临时道路时，应充分利用拟建的永久性道路，提前修建永久性道路或者先修路基和简易路面，作为施工所需的道路，以达到节约投资的目的。若地下管网的图纸尚未出全，必须采取先施工道路，后施工管网的顺序时，临时道路就不能完全建造在永久性道路的位置，而应尽量布置在无管网地区或扩建工程范围地段上，以免开挖时破坏路面。

（2）保证运输通畅。道路应有两个以上进出口，道路末端应设置回车场地，且尽量避免临时道路与铁路交叉。场内道路干线应采用环形布置，主要道路宜采用双车道，宽度不小于6m，次要道路宜采用单车道，宽度不小于3.5m。

（3）选择合理的路面结构。临时道路的路面结构，应当根据运输情况和运输工具的不同类型而定。一般场外与省、市公路相连的干线、因其以后会成为永久性道路，因此，一开始就建成混凝土路面；场区内的干线和施工机械行驶路线，最好采用碎石级配路面，以利修补。场内支线一般为土路或砂石路。

（五）行政与生活临时设施布置

行政与生活临时设施包括：办公室、汽车库、职工休息室、开水房、小卖部、食堂、俱乐部和浴室等。根据工地施工人数，可计算这些临时设施的建筑面积。应尽量利用建设单位的生活基地或其他永久建筑，不足部分另行建造。

一般全工地性行政管理用房宜设在全工地入口处，以便对外联系；也可设在工地中间，便于全工地管理。工人用的福利设施应设置在工人较集中的地方，或工人必经之处。生活基地应设在场外，距工地500~1000m为宜。食堂可布置在工地内部或工地与生活区之间。

（六）临时水电管网及其他动力设施的布置

当有可以利用的水源、电源时，可以将水电从外面接入工地，沿主要干道布置干管、主线，然后与各用户接通。临时总变电站应设置在高压电引入处，不应放在工地中心；临时水池应放在地势较高处。

当无法利用现有水电时，为了获得电源，可在工地中心或工地中心附近设置临时发电设备，沿干道布置主线；为了获得水源可以利用地上水或地下水，并设置抽水设备和加压设备（简易水塔或加压泵），以便储水和提高水压。然后把水管接出，布置管网。施工现场供水管网有环状、枝状和混合式三种形式，如图4-3所示。

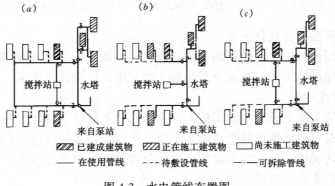

图4-3　水电管线布置图

根据工程防火要求，应设立消防站，一般设置在易燃建筑物（木材、仓库等）附近，并须有通畅的出口和消防车道，其宽度不宜小于 6m，与拟建房屋的距离不得大于 25m，也不得小于 5m，沿道路布置消火栓时，其间距不得大于 100m，消火栓到路边的距离不得大于 2m。

临时配电线路布置与水管网相似。工地电力网，一般 3～10kV 的高压线采用环状，沿主干道布置；380/220V 低压线采用枝状布置。工地上通常采用架空布置，距路面或建筑物不小于 6m。

上述布置应采用标准图例绘制在总平面图上，比例一般为 1:1000 或 1:2000。应该指出，上述各设计步骤不是截然分开，各自孤立进行的，而是互相联系，互相制约的，需要综合考虑，反复修正才能确定下来。当有几种方案时，尚应进行方案比较。

图 4-4 为某火力发电厂施工总平面区域划分简图

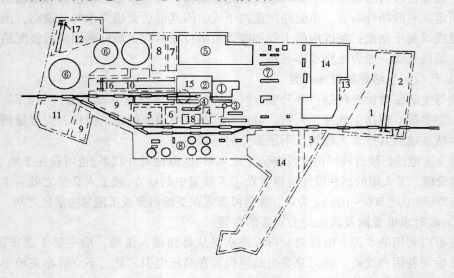

图 4-4　某火电厂施工总平面图区域划分

1—大型构件预制厂；2—中型构件预制厂；3—小型构件预制厂；4—混凝土搅拌系统；5—木工作业区；6—钢筋作业区；7—水暖起重作业区；8—材料库区；9—锅炉安装作业区；10—汽机安装作业区；11—设备堆场；12—水塔淋水装置构件预制厂；13—机动站区；14—施工生活区；15—60t 塔式吊车；16—30t 龙门吊车；17—15t 龙门吊车；18—办公室区

①-一期主厂房；②-本期主厂房；③-一期烟囱；④-本期烟囱；⑤-升压站；⑥-冷水塔；⑦-软化水室；⑧-油库区

五、施工总平面设计优化方法

在施工总平面设计时，为使场地分配、仓库位置确定，管线道路布置更为经济合理，需要采用一些优化计算方法。下面介绍的是几种常用的优化计算方法。

（一）场地分配优化法

施工总平面通常要划分为几块场地，供几个专业工程施工使用。根据场地情况和专业工程施工要求，某一块场地可能会适用一个或几个专业化工程使用，但施工中，一个专业工程只能使用一块场地，因此需要对场地进行合理分配，满足各自施工要求。

下面通过举例来介绍这种方案。

【例 4-1】 某火电厂施工现场周围可划分成Ⅰ、Ⅱ、Ⅲ、Ⅳ四块场地，供 C_1、C_2、C_3、C_4 四个专业工程施工使用。其中场地Ⅰ可供 C_1、C_2、C_3 三个专业工程使用，场地Ⅱ可供 C_2、C_3、C_4 三个专业工程使用，场地Ⅲ只能供专业工程 C_4 使用，场地Ⅳ可供 C_3、C_4 专业工程使用。试确定最佳场地分配方案。

【解】 求解这种问题的方法有许多，这里采用矩阵表法。

首先将场地和专业工程作为行和列，形成如表 4-23 所示的矩阵表。表中的"○"表示对应的场地可供对应的专业工程使用，表中的"×"表示对应的场地不能供对应的专业工程使用（×也可略去不画）。因此，表 4-23 表示出本例中各场地与各专业工程之间的场地利用关系。

场地利用关系　　表 4-23

专业 场地	C_1	C_2	C_3	C_4
Ⅰ	○	○	○	×
Ⅱ	×	○	○	○
Ⅲ	×	×	×	○
Ⅳ	×	×	○	○

表 4-24

专业 场地	C_1	C_2	C_3	C_4
Ⅰ	●	⊗	⊗	×
Ⅱ	×	●	⊗	⊗
Ⅲ	×	×	×	●
Ⅳ	×	×	●	⊗

场地分配时，一个专业工程只能占用一块场地，而一块场地只能有一个（或没有）专业工程占用。按照这种原则，在表上求解如下：

（1）沿着列方向寻找只能占用一块场地的专业工程。本例中 C_1 可占用场地Ⅰ，C_2 可占用场地Ⅰ、Ⅱ，C_3 可占用Ⅰ、Ⅱ、Ⅳ，C_4 可占用Ⅱ、Ⅲ、Ⅳ。因此，只能占用一块场地的工程是 C_1，占用的场地是Ⅰ。找出后，将 C_1 和Ⅰ对应处的"○"涂成实心黑点"●"，然后将与此实心黑点同行同列的其他圆圈划掉（打上×），如表 4-24 的第一行与第一列。

（2）按照上述方法，在划去一行一列后余下的矩阵表里，重复上述步骤，得到表 4-24 的结果，表上的实心黑点就表示对应的专业工程占用对应的场地，即 $C_1 \rightarrow$ Ⅰ，$C_2 \rightarrow$ Ⅱ，$C_3 \rightarrow$ Ⅳ，$C_4 \rightarrow$ Ⅲ，这就是本例的最佳场地分配方案。

利用这种方法求得的最佳方案有时不是惟一确定的，这种情况下可以在此基础上，进一步采用其他方法加以确定。

（二）区域叠合优化法

施工现场的生活福利设施主要是为全工地服务的，因此它的布置应力求位置适中，使用方便，节省往返时间，各服务点的受益大致均衡。确定这类临时设施的位置可采用区域叠合优化法。区域叠合优化法是一种纸面作业法，其步骤如下：

（1）在施工总平面图上将各服务点的位置一一列出，按各点所在位置画出外形轮廓图；

（2）将画好的外形轮廓图剪下，进行第一次折叠，折叠的要求是：折过去的部分最大限度地重合在其余面积之内；

（3）将折叠的图形展开，把折过去的面积用一种颜色涂上（或用一种线条、阴影区分）；

（4）再换一个方向，按以上方法折叠、涂色。如此重复多次（与区域凸顶点个数大致相同次数），最后剩下一小块未涂颜色区域，即为最优点最适合区域。

【例 4-2】 某工地的大型临时生活区，如图 4-5 所示。欲在该区修建一个食堂，试确定其平面合理位置。

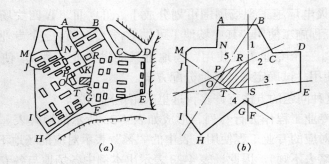

图 4-5 用区域叠合法求食堂最佳位置

【解】 采用区域叠合法确定最适合区域。

(1) 将区域的外轮廓线画出并剪下；

(2) 沿某一方向如 DE 边方向折纸，使其最大限度重合在其他区域中；

(3) 展开纸面，将纸的折叠线用点划线画出，如图 4-5（b）中的点划线 1；

(4) 换其他方向继续折叠，将折叠线画出如图 4-5（b）中的点划线 2、3、4、5。则各条点划线围成的公共区域如图 4-5（b）中的阴影区域，即为食堂选点的最合适区域。这块阴影区域对应于原图中的 OPRST 区域，根据现场情况，避开原有房屋，可以考虑将其确定在 K 位置上。

（三）选点归邻优化法

各种生产性临时设施如仓库、混凝土搅拌站等，各服务点的需要量一般是不同的，要确定其最佳位置必须要同时考虑需要量与距离两个因素，使总的运输 t－km 数最小，即满足目标函数：

$$S = \min \sum_{i=1}^{m} \sum_{j=1}^{n} Q_j D_{ij} \qquad (4-24)$$

式中 S——从 i 点到 j 点的总运输 t－km 数；

Q_j——服务点 j 需要量；

D_{ij}——i 点到 j 点的距离。

由于现场道路布置形式不同，用选点归邻法确定最优设场点位置时，可分以下两种情况：

1. 道路为无环路的枝状

此时选择最优设场点可忽略距离因素，选点方法概括为四句话"道路没有圈，检查两个端，小半临邻站，够半就设场"。具体步骤是：

(1) 计算所有服务点需求量的一半 $Q_b = 1/2 \sum_{j=1}^{n} Q_j$；

(2) 比较 Q_j 与 Q_b；若 $Q_j \geqslant Q_b$，则 j 点为最佳场点；若 $Q_j < Q_b$；则合并到邻点 $j-1$ 处，$j-1$ 点用量变为 $Q_j + Q_{j-1}$。以此类推，一直到累加够半时为止。

【例 4-3】 某工地有七个混凝土需要点，需要量如图 4-6 所示。试确定混凝土搅拌站位置。

【解】 (1) 计算所有服务点需要混凝土总量的一半

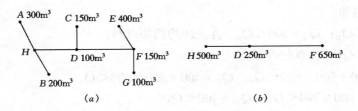

图 4-6 道路无环路最优设场点确定

$$Q_b = \frac{1}{2} (300 + 200 + 150 + 100 + 400 + 150 + 100) = 700m^3$$

（2）比较归邻

$Q_A = 300 < 700$ 　归入 H 点；

$Q_B = 200 < 700$ 　归入 H 点；

$Q_C = 150 < 700$ 　归入 D 点；

$Q_H = 200 + 300 = 500 < 700$ 　归入 D 点；

$Q_D = 500 + 150 + 100 = 750 > 700$ 　则入 D 点为最优设场点。

2．道路为有环形道路

当道路有环路时，数学上已经证明，最优点一定在服务点或道路交叉点上。具体选择步骤如下：

（1）计算所有服务点需求量总和的一半 Q_b；

（2）比较各支路上各服务点 Q_j 与 Q_b，若 $Q_j \geqslant Q_b$，则 j 点为所求最优场地。否则，将其归入邻点；

（3）若支路上各点均 $Q_j < Q_b$，则比较环路上各点 Q_j 与 Q_b，若 $Q_j \geqslant Q_b$，则 j 为最优场点；

（4）若环路上亦无 $Q_j \geqslant Q_b$ 点，则计算环路上各服务点与道路交叉点的运输 t－km 数。

$$S_i = \sum_{i=1}^{m} \sum_{j=1}^{n} Q_j D_{ij} \tag{4-25}$$

其中 S_i 的最小值点即为最优设场点。

【例 4-4】 　某化工建设项目工地各材料点的距离和需要量如图 4-7 所示，试确定材料仓库的最优位置。

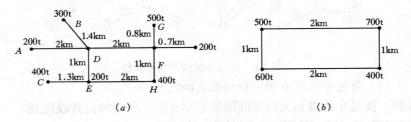

图 4-7 　道路有环路最优设场点确定

【解】 　（1）计算所有服务点需求量总和的一半

$$Q_b = \frac{1}{2} (200 + 300 + 400 + 200 + 500 + 200 + 400) = 1100t$$

145

（2）比较归邻

$Q_A = 200 < Q_b$；$Q_B = 300 < Q_b$ A、B 均归邻点 D；

$Q_C = 400 < Q_b$ C 点归入 E 点

有 $Q_D = 200 + 300 = 500 < Q_b$；$Q_E = 400 + 200 = 600 < Q_b$

$Q_F = 500 + 200 = 700 < Q_b$；$Q_H = 400 < Q_b$

（3）计算环路上各需要点和道路交叉点的运输 t－km 数 $S_i = \sum_{i=1}^{m} \sum_{j=1}^{n} Q_j D_{ij}$

则有 $S_D = 600 \times 1 + 400 \times 3 + 700 \times 2 = 3200 \text{t·km}$

$S_E = 500 \times 1 + 400 \times 2 + 700 \times 3 = 3400 \text{t·km}$

$S_F = 500 \times 2 + 600 \times 3 + 400 \times 1 = 3200 \text{t·km}$

$S_H = 700 \times 1 + 500 \times 3 + 600 \times 2 = 3400 \text{t·km}$

$S_{min} = S_D = S_F$，说明 D 点和 F 点均为最优设场点。式中计算的 t－km 数不是实际 t－km 数，而是一个相对比较数，它不影响选择结果。

（四）最小树选线优化法

施工总平面图设计中，在布置给排水、蒸汽、动力、照明等线路时，为了减少动力损耗、节约建设投资、加快临时设施建造速度，可采用最小树方法，确定最短线路。具体方法是：

（1）将供应源与需求点的位置画出（先不连线）；

（2）依次连接距离最短的连线，原则是：

1）连线距离从小到大；

2）各连线不能形成闭合圈。

（3）当供应源与需求点全部被连接时，表明最小树已经找出，最短线路即为该最小树。

【例 4-5】 某工地临时供电初步方案如图 4-8 所示，其中各圆圈代表用户，S 为电源供点，试确定最短电网布置（图上距离单位 m）。

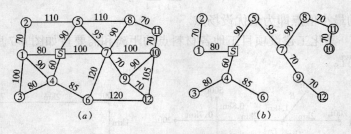

图 4-8 用最小树法求最短线路

【解】   （1）首先将供电点和用户在纸上画出。

（2）连线。按最小距离和无封闭圆圈的原则在图上依次画出各段连线。

1）最短线段 ⑤—④，长度 60m 连接之；

2）稍大长度 70m，线段是①—②、⑦—⑨、⑧—⑪、⑨—⑫、⑩—⑪，分别连接之；

3）再大的长度 80m，线段是⑤—①、③—④连接之；

4）长度 85m 的线段为④—⑥连接之；

146

5）长度 90m 的线段有①—④、$\boxed{S}$—⑤、⑦—⑧、⑨—⑩、$\boxed{S}$—⑤可以连接，但①—④不能连接（因其形成闭合的圈），⑦—⑧和⑨—⑩只能连接其一，故连接$\boxed{S}$—⑤、⑦—⑧；

6）长度 95m 的线段是⑤—⑦，连接之；

（3）至此，所有各点都已被连通，且无闭合的圈，故优化结束，得到最小树如图 4-8b）所示。最短线路总长为 930m。

上述优化过程也可用破圈法（将初步方案中线路封闭圈的最长边去掉）来求解，所得优化结果是相同的。

以上介绍的几种简便优化方法在施工总平面图的设计中，尚应根据现场的实际情况，对优化结果加以修正和调整，使之更符合实际要求。

六、施工总平面图的科学管理

（1）建立统一的施工总平面图管理制度，划分总图的使用管理范围。各区各片有人负责，严格控制各种材料、构件、机具的位置、占用时间和占用面积。

（2）实行施工总平面动态管理，定期对现场平面进行实录、复核，修正其不合理的地方，定期召开总平面动态管理会议，奖优罚劣，协调各单位关系。

（3）做好现场的清理和维护工作，不准擅自拆迁建筑物和水电线路，不准随意挖断道路。大型临时设施和水电管路不得随意更改和移位。

第五章　单位工程施工组织设计

第一节　概　　述

单位工程施工组织设计是由工程项目经理部编制的,用以指导施工全过程施工活动的技术经济文件。它是施工前的一项重要准备工作,也是施工企业实现生产科学管理的重要手段。

一、单位工程施工组织设计的任务、编制依据和内容

（一）任务

单位工程施工组织设计的任务,就是根据编制施工组织设计的基本原则、施工组织总设计和有关的原始资料,并结合实际施工条件,从整个建筑物或构筑物施工的全局出发,选择合理的施工方案,确定科学合理的各分部分项工程间的搭接、配合关系,以及设计符合施工现场情况的平面布置图,从而以最少的投入,在规定的工期内,生产出质量好、成本低的建筑产品。

（二）编制依据

单位工程施工组织设计的编制依据有以下几个方面:

（1）主管部门的批示文件及建设单位的要求。如上级主管部门或发包单位对工程的开、竣工日期、土地申请和施工执照等方面的要求,施工合同中的有关规定等;

（2）施工图纸及设计单位对施工的要求。其中包括:单位工程的全部施工图纸、会审记录和标准图等有关设计资料,对于较复杂的建筑工程还要有设备图纸和设备安装对土建施工的要求,及设计单位对新结构、新材料、新技术和新工艺的要求;

（3）建筑业企业年度生产计划对该工程的安排和规定的有关指标。如进度、其他项目穿插施工的要求等;

（4）施工组织总设计或大纲对该工程的有关规定和安排;

（5）资源配备情况。如施工中需要的劳动力、施工机具和设备、材料、预制构件和加工品的供应能力和来源情况;

（6）建设单位可能提供的条件和水、电供应情况。如建设单位可能提供的临时房屋数量,水、电供应量,水压、电压能否满足施工要求等;

（7）施工现场条件和勘察资料。如施工现场的地形、地貌、地上与地下的障碍物、工程地质和水文地质、气象资料、交通运输道路及场地面积等;

（8）预算文件和国家规范等资料。工程的预算文件等提供了工程量和预算成本。国家的施工验收规范、质量标准、操作规程和有关定额是确定施工方案、编制进度计划等的主要依据。

（三）编制内容

单位工程施工组织设计的内容,根据工程性质、规模、繁简程度的不同,其内容和深广度要求不同,不强求一致,但内容必须简明扼要,使其真正能起到指导现场施工的作用。

单位工程施工组织设计较完整的内容一般应包括:

(1) 工程概况及施工特点分析;

(2) 施工方案设计;

(3) 单位工程施工进度计划;

(4) 单位工程施工准备工作计划;

(5) 劳动力、材料、构件、加工品、施工机械和机具等需要量计划;

(6) 单位工程施工平面图设计;

(7) 保证质量、安全、降低成本和冬雨期施工的技术组织措施;

(8) 各项技术经济指标。

对于一般常见的建筑结构类型且规模不大的单位工程,施工组织设计可以编制得简单一些,其主要内容为:施工方案、施工进度计划和施工平面图,并辅以简明扼要的文字说明。

二、工程概况及其施工特点分析

单位工程施工组织设计中的工程概况,是对拟建工程的工程特点、地点特征和施工条件等所作的一个简要的、突出重点的文字介绍。为弥补文字叙述的不足,一般需附上拟建工程的平、立、剖面简图,图中主要注明轴线尺寸、总长、总宽、总高及层高等主要建筑尺寸。为了说明主要工程的任务量,一般还应附上主要工程量一览表,如表 5-1 所示。

主要工程量一览表 表 5-1

序号	分部分项工程名称	工程量	序号	分部分项工程名称	工程量
1			5		
2			6		
3			…		
4					

工程概况及施工特点分析的内容主要包括:

(一) 工程建设概况

主要说明:拟建工程的建设单位,工程名称、性质、用途、作用和建设目的,资金来源及工程投资额,开竣工日期,设计单位、施工单位情况,施工图纸情况,施工合同、主管部门的有关文件或要求,以及组织施工的指导思想等。

(二) 工程施工概况

这部分主要是根据施工图纸,结合调查资料,简练地概括工程全貌、综合分析、突出重点问题。对新结构、新材料、新技术、新工艺及施工的难点尤应重点说明。具体内容为:

1. 建筑设计特点

主要说明:拟建工程的建筑面积、平面形状和平面组合情况、层数、层高、总高、总宽、总长等尺寸及室内外装修的情况。

2. 结构设计特点

主要说明:基础类型、埋置深度、设备基础的形式,主体结构的类型,预制构件的类型及安装位置等。

3．建设地点的特征

主要说明：拟建工程的位置、地形、工程与水文地质条件、不同深度土壤的分析、冻结期间与冻层厚度、地下水位、水质、气温、冬雨季起止时间、主导风向、风力等。

4．施工条件

主要说明：水、电、道路及场地平整的"三通一平"情况，施工现场及周围环境情况，当地的交通运输条件，预制构件生产及供应情况，施工企业机械、设备、劳动力的落实情况，内部承包方式，劳动组织形式及施工管理水平，现场临时设施、供水供电问题的解决等。

（三）工程施工特点

通过上述分析，应指出单位工程的施工特点和施工中的关键问题，以便在选择施工方案、组织资源供应和技术力量配备，以及在施工准备工作上采取有效措施，使解决关键问题的措施落实于施工之前，使施工顺利进行，提高施工企业的经济效益和管理水平。

不同类型的建筑、不同条件下的工程施工，均有其不同的施工特点，如现浇钢筋混凝土高层建筑的施工特点主要有：结构和施工机具设备的稳定性要求高，钢材加工量大，混凝土浇筑难度大，脚手架搭设必须进行设计计算、安全问题突出等。

第二节　施工方案的设计

施工方案设计是单位工程施工组织设计的核心问题。施工方案合理与否将直接影响工程的施工效率、质量、工期和技术经济效果，因此必须引起足够重视。

施工方案的设计一般包括：确定施工程序和顺序、施工起点流向、主要分部分项工程的施工方法和施工机械。

一、确定施工程序

单位工程的施工程序一般为：落实施工任务，签订施工合同；开工前准备阶段；全面施工阶段；交工验收阶段。每一阶段都必须完成规定的工作内容，并为下一阶段工作创造条件。

（一）落实施工任务，签订施工合同

建筑业企业承接施工任务的方式主要有三种：一是国家或上级主管单位统一安排，直接下达的任务；二是建筑业企业自己主动对外接受的任务或是建设单位主动委托的任务；三是公开投标而中标得到的任务。在市场经济条件下，国家直接下达任务的方式已逐渐减少，建筑业企业和建设单位自行承接和委托，以及通过招标的方式发包和承包的施工任务较多，这是建筑业和基本建设管理体制改革的一项重要措施。

无论哪种方式承接施工项目，施工单位均必须同建设单位签订施工合同。签订了施工合同的施工项目，才算落实了的施工任务。当然签订合同的施工项目，必须是经建设单位主管部门正式批准的，有计划任务书、设计和总概算已列入年度基本建设计划，落实了投资的，否则不能签订施工合同。

施工合同是建设单位与施工单位根据《合同法》、《招标投标法》、《建设工程施工合同（示范文本）》，以及有关规定而签订的具有法律效力的文件。双方必须严格履行合同，任何一方不履行合同，都应该承担相应的法律责任。

（二）开工前准备阶段

开工前准备阶段是继签订施工合同之后，为单位工程开工创造必要条件的阶段。一般开工前必须具备如下条件：施工执照已办理；施工图纸经过会审，施工预算已编制；施工组织设计已经批准并已交底；场地土石方平整、障碍物的清除和场内外交通道路已经基本完成；施工用水、电、排水均可满足施工需要；永久性或半永久性坐标和水准点已经设置；各种设施的建设基本能满足开工后生产和生活的需要；材料、成品、半成品和必要的工业设备有适当的储备，并能陆续进入现场，保证连续施工；施工机械设备已进入现场，并能保证正常运转；劳动力计划落实，随时可以调动进场，并已进行必要的技术安全防火教育。

准备工作阶段的一系列工作就是使单位工程具备上述开工条件，然后写出开工报告，并经上级主管部门审查批准后方可正式开工。

（三）单位工程施工中应遵循的程序

1. 先地下后地上

先地下后地上主要是指首先完成管道、管线等地下设施、土方工程和基础工程，然后开始地上工程施工；对于地下工程也应按先深后浅的程序进行，以免造成施工返工或对上部工程的干扰，使施工不便，影响质量造成浪费。

2. 先主体后围护

先主体后围护主要是指首先施工框架主体结构，再进行围护结构的施工。

3. 先结构后装饰

先结构后装饰是指首先进行主体结构施工，然后进行装修工程的施工。但是，必须指出，随着新建筑体系的不断涌现和建筑工业化水平的提高，某些装饰与结构构件均在工厂完成，此时结构与装饰同时完成。

4. 先土建后设备

先土建后设备主要是指一般的土建工程与水暖电卫等工程的总体施工程序，是先进行土建工程施工，然后再进行水暖电卫的施工。至于设备安装的某一工序要穿插在土建的某一工序之前，实际应属于施工顺序问题。工业建筑的土建工程与设备安装工程之间的程序，主要决定于工业建筑的种类，如对于精密仪器厂房，一般要求土建、装饰工程完成后工艺安装设备；重型工业厂房，一般先安装工艺设备后建设厂房或设备安装与土建施工同时进行，如冶金车间、发电厂的主厂房、水泥厂的主车间等。

（四）交工验收阶段

单位工程施工完成以后，施工单位应内部预先验收，严格检查工程质量，整理各项技术经济资料。然后经建设单位、监理单位、施工单位和质量监督站交工验收，经检查合格后，双方办理交工验收手续及有关事宜。

在编制单位工程施工组织设计时，应按施工程序，结合工程的具体情况，明确各阶段的主要工作内容及顺序。

二、确定施工起点流向

确定施工起点流向就是确定单位工程在平面或竖向上施工开始的部位和开展的方向。对单位建筑物，如厂房除按其车间、工段或跨间，分区分段地确定出在平面上的施工流向外，还须确定其层或单元在竖向上的施工流向。例如多层房屋的现场装饰工程是自下而上，还是自上而下地进行。它牵涉到一系列施工活动的开展和进程，是组织施工活动的重要环节。

确定单位工程施工起点流向时，一般应考虑如下因素。

(1) 车间的生产工艺流程，往往是确定施工流向的关键因素。因此，从生产工艺上考虑影响其他工段试车投产的工段应该先施工。如 B 车间生产的产品需受 A 车间生产的产品影响，A 车间划分为三个施工段，因此，Ⅱ、Ⅲ段的生产受Ⅰ段的约束，故其施工起点流向应从 A 车间的Ⅰ段开始。如图 5-1 所示。

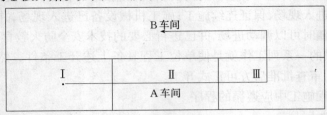

图 5-1　施工起点流向示意图

(2) 建设单位对生产和使用的需要。一般应考虑建设单位对生产或使用急的工段或部位先施工。

(3) 施工的繁简程度。一般技术复杂、施工进度较慢、工期较长的区段或部位应先施工。

(4) 房屋高低层或高低跨。如柱子的吊装应从高低跨并列处开始；屋面防水层施工应按先高后低的方向施工，同一屋面则由檐口到屋脊方向施工；基础有深浅时，应按先深后浅的顺序施工。

(5) 工程现场条件和施工方案。施工场地的大小，道路布置和施工方案中采用的施工方法和机械是确定施工起点和流向的主要因素。如土方工程边开挖边余土外运，则施工起点应确定在离道路远的部位和由远及近的进展方向。

(6) 分部分项工程的特点及其相互关系。如室内装修工程除平面上的起点和流向以外，在竖向上还要决定其流向，而竖向的流向确定更显得重要。密切相关的分部分项工程的流水，如果前导施工过程的起点流向确定，则后续施工过程也便随其而定了。如单层工业厂房的挖土工程的起点流向决定柱基础施工过程和某些预制、吊装施工过程的起点流向。

应当指出，在流水施工中，施工起点流向决定了各施工段的施工顺序。因此确定施工起点流向的同时，应当将施工段的划分和编号也确定下来。

下面以多层建筑物装饰工程为例加以说明。根据装饰工程的工期、质量和安全要求，以及施工条件，其施工起点流向一般分为：

(1) 室外装饰工程自上而下的流水施工方案。

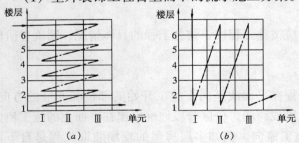

图 5-2　室内装饰工程自上而下的流向
(a)水平向下；(b)垂直向下

(2) 室内装饰工程有自上而下和自下而上以及自中而下再自上而中的三种流水施工方案。

室内装饰工程自上而下的流水施工方案，通常是指主体结构工程封顶、做好屋面防水层后，从顶层开始，逐层往下进行装饰工程施工。其施工流向如图 5-2 所示，有水平向下和垂直向下两种情况，通常采用图

5-2（a）所示的水平向下的流向较多。

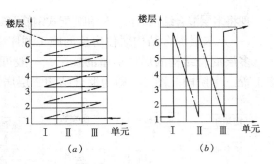

这种起点流向的优点是主体结构完成后，有一定的沉降时间，能保证装饰工程的质量；做好屋面防水层后，可防止在雨季施工时因雨水渗漏而影响装饰工程质量；并且，自上而下的流水，各工序之间交叉少，便于组织施工，保证施工安全，从上往下清理垃圾方便。其缺点是不能与主体施工搭接，因而工期较长。

图 5-3　室内装饰工程自下而上的流向
（a）水平向上；（b）垂直向上

室内装饰工程自下而上的流水施工方案，是指当主体结构工程的砖墙砌到 3～4 层以上时，装饰工程从一层开始，逐层向上进行，其施工流向如图 5-3 所示，有水平向上和垂直向上两种情况。

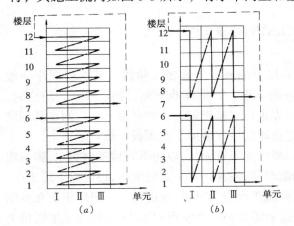

图 5-4　室内装饰自中而下再自上而中的流向
（a）水平向下；（b）垂直向下

这种起点流向的优点是可以和主体砌墙工程进行交叉施工，故工期缩短。其缺点是工序之间交叉多，需要很好地组织施工，并采取安全措施。当采用预制楼板时，由于板缝填灌不实，以及靠墙一边较易渗漏雨水和施工用水，影响装饰工程质量，为此在上下两相邻楼层中，应首先抹好上层地面，再做下层顶棚抹灰。

自中而下再自上而中的流水方案，如图 5-4 所示，综合了上述两者的优缺点，适用于中、高层建筑的装饰工程。

室外装饰工程一般总是采取自上而下的起点流向，参见图 5-2 所示。

三、确定施工顺序

施工顺序是指分部分项工程施工的先后次序。合理地确定施工顺序是编制施工进度的需要。确定施工顺序时，一般应考虑以下因素：

（1）符合施工工艺，如预制钢筋混凝土柱的施工顺序为支模板、绑钢筋、浇混凝土，而现浇钢筋混凝土柱的施工顺序为绑钢筋、支模板、浇混凝土。

（2）与施工方法一致。如单层工业厂房吊装工程的施工顺序，若采用分件吊装法，则施工顺序为吊柱→吊梁→吊屋盖系统；若采用综合吊装法，则施工顺序为第一节间吊柱、梁和屋盖→第二节间吊柱、梁和屋盖→……→最后节间吊柱、梁和屋盖。

（3）按照施工组织的要求。如一般安排室内外装饰工程施工顺序时，可按施工组织规定的先后顺序。

（4）考虑施工安全和质量。屋面采用油毡防水层施工时，外墙装饰一般安排在其后进行；为了保证质量，楼梯抹面最好安排在上一层的装饰工程全部完成之后进行。

（5）考虑当地气候的影响。如冬季室内施工时，先安装玻璃，后做其他装修工程。

现将多层混合结构居住房屋和装配式钢筋混凝土单层工业厂房的施工顺序分别叙述如下：

（一）多层混合结构居住房屋的施工顺序

多层混合结构的居住房屋的施工，一般可划分为基础工程、主体结构工程、屋面及装修工程三个阶段。图5-5即为混合结构三层居住房屋施工顺序示意图。

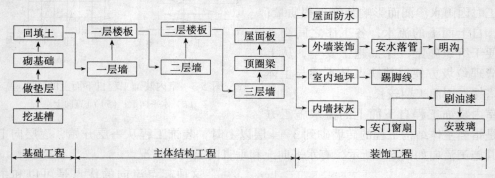

图5-5 混合结构三层居住房屋施工顺序图

1．基础工程的施工顺序

基础工程阶段是指室内地坪（±0.00）以下的所有工程施工阶段。其工程顺序一般是：挖土→做垫层→砌基础→铺设防潮层→回填土。如果有地下障碍物、坟穴、防空洞、软弱地基，需先进行处理；如有桩基础，应先进行桩基础施工；如有地下室，则在基础砌完或砌完一部分后，砌筑地下室墙，在做完防潮层后安装地下室顶板，最后回填土。

需注意，挖土与垫层施工搭接要紧凑，间隔时间不宜太长，以防下雨后基槽积水，影响地基承载力。此外，垫层施工后要留有技术间歇时间，使其具有一定强度后，再进行下道工序。各种管沟的挖土、管道铺设等应尽可能与基础施工配合，平行搭接进行。一般回填土在基础完工后一次分层夯填，为后续施工创造条件。对零标高以下室内回填土，最好与基槽回填土同时进行，如不能，也可留在装饰工程之前，与主体结构施工同时交叉进行。

2．主体结构工程的施工顺序

主体结构工程阶段的工作，通常包括搭脚手架、墙体砌筑、安门窗框、安预制过梁、安预制楼板，现浇卫生间楼板、雨篷和圈梁，安楼梯或现浇楼梯、安屋面板等分项工程。其中墙体砌筑与安装楼板为主导工程。现浇卫生间楼板的支模、绑筋可安排在墙体砌筑的最后一步插入，在浇筑圈梁的同时浇筑卫生间楼板。各层预制楼梯段的安装必须与砌墙和安楼板紧密配合，一般应在砌墙、安楼板的同时或相继完成。当采用现浇楼梯时，更应与楼层施工紧密配合，否则由于养护时间影响，将使后续工程不能如期进行。

3．屋面和装饰工程的施工顺序

这个阶段具有施工内容多，劳动消耗量大，且手工操作多，需要时间长等特点。

屋面工程施工顺序一般为找平层→隔汽层→保温层→找平层→防水层。对于刚性防水屋面的现浇钢筋混凝土防水层、分格缝施工应在主体结构完成后开始并尽快完成，以便为室内装饰创造条件。一般情况下，屋面工程可以和装饰工程搭接或平行施工。

装饰工程可分为室外装饰(外墙抹灰，勒脚，散水，台阶，明沟，水落管等)和室内装修(顶棚、墙面、地面、楼梯、抹灰、门窗扇安装、油漆，门窗安玻璃，油墙裙，做踢脚线等)。室内外装饰工程的施工顺序通常有先内后外，先外后内，内外同时进行三种顺序，具体确定哪种顺序应视施工条件和气候条件而定。通常室外装饰应避开冬季或雨季。当室内为水磨石楼面时，为防止楼面施工时渗漏水对外墙面的影响，应先完成水磨石的施工；如果为了加快脚手架周转或要赶在冬雨季到来之前完成外装修，则应采取先外后内的顺序。

同一层的室内抹灰施工顺序有地面→顶棚→墙面和顶棚→墙面→地面两种。前一种顺序便于清理地面和保证地面质量，且便于收集墙面和顶棚的落地灰。但由于地面需要养护时间及采取保护措施，使墙面和顶棚抹灰时间推迟，工期较长。后一种顺序做地面前需清除顶棚和墙面上的落地灰和渣子后再做面层，否则会影响地面面层同预制楼板间的粘结，引起地面起鼓。

底层地面一般多是在各层顶棚、墙面、楼面做好之后进行。楼梯间和踏步抹面，由于其在施工期间较易损坏，通常在其他抹灰工程完成后，自上而下统一施工。门窗扇安装一般在抹灰之前或后进行，视气候和施工条件而定。门窗安玻璃一般在门窗扇油漆之后进行。

室外装饰工程在由上往下每层装饰、落水管等分项工程全部完成后，即开始拆除该层的脚手架，然后进行散水坡及台阶的施工。

室内外装饰各施工层与施工段之间的施工顺序则由施工起点流向定出。

4. 水暖电卫等工程的施工顺序

水暖电卫工程不同于土建工程，可分成几个明显的施工阶段，它一般与土建工程中有关分部分项工程之间进行交叉施工，紧密配合。

(1)在基础工程施工时，先做好相应的上下水管沟和暖气管沟的垫层、管沟墙，然后回填土。

(2)在主体结构施工时，应在砌砖墙或现浇钢筋混凝土楼板同时，预留上下水管和暖气立管的孔洞、电线孔槽或预埋木砖和其他预埋件。

(3)在装饰工程施工前，安设相应的各种管道和电气照明用的附墙暗管、接线盒等。水暖电卫安装一般在楼地面和墙面抹灰前或后穿插施工。若电线采用明线，则应在室内粉刷后进行。

室外管网工程的施工可以安排在土建工程前或与其同时施工。

(二)装配式钢筋混凝土单层工业厂房的施工顺序

装配式钢筋混凝土单层工业厂房的施工可分为基础工程、预制工程、结构安装工程、围护工程和装饰工程等五个施工阶段。图 5-6 为装配式钢筋混凝土单层工业厂房施工顺序示意图。

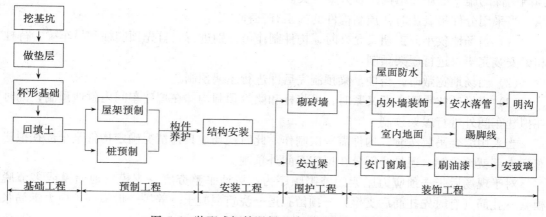

图 5-6 装配式钢筋混凝土单层厂房施工顺序图

1．基础工程的施工顺序

基础工程的施工顺序通常是：基坑挖土→垫层→绑筋→支基础模板→浇混凝土基础→养护→拆模→回填土。

当中、重型工业厂房建设在土质较差地区时，一般需采用桩基础。此时，为缩短工期，常将打桩工程安排在准备阶段进行。

对于厂房的设备基础，由于其与厂房柱基础施工顺序的不同，常常会影响到主体结构的安装方法和设备安装投入的时间，因此需根据不同情况决定。通常有两种方案：

（1）当厂房柱基础的埋置深度大于设备基础埋置深度时，则采用"封闭式"施工，即厂房柱基础先施工，设备基础后施工。

通常，当厂房施工处于雨季或冬季施工时，或设备基础不大，在厂房结构安装后对厂房结构稳定性并无影响时，或对于较大较深的设备基础采用了特殊的施工方案（如沉井时），可采用"封闭式"施工。

（2）当设备基础埋置深度大于厂房基础的埋置深度时，通常采用"开敞式"施工，即厂房柱基础和设备基础同时施工。

如果设备基础与柱基础埋置深度相同或接近时，则两种施工顺序均可任意选择。只有当设备基础较大较深，其基坑的挖土范围已经与柱基础的基坑挖土范围连成一片或深于厂房柱基础，以及厂房所在地点土质不佳时，方采用设备基础先施工的顺序。

在单层工业厂房基础施工前，和民用房屋一样，也要先处理好其下部的松软土、洞穴等，然后分段进行流水施工。在安排各分项工程之间的搭接时，应根据当时的气温条件，加强对钢筋混凝土垫层和基础的养护，在基础混凝土达到拆模强度后即可拆模，并及早进行回填土，从而为现场预制工程创造条件。

2．预制工程的施工顺序

单层工业厂房构件的预制方式，一般采用加工厂预制和现场预制相结合的方法。通常对于重量较大或运输不便的大型构件，可在拟建车间现场就地预制，如柱、托架梁、屋架、吊车梁等。中小型构件可在加工厂预制，如大型屋面板等标准构件和木制品等宜在专门的加工厂预制。但在具体确定预制方案时，应结合构件技术特征、当地加工厂的生产能力、工期要求，以及现场施工、运输条件等因素进行技术经济分析之后确定。一般来说，预制构件的施工顺序与结构吊装方案有关。

当采用分件吊装法时，预制构件的施工有三种方案：

（1）当场地狭小而工期又允许时，构件制作可分别进行。首先预制柱和吊车梁，待柱和梁安装完毕再进行屋架预制。

（2）当场地宽敞时，当柱、梁预制完后即进行屋架预制。

（3）当场地狭小而工期又紧时，可将柱和梁等预制构件在拟建车间内就地预制，同时在拟建车间外进行屋架预制。

当采用综合吊装法时，构件需一次制作。此时视场地具体情况确定构件是全部在拟建车间内部就地预制，还是一部分在拟建车间外预制。

对于现场后张法预应力屋架的施工顺序为：场地平整夯实→支模（地胎模或多节脱模）→扎筋（有时先扎筋后支模）→预留孔道→浇筑混凝土→养护→拆模→预应力钢筋张拉→锚固→灌浆。

3. 结构安装工程的施工顺序

结构安装施工顺序取决于吊装方法。当采用分件吊装法时，其顺序为：第一次开行吊装柱，并进行其校正和固定，待接头混凝土强度达到设计强度的 70％后，第二次开行吊装吊车梁、连系梁和基础梁，第三次开行吊装屋盖构件。采用综合吊装法时，其顺序为：先吊装第一节间四根柱，迅速校正和临时固定，再安装吊车梁及屋盖等构件，如此依次逐个节间安装，直至整个厂房安装完毕。抗风柱的吊装可采用两种顺序，一是在吊装柱的同时先安装同跨一端抗风柱，另一端则在屋盖吊装完毕后进行；二是全部抗风柱的吊装均等屋盖吊装完毕后进行。

结构吊装的流向通常应与预制构件制作的流向一致。但车间如为多跨又有高低跨时，吊装流向应从高低跨柱列开始，以适应吊装工艺的要求。

4. 围护工程的施工顺序

围护工程阶段的施工包括内外墙体砌筑、搭脚手架、安装门窗框和屋面工程等。在厂房结构安装工程结束后，或安装完一部分区段后即可开始内外墙砌筑工程的分段施工。此时，不同的分项工程之间可组织立体交叉平行流水施工，砌筑一完成，即开始屋面施工。

脚手架应配合砌筑和屋面工程搭设，在室外装饰之后，散水坡施工前拆除。内隔墙的砌筑则应根据内隔墙的基础形式而定，有的需在地面工程完成后进行，有的则可以在地面工程之前与外墙同时进行。

屋面工程的施工顺序同混合结构居住房屋的屋面施工顺序。

5. 装饰工程的施工顺序

装饰工程的施工分为室内装饰（地面的整平、垫层、面层，门窗扇安装、玻璃安装、油漆、刷白等）和室外装饰（勾缝、抹灰、勒脚、散水坡等）。

一般单层厂房的装饰工程与其他施工过程穿插进行。地面工程应在设备基础、墙体工程完成了一部分和转入地下的管道及电缆或管道沟完成之后随即进行，或视具体情况穿插进行，钢门窗安装一般与砌筑工程穿插进行，或在砌筑工程完成后进行，视具体条件而定。门窗油漆可在内墙刷白后进行，也可与设备安装同时进行，刷白应在墙面干燥和大型屋面板灌缝后进行，并在油漆开始前结束。

水暖电卫安装工程与混合结构居住房屋的施工顺序基本相同，但应注意空调设备安装的安排。生产设备的安装，一般由专业公司承担，由于专业性强、技术要求高，应遵照有关专业顺序进行。

上面所述的施工过程和顺序，仅适用于一般情况。建筑施工是一个复杂的过程。建筑结构、现场条件、施工环境不同，均会对施工过程和施工顺序的安排产生不同的影响，因此，对每一个单位工程，必须根据其施工特点和具体情况，合理地确定施工顺序，最大限度地利用空间，争取时间，为此应组织立体交叉平行流水作业，以期达到时间和空间的充分利用。

四、选择施工方法和施工机械

选择施工方法和施工机械是施工方案中的关键问题，它直接影响施工进度、施工质量和安全，以及工程成本，编制施工组织设计时，必须根据工程的建筑结构、抗震要求、工程量的大小、工期长短、资源供应情况、施工现场的条件和周围环境，制定出可行方案，并且进行技术经济比较，确定出最优方案。

（一）选择施工方法

选择施工方法时，应着重考虑影响整个单位工程施工的分部分项工程，如工程量大的且在单位工程中占重要地位的分部（分项）工程，施工技术复杂或采用新技术、新工艺及对工程质量起关键作用的分部（分项）工程和不熟悉的特殊结构工程或由专业施工单位施工的特殊专业工程的施工方法，而对于按照常规做法和工人熟悉的分项工程，则不必详细拟定，只要提出应注意的特殊问题即可。

通常，施工方法选择的内容有：

1. 土石方工程

（1）计算土石方工程量，确定土石方开挖或爆破方法，选择土石方施工机械；

（2）确定放坡坡度系数或土壁支撑形式和打设方法；

（3）选择排除地面、地下水的方法，确定排水沟、集水井或井点布置；

（4）确定土石方平衡调配方案。

2. 基础工程

（1）浅基础中垫层、混凝土基础和钢筋混凝土基础施工的技术要求，以及地下室施工的技术要求；

（2）桩基础施工的施工方法以及施工机械选择。

3. 砌筑工程

（1）砌墙的组砌方法和质量要求；

（2）弹线及皮数杆的控制要求；

（3）确定脚手架搭设方法及安全网的挂设方法。

4. 钢筋混凝土工程

（1）确定模板类型及支模方法，对于复杂的还需进行模板设计及绘制模板放样图；

（2）选择钢筋的加工、绑扎和焊接方法；

（3）选择混凝土的搅拌、输送及浇筑顺序和方法，确定混凝土搅拌、振捣和泵送方法等，设备的类型和规格，确定施工缝的留设位置；

（4）确定预应力混凝土的施工方法、控制应力和张拉设备。

5. 结构安装工程

（1）确定结构安装方法和起重机械；

（2）确定构件运输及堆放要求。

6. 屋面工程

（1）屋面各个分项工程施工的操作要求；

（2）选择屋面材料的运输方式。

7. 装饰工程

（1）各种装修的操作要求及方法；

（2）选择材料运输方式及储存要求。

（二）选择施工机械

选择施工方法必然涉及施工机械的选择问题。机械化施工是改变建筑工业生产落后面貌，实现建筑工业化的基础，因此施工机械的选择是施工方法选择的中心环节。选择施工机械时，应着重考虑以下几方面：

（1）选择施工机械时，应首先根据工程特点选择适宜的主导工程的施工机械。如在选择装配式单层工业厂房结构安装用的起重机类型时，当工程量较大而集中时，可以采用生产率较高的塔式起重机；但当工程量较小或工程量虽大却相当分散时，则采用无轨自行式起重机较经济；在选择起重机型号时，应使起重机在起重臂外伸长度一定的条件下能适应起重量及安装高度的要求。

（2）各种辅助机械或运输工具应与主导机械的生产能力协调配套，以充分发挥主导机械的效率，如土方工程中采用汽车运土时，汽车的载重量应为挖土机斗容量的整数倍，汽车的数量应保证挖土机连续工作。

（3）在同一工地上，应力求建筑机械的种类和型号尽可能少一些，以利于机械管理。为此，工程量大且分散时，宜采用多用途机械施工，如挖土机既可用于挖土，又能用于装卸、起重和打桩。

（4）机械选择应考虑充分发挥施工单位现有机械的能力。当本单位的机械能力不能满足工程需要时，则应购置或租赁所需新型机械或多用途机械。

（三）施工方案的技术经济评价

对施工方案进行技术经济评价是选择最优施工方案的重要环节之一。因为任何一个分部（分项）工程，都有几个可行的施工方案，而施工方案的技术经济评价的目的就是对每一分部（分项）工程的施工方案进行优选，选出一个工期短、质量好、材料省、劳动力安排合理、工程成本低的最优方案。

施工方案的技术经济评价涉及的因素多而复杂，一般只需对一些主要分部工程的施工方案进行技术经济比较，当然有时也需对一些重大工程项目的总体施工方案进行全面技术经济评价。

一般来说，施工方案的技术经济评价有定性分析评价和定量分析评价两种。

1. 定性分析评价

施工方案的定性技术经济分析评价是结合施工实际经验，对若干施工方案的优缺点进行分析比较。如技术上是否可行、施工复杂程度和安全可靠性如何、劳动力和机械设备能否满足需要、是否能充分发挥现有机械的作用、保证质量的措施是否完善可靠、对冬季施工带来多大困难等。

2. 定量分析评价

施工方案的定量技术经济分析评价是通过计算各方案的几个主要技术经济指标，进行综合比较分析，从中选择技术经济指标较佳的方案。定量分析评价通常分为两种方法。

（1）多指标分析方法。它是用价值指标、实物指标和工期指标等一系列单个的技术经济指标，对各个方案进行分析对比从中选优的方法。

定量分析的指标通常有：

①工期指标。当要求工程尽快完成以便尽早投入生产或使用时，选择施工方案就要在确保工程质量、安全和成本较低的条件下，优先考虑缩短工期。

②劳动量指标。它能反映施工机械化程度和劳动生产率水平。通常，在方案中劳动消耗量越小，机械化程度和劳动生产率越高。劳动消耗指标以工日数计算。

③主要材料消耗指标。反映若干施工方案的主要材料节约情况。

④成本指标。反映施工方案的成本高低，一般需计算方案所用的直接费和间接费。成本指标 C 可由式（5-1）计算。

$$C = 直接费 \times (1 + 综合费率) \tag{5-1}$$

其中综合费率指其他直接费和现场经费的取费比例，有时按全部成本法计算，也包含企业管理费等。它与建设地区、工程类型、专业工程性质、承包方式等有关。

⑤投资额指标。当选定的施工方案需要增加新的投资时，如需购买新的施工机械或设备，则需设增加投资额的指标，进行比较。

示例：现欲开挖大模板工艺多层钢筋混凝土结构居住房屋的基坑，其平面尺寸为 147.5m × 12.46m，坑深为 3.71m，土为二类土，土方量为 9000m³，因场地狭小，挖出的土除了就地存放 1200m³，准备回填之用外，其余土用汽车及时运走。根据现有劳动力和机械设备条件，可以采用以下两种施工方案。

方案 1 W₁-100 型反铲挖土机开挖，翻斗汽车运土方案。

用反铲挖土机开挖基坑不需开挖斜道，配合挖土机工作每班需要二级普工 2 人，基坑修整所需劳动量 51 工日，均用二级普工进行。W₁-100 型反铲挖土机的台班生产率为 529m³，每台班的租赁费为 319.95 元（含两名操作工人工资在内），拖车台班的租赁费为 333.60 元。

①工期指标（一班制）：

$$T = \frac{9000}{529} \approx 17 \text{ 班} = 17 \text{ 天}$$

②劳动量指标：

$$Q = 2 \times 17 + 2 \times 17 + 51 = 119 \text{ 工日}$$

③成本指标：

基坑开挖所需直接费（机械使用费、挖土机进场影响的工时按 0.5 台班考虑，拖运费按拖车的 0.5 台班考虑、人工费）为：

$$17 \times 319.95 + 0.5 \times 319.95 + 0.5 \times 333.60 + (2 \times 17 + 51) \times 11.09 = 6708.58 \text{ 元}$$
$$直接费 = 6708.58 \times (1 + 6.9\%) = 7171.47 \text{ 元}$$

其中 6.9% 为其他直接费率，尚应考虑综合费率 22.5%，则 $C = 7171.47 \times (1 + 22.5\%) = 8785.05 \text{ 元}$

方案 2 采用 W-501 正铲挖土机（斗容量 0.5m³），该方案需先开挖一条供挖土机及汽车出入的斜道，斜道土方量约 120m³，W-501 正铲挖土机台班生产率为 518m³，每台班租赁费为 319.95 元（含两名操作工人工资在内）。配合挖土机工作需配备普工 2 人，斜道回填土需 33 工日，基坑修整需劳动量 51 工日。

①工期指标（考虑回填斜道用 1 个台班）：

$$T = 9000/518 + 120/518 + 1 = 18.5 \text{ 台班}$$

②劳动量指标：

$$P = 2 \times 17.5 + 2 \times 17.5 + 33 + 51 = 154 \text{ 工日}$$

③成本指标

基坑开挖所需定额直接费（机械使用费、挖土机进场影响的工时按 0.5 台班考虑，拖运费按拖车的 0.5 台班考虑、人工费）为：

$$18.5 \times 319.95 + 0.5 \times 319.95 + 0.5 \times 333.60 + (2 \times 18.5 + 51 + 33) \times 11.09 = 7587.74 \text{ 元}$$
$$直接费 = 7587.74 \times (1 + 6.9\%) = 8111.29 \text{ 元}$$

$$C = 8111.29 \times (1 + 22.5\%) = 9936.33 \text{ 元}$$

方案 3 采用人工开挖,人工装翻斗车运土的方案。此方案需人工开挖两条斜道,以使翻斗车进出。两条斜道土方量约为400m³。挖土每班配普工69人,翻斗车装土每班需配备二级普工36人。回填斜道需劳动量为150工日,人工挖土方的产量定额为每工日8m³。

①工期指标(一班制):

$$T = \frac{(9000 + 400) \div 8}{69} = \frac{1175}{69} = 17 \text{ 天}$$

②劳动量指标:

$$1175 + 36 \times 17 + 150 = 1937 \text{ 工日}$$

③成本指标:

$$\text{直接费为 } 1937 \times 11.09 = 21481.33 \text{ 元}$$
$$\text{直接费} = 21481.33 (1 + 6.9\%) = 22963.54 \text{ 元}$$
$$C = 22963.54 \times (1 + 22.5\%) = 28130.34 \text{ 元}$$

上述三种方案有关指标计算结果汇总列入表5-2。

从表5-2中各指标数值可以看出,方案1各个指标均较优,故采用方案1。

(2)综合指标分析方法。综合指标分析方法是以多指标为基础,将各指标的值按照一定的计算方法进行综合后得到一个综合指标进行评价。

基坑开挖不同方案的技术经济指标比较   表.5-2

开挖方案	工期指标 T(天)	劳动量指标 P(工日)	成本指标 C(元)	方 案 说 明
方案 1	17	119	8785.05	反铲挖土机 W1-100 型
方案 2	18.5	154	9936.33	正铲挖土机 W-501
方案 3	17	1937	28130.34	人工开挖

通常的方法是:首先根据多指标中各个指标在评价中重要性的相对程度,分别定出权值 W_i;再用同一指标依据其在各方案中的优劣程度定出其相应的分值 $C_{i,j}$。设有 m 个方案和 n 种指标,则第 j 方案的综合指标值 A_j 为:

$$A_j = \sum_{i=1}^{n} C_{i,j} \cdot W_i \qquad (5-2)$$

式中,$j = 1$,……,m,$i = 1$,2,……,n,综合指标值最大者为最优方案。

第三节　单位工程施工进度计划的编制

单位工程施工进度计划是在既定施工方案的基础上,根据规定工期和各种资源供应条件,按照施工过程的合理施工顺序及组织施工的原则。用横道图或网络图,对一个工程从开始施工到工程全部竣工(包括土建施工、结构吊装、设备吊装等不同施工内容),确定其全部施工过程在时间上和空间上的安排和相互间配合关系。

一、施工进度计划的作用

单位工程施工进度计划的作用是:

(1)控制单位工程的施工进度,保证在规定工期内完成质量要求的工程任务;

(2)确定单位工程的各个施工过程的施工顺序、施工持续时间及相互衔接和合理配合关系;

（3）为编制季度、月度生产作业计划提供依据；

（4）是确定劳动力和各种资源需要量计划和编制施工准备工作计划的依据。

二、编制依据

编制单位工程施工进度计划，主要依据下列资料：

（1）经过审批的建筑总平面图及单位工程全套施工图以及地质、地形图、工艺设计图、设备及其基础图、各种采用的标准图等图纸及技术资料。

（2）施工组织总设计对本单位工程的有关规定；

（3）施工工期要求及开、竣工日期；

（4）施工条件，劳动力、材料、构件及机械的供应条件，分包单位的情况等；

（5）确定的主要分部分项工程的施工方案，包括施工顺序、施工段划分、施工起点流向、施工方法、质量及安全措施等；

（6）劳动定额及机械台班定额；

（7）其他有关要求和资料，如工程合同。

三、施工进度计划的表示方法

施工进度计划一般用图表来表示，通常有两种形式的图表：横道图和网络图。横道图的形式如表 5-3 所示。

从表 5-3 中可看出，它由左右两部分组成，左面部分列出各种计算数据，如分部分项工程名称、相应的工程量、采用的定额、需要的劳动量或机械台班数、每天施工的工人数和施工的天数等。右边部分是从规定的开工之日起到竣工之日止的日历表，下面是以左面表格的计算数据设计的进度指示图表，用线条形象表现各个分部分项工程的施工进度、各个分部分项工程阶段的工期和整个单位工程的总工期；且综合反映出各分部分项工程相互关系和各个工作队在时间上和空间上开展工作的相互配合关系。有时在其下面汇总每天的资源需要量，绘出资源需要量的动态曲线。

单位工程施工进度计划横道图表 表 5-3

序号	分部分项工程名称	工程量		时间定额	劳动量		需用机械		每天工作班次	每班工人数	工作天数	施工进度							
		单位	数量		工种	数量（工日）	机械名称	台班数量				月					月		
												5	10	15	20	25	5	10	15

网络图的表示方法详见第三章，这里仅就用横道图表编制进度计划加以阐述。

四、编制内容和步骤

（一）划分施工过程

编制进度计划时，首先应按照图纸和施工顺序将拟建单位工程的各个施工过程列出，并结合施工方法、施工条件、劳动组织等因素，加以适当调整，使其成为编制施工进度计划所需的施工过程。

通常施工进度计划表中只列出直接在建筑物（或构筑物）上进行施工的砌筑安装类施工过程，而不列出构件制作和运输，如门窗制作和运输等制备类、运输类施工过程。但当某些构件采用现场就地预制方案，单独占有工期，且对其他分部分项工程的施工有影响或其运输工作需与其他分部分项工程的施工密切配合如楼板随运随吊时，也需将这些制作类和运输类施工过程列入。

在确定施工过程时，应注意以下几个问题：

（1）施工过程划分的粗细程度，主要根据单位工程施工进度计划的客观作用。对控制性施工进度计划，项目划分得粗一些，通常只列出分部工程名称。如混合结构居住房屋的控制性施工进度计划，只列出基础工程、主体工程、屋面工程和装修工程四个施工过程。对于实施性的施工进度计划，项目划分得要细一些，通常要列到分项工程。如上面所说的屋面工程还要划分为找平层、隔汽层、保温层、防水层等分项工程。

（2）施工过程的划分要结合所选择的施工方案。如结构安装工程，若采用分件吊装法，则施工过程的名称、数量和内容及其安装顺序应按照构件来确定，若采用综合吊装法，则施工过程应按施工单元（节间、区段）来确定。

（3）注意适当简化施工进度计划内容，避免工程项目划分过细、重点不突出。因此，可考虑将某些穿插性分项工程合并到主要分项工程中去，如安装门窗框可以并入砌墙工程；而对在同一时间内，由同一工程队施工的过程可以合并，如工业厂房中的钢窗油漆、钢门油漆、钢支撑油漆、钢梯油漆合并为钢构件油漆一个施工过程；对于次要的、零星的分项工程，可合并为"其他工程"一项列入。

（4）水暖电卫工程和设备安装工程通常由专业机构负责施工。因此，在施工进度计划中，只要反映出这些工程与土建工程如何配合即可，不必细分。

（5）所有施工过程应大致按施工顺序先后排列，所采用的施工项目名称可参考现行定额手册上的项目名称。

总之，划分施工过程要粗细得当。最后，根据所划分的施工过程列出施工过程（分部分项工程）一览表，如表5-4所示。

分部分项工程一览表　　　　　　　　　　表 5-4

序　号	分部分项工程名称	序　号	分部分项工程名称
一	地下室工程	5	壁板吊装
1	挖土	6	…
2	混凝土垫层	…	
3	地下室顶板		
4	回填土		
二	大模板主体结构工程		

（二）计算工程量

计算工程量时，一般可以直接采用施工图预算的数据，但应注意有些项目的工程量应按实际情况作适当调整。如计算柱基土方工程量时，应根据土壤的级别和采用的施工方法（单独基坑开挖、基槽开挖还是大开挖，放边坡还是加支撑）等实际情况进行计算。工程量计算时应注意以下几个问题：

（1）各分部分项工程的工程量计算单位应与现行定额手册中所规定的单位相一致，以避免计算劳动力、材料和机械数量时进行换算，产生错误；

（2）结合选定的施工方法和安全技术要求计算工程量；

（3）结合施工组织要求，按分区、分项、分段、分层计算工程量。

（4）直接采用预算文件中的工程量时，应按施工过程的划分情况将预算文件中有关项目的工程量汇总。如"砌筑砖墙"一项要将预算中按内墙、外墙，按不同墙厚、不同砌筑砂浆及强度等级计算的工程量进行汇总。

（三）确定劳动量和机械台班数量

劳动量和机械台班数量应当根据各分部分项工程的工程量、施工方法和现行的施工定额，并结合当时当地的具体情况加以确定。一般应按下式计算：

$$P = \frac{Q}{S} \tag{5-3}$$

或
$$P = Q \cdot H \tag{5-4}$$

式中　P——完成某施工过程所需的劳动量（工日）或机械台班数量（台班）；

Q——完成某施工过程所需的工程量（m^3、m^2、$t\cdots$）

S——某施工过程所采用的产量定额（m^3、m^2、$t\cdots$/工日或台班）

H——某施工过程所采用的时间定额（工日或台班/m^3、m^2、$t\cdots$）。

例如，已知某单位工业厂房的柱基土方为 $3240m^3$，采用人工挖土，每工产量定额为 $6.5m^3$，则完成挖基坑所需总劳动量为：

$$P = \frac{Q}{S} = \frac{3240}{6.5} = 499 \text{ 工日}$$

若已知时间定额为 0.154 工日/m^3，则完成挖基坑所需总劳动量为：

$$P = Q \cdot H = 3240 \times 0.154 = 499 \text{ 工日}$$

在使用定额时，常遇到定额所列项目的工作内容与编制施工进度计划所列项目不一致的情况，此时应当：

（1）查用定额时，若定额对同一工种不一样时，可用其平均定额。当同一性质不同类型分项工程的工程量相等时，平均定额可用其绝对平均值，如式（5-5）：

$$S = \frac{S_1 + S_2 + \cdots + S_n}{n} \tag{5-5}$$

式中　S_1、S_2、$\cdots S_n$——同一性质不同类型分项工程的产量定额；

S——平均产量定额；

n——分项工程的数量。

当同一性质不同类型分项工程的工程量不相等时，平均定额应用加权平均值，其计算公式为：

$$S = \frac{Q_1 + Q_2 + \cdots + Q_n}{\dfrac{Q_1}{S_1} + \dfrac{Q_2}{S_2} + \cdots + \dfrac{Q_n}{S_n}} = \frac{\displaystyle\sum_{i=1}^{n} Q_i}{\displaystyle\sum_{i=1}^{n} \dfrac{Q_i}{S_i}} \tag{5-6}$$

式中　Q_1、Q_2、$\cdots Q_n$——同一性质不同类型分项工程的工程量；

其他符号同前。

例如，钢门窗油漆一项由钢门油漆和钢窗油漆两项合并而成，已知 Q_1 为钢门面积 368.52m²，Q_2 为钢窗面积 889.66m²，钢门油漆的产量定额 S_1 为 11.2m²/工日，钢窗油漆的产量定额 S_2 为 14.63m²/工日，则平均产量定额为

$$S = \frac{Q_1 + Q_2}{\dfrac{Q_1}{S_1} + \dfrac{Q_2}{S_2}} = \frac{368.52 + 889.66}{\dfrac{368.52}{11.2} + \dfrac{889.66}{14.63}} = 13.43 \text{m}^2/\text{工日}$$

（2）对于有些采用新技术或特殊的施工方法的定额，在定额手册中未列入的定额可参考类似项目或实测确定。

（3）对于"其他工程"项目所需劳动量，可根据其内容和数量，并结合工地具体情况，以占总劳动量的百分比（一般为 10%～20%）计算。

（4）水暖电卫、设备安装的工程项目，一般不计算劳动量和机械台班需要量，仅安排与一般土建工程配合的进度。

（四）确定各施工过程的施工天数

计算各分部分项工程施工天数的方法有两种：

（1）根据施工项目经理部计划配备在该分部分项工程上的施工机械数量和各专业工人人数确定。其计算公式如下：

$$t = \frac{P}{R \cdot N} \tag{5-7}$$

式中　t——完成某分部分项工程的施工天数；

　　P——某分部分项工程所需的机械台班数量或劳动量；

　　R——每班安排在某分部分项工程上施工机械台数或劳动人数；

　　N——每天工作班次。

例如，某工程砌筑砖墙，需要总劳动量 160 工日，一班制工作，每天出勤人数为 22 人（其中瓦工 10 人，普工 12 人），则施工天数为：

$$t = \frac{P}{R \cdot N} = \frac{160}{22 \times 1} \approx 7 \text{ 天}$$

在安排每班工人数和机械台数时，应综合考虑各分项工程工人班组的每个工人都应有足够的工作面（不能少于最小工作面），以发挥高效率并保证施工安全；各分项工程在进行正常施工时所必须的最低限度的工人队组人数及其合理组合（不能小于最小劳动组合），以达到最高的劳动生产率。

（2）根据工期要求倒排进度。首先根据规定总工期和施工经验，确定各分部分项工程的施工时间，然后再按各分部分项工程需要的劳动量或机械台班数量，确定每一分部分项工程每个工作班所需要的工人数或机械台数，此时可将式（5-7）变化为：

$$R = \frac{P}{t \cdot N} \tag{5-8}$$

例如，某单位工程的土方工程采用机械施工，需要 87 个台班完成，则当工期为 8 天时，所需挖土机的台数为：

$$R = \frac{P}{t \cdot N} = \frac{87}{8 \times 1} \approx 11 \text{ 台班}$$

通常计算时均先按一班制考虑，如果每天所需机械台数或工人人数，已超过施工单位

序号	分部分项名称	工程量 单位	工程量 数量	时间定额	需要劳动量	工作天数	工人人数	进度 6月/7月/8月
1	地下结构工程 土方开挖	m³	9000	529	17	17	6	
2	浇注基础垫层	m³	216	0.57	123	3	40	
3	绑基础钢筋	t	50	1.5	75	2	36	
4	浇注底板混凝土	m³	1000	0.5	616	6	108	
5	墙绑扎钢筋	t	2.7	1.5	405	12	34	
6	墙大模板	m²	46.5	0.06	277	12	24	
7	浇注墙混凝土	m³	217	1	217	12	18	
8	吊地下室顶板	块	478	0.5	239	12	24	
9	回填土	m³	1200	0.2	240	3	80	
10	主体结构工程 绑扎墙钢筋	t	387	15	5805	64	90	
11	墙大模板	m²	54016	0.06	3240	64	51	
12	立门框		1670	0.1	167	64	3	
13	外壁板吊装	块	1710	1	1710	64	26	
14	浇注墙混凝土	m³	4599	1	4599	64	72	
15	内墙板吊装	块	1106	1	1106	64	17	
16	楼板吊装	块	7163	0.5	3582	64	56	
17	板缝、梁模板	m²	5063	0.5	2920	64	45	
18	板缝、梁钢筋	t	111	20	2220	64	35	
19	板缝、梁混凝土	m³	702	2	1404	64	22	
20	屋面工程 铺焦渣	m³	128	2.03	260	2	130	
21	抹找平层	m²	1654	0.15	165	6	28	
22	铺卷材	m²	1654	0.15	160	8	20	
23	装饰工程 室内装饰 墙面抹灰	m²	14685	0.41	6000	64	94	
24	壁板勾缝抹灰	m²	21625	0.05	1000	64	17	
25	厨厕抹灰	m²	2130	0.5	1015	64	16	
26	豆石混凝土地面	m²	27000	0.2	5800	64	92	
27	门窗安装	扇	1670	0.21	360	28	13	
28	门窗油漆、玻璃	m²	128 / 2239	0.06 / 0.15	400 / 3358	28	15 / 120	
29	楼梯栏杆扶手	m	530	0.5	265	20	14	
30	楼梯抹灰	m²	1077	0.5	540	20	27	
31	喷浆	m²	181100	0.004	324	28	12	
32	室外装饰 外墙抹水泥	m²	3962	0.51	2000	52	38	
33	外墙水刷石	m²	2031	0.50	1015	8	117	
34	散水、台阶	m²	32 / 8	1	160	4	40	
35	水电安装							
36	其他工程				40000			

166

月 度	9 月												10 月													11 月												12 月				
13 15 17 19 21 23 25	2	4	6	8	10	12	14	16	18	20	22	24	1	3	5	7	9	11	13	15	17	19	21	23	25	2	4	6	8	10	12	14	16	18	20	22	24	1	3	5	7	9	11	13

现有人力、物力或工作面限制时，则应根据具体情况和条件从技术和施工组织上采取积极的措施，如增加工作班次，最大限度地组织立体交叉平行流水施工，加早强剂提高混凝土早期强度等。

（五）编制施工进度计划的初始方案

编制施工进度计划时，必须考虑各分部分项工程的合理施工顺序，尽可能组织流水施工，力求主要工种的工作队连续施工。方法是：

（1）划分主要施工阶段（分部工程），组织流水施工。首先安排其中主导施工过程的施工进度，使其尽可能连续施工，其他穿插施工过程尽可能与它配合、穿插、搭接或平行作业。如砖混结构房屋中的主体结构工程，其主导施工过程为砌筑和楼板安装。

（2）配合主要施工阶段，安排其他施工阶段（分部工程）的施工进度。

（3）按照工艺的合理性和工序间尽量穿插、搭接或平行作业方法，将各施工阶段（分部工程）的流水作业图表最大限度地搭接起来，即得单位工程施工进度计划的初始方案。

（六）施工进度计划的检查与调整

为了使初始方案满足规定的目标，一般进行如下检查与调整：

（1）各施工过程的施工顺序、平行搭接和技术间歇是否合理。

（2）工期方面：初始方案的总工期是否满足连续、均衡施工。

（3）劳动力方面：主要工种工人是否满足连续、均衡施工。

（4）物资方面：主要机械、设备、材料等的利用是否均衡、施工机械是否充分利用。

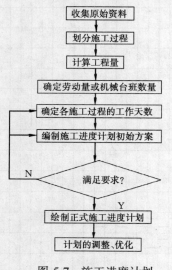

图 5-7　施工进度计划
编制程序

经过检查，对不符合要求的部分，可采用增加或缩短某些分项工程的施工时间；在施工顺序允许的情况下，将某些分项工程的施工时间向前或向后移动；必要时，改变施工方法或施工组织等方法进行调整。

应当指出，上述编制施工进度计划的步骤不是孤立的，而是互相依赖、互相联系的，有的可以同时进行。由于建筑施工是一个复杂的生产过程，受到周围客观条件影响的因素很多，在施工过程中，由于劳动力和机械、材料等物资的供应及自然条件等因素的影响而经常不符合原计划的要求，因而在工程进展中，应随时掌握施工动态、经常检查，不断调整计划。

施工进度计划的编制程序如图 5-7 所示。

表 5-5 为某大模板住宅工程用横道图表示的施工进度计划实例。

五、各项资源需要量计划的编制

各项资源需要量计划可用来确定建筑工地的临时设施，并按计划供应材料、调配劳动力，以保证施工按计划顺利进行。在单位工程施工进度计划正式编制完了后，就可以编制各项资源需要量计划。

（一）劳动力需要量计划

劳动力需要量计划，主要是作为安排劳动力的平衡、调配和衡量劳动力耗用指标、安排生活福利设施的依据，其编制方法是将施工进度计划表内所列各施工过程每天（或旬、月）所需工人人数按工种汇总而得。其表格形式如表5-6所示。

（二）主要材料需要量计划

主要材料需要量计划，是备料、供料和确定仓库、堆场面积及组织运输的依据，其编制方法是将施工进度计划表中各施工过程的工程量，按材料品种、规格、数量、使用时间计算汇总而得。其表格形式如表5-7所示。

劳动力需要量计划 表5-6

序号	材料名称	规格	需要量		需要时间						备注
			单位	数量	×月			×月			
					上旬	中旬	下旬	上旬	中旬	下旬	

主要材料需要量计划 表5-7

序号	材料名称	规格	需要量		供应时间	备注
			单位	数量		

对于某分部分项工程是由多种材料组成时，应按各种材料分类计算，如混凝土工程应换算成水泥、砂、石、外加剂和水的数量列入表格。

（三）构件和半成品需要量计划

建筑结构构件、配件和其他加工半成品的需要量计划主要用于落实加工订货单位，并按照所需规格、数量、时间，组织加工、运输和确定仓库或堆场，可根据施工图和施工进度计划编制，其表格形式如表5-8所示。

构件和半成品需要量计划 表5-8

序号	构件半成品名称	规格	图号、型号	需要量		使用部位	加工单位	供应日期	备注
				单位	数量				

（四）施工机械需要量计划

施工机械需要量计划主要用于确定施工机具类型、数量、进场时间，可据此落实施工机具来源，组织进场。其编制方法为，将单位工程施工进度表中的每一个施工过程，每天所需的机械类型、数量和施工日期进行汇总，即得施工机械需要量计划。其格式如表5-9所示。

施工机械需要量计划 表5-9

序号	机械名称	类型、型号	需要量		货源	使用起止时间	备注
			单位	数量			

第四节 单位工程施工平面图的设计

单位工程施工平面图是对一个施工项目的施工现场的平面规划和空间布置图。它是根据工程规模、特点和施工现场的条件，按照一定的设计原则，来正确地解决施工期间所需的各种暂设工程和其他业务设施等同永久性工程和拟建工程之间的合理位置关系。单位工程施工平面图是进行施工现场布置的依据和实现施工现场有组织有计划进行文明施工的先决条件，因此它是施工组织设计的重要组成部分。贯彻和执行合理的施工平面布置图，会使施工现场井然有序，施工顺利进行，保证进度，提高效率和经济效果。反之，则造成不良后果。单位工程施工平面图的绘制比例一般为 1:500～1:2000。

一、单位工程施工平面图的设计内容

（1）总平面图上已建和拟建的地上地下的一切房屋、构筑物以及其他设施（道路和各种管线等）的位置和尺寸。

（2）测量放线标桩位置、地形等高线和土方取弃场地。

（3）自行式起重机开行路线、轨道布置和固定式垂直运输设备位置。

（4）各种加工厂、搅拌站、材料、加工半成品、构件、机具的仓库或堆场。

（5）生产和生活性福利设施的布置。

（6）场内道路的布置和引入的铁路、公路和航道位置。

（7）临时给排水管线、供电线路、蒸汽及压缩空气管道等布置。

（8）一切安全及防火设施的位置。

二、设计的依据

在进行施工平面图设计前，首先应认真研究施工方案，并对施工现场作深入细致地调查研究，而后应对施工平面图设计所依据的原始资料进行周密的分析，使设计与施工现场的实际情况相符，从而使其确实起到指导施工现场空间布置的作用。施工平面图所依据的资料主要有：

（一）设计和施工组织设计时所依据的有关拟建工程的当地原始资料

（1）自然条件调查资料：气象、地形、水文及工程地质资料。主要用于布置地表水和地下水的排水沟，确定易燃、易爆及有碍人体健康的设施的布置，安排冬雨期施工期间所需设备的地点。

（2）技术经济调查资料：交通运输、水源、电源、物资资源、生产和生活基地情况。它对布置水、电管线和道路等具有重要作用。

（二）设计资料

（1）建筑总平面图，图上包括一切地上、地下拟建和已建的房屋和构筑物，它是正确确定临时房屋和其他设施位置，以及修建工地运输道路和解决排水等所需的资料。

（2）一切已有和拟建的地下、地上管道位置。在设计施工平面图时，可考虑利用这些管道或需考虑提前拆除或迁移，并需注意不得在拟建的管道位置上面建临时建筑物。

（3）区域的竖向设计和土方平衡图。它们在布置水、电管线和安排土方的挖填、取土或弃土地点时非常有用。

（4）施工项目的有关施工图设计资料。

（三）施工资料

（1）单位工程施工进度计划。从中可了解各个施工阶段的情况，以便分阶段布置施工现场。

（2）施工方案。据此可确定垂直运输机械和其他施工机具的位置、数量和规划场地。

（3）各种材料、构件、半成品等需要量计划，以便确定仓库和堆场的面积、形式和位置。

三、设计的原则

（1）在保证施工顺利进行的前提下，现场布置尽量紧凑，节约用地。

（2）合理布置施工现场的运输道路及各种材料堆场、加工厂、仓库位置、各种机具的位置，尽量使得运距最短，从而减少或避免二次搬运。

（3）力争减少临时设施的数量，降低临时设施费用。

（4）临时设施的布置，尽量便利工人的生产和生活，使工人至施工区的距离最近，往返时间最少。

（5）符合环保、安全和防火要求。

根据上述基本原则并结合施工现场的具体情况，施工平面图的布置可有几种不同的方案，需进行技术经济比较，从中选出最经济、最安全、最合理的方案。方案比较的技术经济指标一般有：施工用地面积、施工场地利用率、场内运输道路总长度、各种临时管线总长度、临时房屋的面积、是否符合国家规定的技术安全和防火要求等。

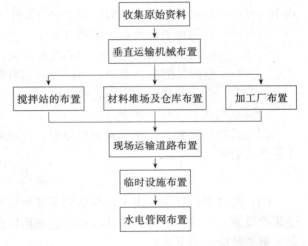

图 5-8　施工平面图设计步骤

四、设计的步骤

单位工程施工平面图设计的一般步骤如图 5-8 所示。

（一）确定垂直运输机械的布置

垂直运输机械的位置直接影响仓库、搅拌站、各种材料和构件等位置及道路和水、电线路的布置等，因此，它的布置是施工现场全局的中心环节，必须首先确定。

由于各种起重机械的性能不同，其机械的布置位置亦不相同。

1. 塔式起重机的布置

塔式起重机可分为固定式、轨行式、附着式和内爬式四种。其中轨行式可沿轨道两侧全幅作业范围进行吊装，是一种集起重、垂直提升、水平输送三种功能为一体的机械设备。一般沿建筑物长向布置，其位置尺寸取决于建筑物的平面形状、尺寸、构件重量、起重机的性能及四周的施工场地条件等。通常轨道布置方式有以下四种布置方案，如图 5-9 所示。

（1）单侧布置。当建筑物宽度较小，构件重量不大，选择起重力矩在 450kN·m 以下的塔式起重机时，可采用单侧布置方式。其优点是轨道长度较短，并有较宽敞的场地堆放构件和材料。当采用单侧布置时，其起重半径 R 应满足下式要求。

$$R \geqslant B + A \tag{5-9}$$

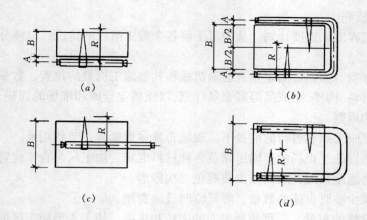

图 5-9　塔式起重机布置方案

(a)单侧布置;(b)双侧布置;(c)跨内单行布置;(d)跨内环行布置

式中　　R——塔式起重机的最大回转半径（m）;

B——建筑物平面的最大宽度（m）;

A——建筑物外墙皮至塔轨中心线的距离。一般当无阳台时，A = 安全网宽度 + 安全网外侧至轨道中心线距离;当有阳台时，A = 阳台宽度 + 安全网宽度 + 安全网外侧至轨道中心线距离。

（2）双侧布置或环形布置

当建筑物宽度较大，构件重量较重时，应采用双侧布置或环形布置，此时起重半径应满足下式要求

$$R \geqslant \frac{B}{2} + A \qquad (5\text{-}10)$$

（3）跨内单行布置。由于建筑物周围场地狭窄，不能在建筑物外侧布置轨道，或由于建筑物较宽，构件较重时，塔式起重机应采用跨内单行布置，才能满足技术要求，此时最大起重半径应满足下式:

$$R \geqslant \frac{B}{2} \qquad (5\text{-}11)$$

式中符号意义同前。

（4）跨内环行布置。当建筑物较宽，构件较重，塔式起重机跨内单行布置不能满足构件吊装要求，且塔吊不可能在跨外布置时，则选择这种布置方案。

塔式起重机的位置及尺寸确定之后，应当复核起重量、回转半径、起重高度三项工作参数是否能够满足建筑物的吊装技术要求，若复核不能满足要求，则调整上述各公式中

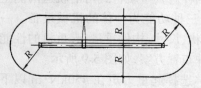

图 5-10　塔吊服务范围示意图

A 的距离。若 A 已是最小安全距离时，则必须采取其他的技术措施，最后绘制出塔式起重机服务范围。它是以塔轨两端有效端点的轨道中点为圆心，以最大回转半径为半径画出两个半圆，连接两个半圆，即为塔式起重机服务范围，如图 5-10 所示。

固定式和附着式塔式起重机不需铺设轨道，宜将其布置在需吊装材料和构件堆场一侧，从而将其布置在起重机的服务半径之内。内爬式起重

机布置在建筑物的中间，通常设置在电梯井内。

在确定塔式起重机服务范围时，最好将建筑物平面尺寸包括在塔式起重机服务范围内，以保证各种构件与材料直接运到建筑物的设计部位上，尽可能不出现死角，如果实在无法避免，则要求死角越小越好，同时在死角上应不出现吊装最重、最高的预制构件。并且在确定吊装方案时，提出具体的技术和安全措施，以保证这部分死角的构件顺利安装。有时将塔吊和

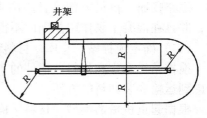

图 5-11　塔吊龙门架
配合示意图

龙门架同时使用，以解决这一问题，如图 5-11 所示，但要确保塔吊回转时不能有碰撞的可能，确保施工安全。

此外，在确定塔吊服务范围时应考虑有较宽的施工用地，以便安排构件堆放，搅拌设备出料斗能直接挂钩后起吊，主要施工道路也宜安排在塔吊服务范围内。

2．自行无轨式起重机械

自行无轨式起重机械分履带、轮胎式和汽车式三种起重机。它一般不作垂直提升运输和水平运输之用。专做构件装卸和起吊各种构件之用。适用于装配式单层工业厂房主体结构的吊装，亦可用于混合结构大梁等较重构件的吊装。其吊装的开行路线及停机位置主要取决于建筑物的平面布置、构件重量、吊装高度和吊装方法等。

3．井架、龙门架等固定式垂直运输机械

固定式垂直运输工具（井架、龙门架）的布置，主要根据机械性能，工程的平面形状和尺寸、施工段划分情况、材料来向和已有运输道路情况而定。布置的原则是，充分发挥起重机械的能力，并使地面和楼面的水平运距最小。布置时应考虑以下几个方面：

（1）当工程各部位的高度相同时，应布置在施工段的分界线附近；

（2）当工程各部位的高度不同时，应布置在高低分界线较高部位一侧；

（3）井架、龙门架的位置以布置在窗口处为宜，以避免砌墙留槎和减少井架拆除后的修补工作；

（4）井架、龙门架的数量要根据施工进度、垂直提升的构件和材料数量、台班工作效率等因素计算确定，其服务范围一般为 50～60m。

（5）卷扬机的位置不应距离起重机械太近，以便司机的视线能够看到整个升降过程。一般要求此距离大于建筑物的高度，水平距外脚手架 3m 以上。

（6）井架应立在外脚手架之外并有一定距离为宜，一般 5～6m。

4．外用施工电梯

外用施工电梯是一种安装于建筑物外部，施工期间用于运送施工人员及建筑器材的垂直运输机械。它是高层建筑施工不可缺少的关键设备之一。

在确定外用施工电梯的位置时，应考虑便利施工人员上下和物料集散。由电梯口至各施工处的平均距离应最近；便于安装附墙装置；接近电源，有良好的夜间照明。

5．混凝土泵和泵车

高层建筑施工中，混凝土的垂直运输量十分巨大，通常采用泵送方法进行。混凝土泵是在压力推动下沿管道输送混凝土的一种设备，它能一次连续完成水平运输和垂直运输，配以布料杆或布料机还可以有效地进行布料和浇筑。混凝土泵布置时宜考虑设置在场地平

整、道路畅通、供料方便、且距离浇筑地点近，便于配管，排水、供水、供电方便的地方，并且在混凝土泵作用范围内不得有高压线。

（二）确定搅拌站、仓库、材料和构件堆场以及加工厂的位置

搅拌站、仓库和材料、构件的布置应尽量靠近使用地点或在起重机服务范围以内，并考虑到运输和装卸料的方便。

根据起重机械的类型、材料、构件堆场的布置，有以下几种：

（1）当采用固定式垂直运输机械时，首层、基础和地下室所有的砖、石等材料宜沿建筑物四周布置，并距坑、槽边不小于 0.5m，以免造成槽（坑）土壁的塌方事故，二层以上的材料、构件应布置在垂直运输机械的附近。当多种材料同时布置时，对大宗的、重量大的和先期使用的材料，应尽可能靠近使用地点或起重机附近布置，而少量的、轻的和后期使用的材料，则可布置稍远一点，混凝土或砂浆搅拌站、仓库应尽量靠近垂直运输机械；

（2）当采用塔式起重机械时，材料和构件堆场以及搅拌站出料口，应布置在塔式起重机有效服务范围内；

（3）当采用自行无轨式起重机械时，材料、构件堆场、仓库及搅拌站的位置，应沿着起重机开行路线布置，且其位置应在起重臂的最大外伸长度范围内；

（4）任何情况下，搅拌机应有后台上料的场地，搅拌站所用的所有材料如水泥、砂、石、水泥罐等都应布置在搅拌机后台附近。当混凝土基础的体积较大时，混凝土搅拌站可以直接布置在基坑边缘附近，待混凝土浇筑完后再转移，以减少混凝土的运输距离；

（5）混凝土搅拌机每台需有 25m² 左右面积，冬季施工时，面积 50m² 左右，砂浆搅拌机每台 15m² 左右面积，冬季施工时 30m² 左右。

（三）现场运输道路的布置

现场主要道路应尽可能利用永久性道路，或先选好永久性道路的路基，在土建工程结束之前再铺路面。现场道路布置时应保证行驶畅通，使运输道路有回转的可能性。因此，运输路线最好围绕建筑物布置成一条环形道路，道路宽度一般不小于 3.5m，主要道路宽度不小于 6m，道路两侧一般应结合地形设排水沟，沟深不小于 0.4m，底宽不小于 0.3m，施工现场最小道路宽度如表 5-10 所示。

施工现场道路最小宽度　　　　　　　　　　　　表 5-10

序号	车辆类别及要求	道路宽度（m）	序号	车辆类别及要求	道路宽度（m）
1	汽车单行道	≥3.0	3	平板拖车单行道	≥4.0
2	汽车双行道	≥6.0	4	平板拖车双行道	≥8.0

（四）临时设施的布置

临时设施分为生产性临时设施，如木工棚、钢筋加工棚、水泵房等和非生产性临时设施，如办公室、工人休息室、开水房、食堂、厕所等。布置时应考虑使用方便、有利施工、合并搭建、符合安全的原则。

（1）生产设施（木工棚、钢筋加工棚）的位置，宜布置在建筑物四周稍远处，且应有一定的材料、成品的堆放场地；

（2）石灰仓库、淋灰池的位置应靠近搅拌站，并设在下风向；

（3）沥青堆放场及熬制锅的位置应离开易燃仓库或堆场，并宜布置在下风向；

（4）办公室应靠近施工现场，设在工地入口处，工人休息室应设在工人作业区，宿舍应布置在安全的上风侧，收发室宜布置在入口处等。

临时宿舍、文化福利、行政管理房屋面积定额参考表，如表 5-11 所示。

（五）水电管网的布置

1. 施工水网的布置

（1）施工用的临时给水管：一般由建设单位的干管或自行布置的干管接到用水地点，布置时应力求管网总长度短，管径的大小和水龙头数目需视工程规模大小通过计算确定，管道可埋置于地下，也可以铺设在地面上，视当时的气温条件和使用期限的长短而定。其布置形式有环形、枝形、混合式三种。

	临时宿舍、文化福利、行政管理房屋面积定额参考表		表 5-11
序号	行政生活福利建筑物名称	单位	面积定额（m²）
1	办公室	m²/人	3.5
2	单层宿舍（双层床）	m²/人	2.6~2.8
3	食堂兼礼堂	m²/人	0.9
4	医务室	m²/人	0.06（≥30m²）
5	浴室	m²/人	0.10
6	俱乐部	m²/人	0.10
7	门卫室	m²/人	6~8

（2）供水管网应该按防火要求布置室外消火栓，消火栓应沿道路设置，距道路应不大于 2m，距建筑物外墙不应小于 5m，也不应大于 25m，消火栓的间距不应超过 120m，工地消火栓应设有明显的标志，且周围 3m 以内不准堆放建筑材料；

（3）为了排除地面水和地下水，应及时修通永久性下水道，并结合现场地形在建筑物周围设置排泄地面水和地下水沟渠。

2. 施工供电布置

（1）为了维修方便，施工现场一般采用架空配电线路，且要求现场架空线与施工建筑物水平距离不小于 10m，线与地面距离不小于 6m，跨越建筑物或临时设施时，垂直距离不小于 2.5m；

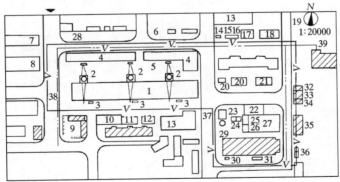

图 5-12　某大模板住宅施工平面图

1—拟建工程；2—塔式起重机；3—龙门架；4—壁板堆场；5—钢模板堆场；6—空心板堆场；7—水磨石区；8—砂石堆场；9—液化气站；10—杉槁堆场；11—管材堆场；12—木工作业棚；13—木料堆场；14—烘干炉；15—消防站；16—材料库；17—水暖加工棚；18—钢筋焊接场；19—钢筋冷拉场；20—沥青；21—装饰用料；22—石子；23、24—搅拌站；25—锅炉；26—茶炉；27—食堂；28—施工队办公室；29—砂堆；30—油库；31—维修班；32—试验室；33—油工库；34—自行车棚；35—料库；36—变压器；37—临时道路；38—临时电线；39—供水管线

（2）现场线路应尽量架设在道路的一侧，且尽量保持线路水平，以免电杆受力不均，在低压线中，电杆间距应为 25～40m，分支线及引入线均应由电杆处接出，不得由两杆之间接线；

（3）单位工程施工用电应在全工地性施工总平面图中一并考虑。一般情况下，计算出施工期间的用电总数，提供给建设单位解决，不另设变压器。只有独立的单位工程施工时，才根据计算出的现场用电量选用变压器，其位置应远离交通要道口处，布置在现场边缘高压线接入处，四周用铁丝网围住。

必须指出，建筑施工是一个复杂多变的生产过程，各种施工机械、材料、构件等随着工程的进展而逐渐进场，又随着工程的进展而不断消耗、变动，因此在整个施工过程中，工地上的实际布置情况是随时变动着的。为此，对于大型建筑工程，施工期限较长或建筑工地较为狭窄的工程，就需要按施工阶段来布置几张施工平面图，以便能把不同施工阶段内工地上的合理布置情况反映出来。

图 5-12 为单位工程施工平面图实例。

第六章 施工项目进度控制

第一节 施工项目进度控制原理

一、施工项目进度控制概述

(一) 施工项目进度控制的概念

施工项目进度控制是施工项目管理中的重点控制目标之一。它是保证施工项目按期完成，合理安排资源供应、节约工程成本的重要措施。

施工项目进度控制是指在既定的工期内，编制出最优的施工进度计划，在执行该计划的过程中，经常检查施工实际情况，并将其与计划进度相比较，若出现偏差，便分析产生的原因和对工期的影响程度，制定出必要的调整措施，修改原计划，不断地如此循环，直至工程竣工验收。

施工项目进度控制应以实现施工合同约定的交工日期为最终目标。

施工项目进度控制的总目标是确保施工项目的既定目标工期的实现，或者在保证施工质量和不因此而增加施工实际成本的条件下，适当缩短施工工期。施工项目进度控制的总目标应进行层层分解，形成实施进度控制、相互制约的目标体系。目标分解可按单项工程分解为交工分目标，按承包的专业或按施工阶段分解为完工分目标，按年、季、月计划期分解为时间分目标。

施工项目进度控制应建立以项目经理为首的进度控制体系，各子项目负责人、计划人员、调度人员、作业队长和班组长都是该体系的成员。各承担施工任务者和生产管理者都应承担进度控制目标，对进度控制负责。

(二) 施工项目进度控制方法、措施和主要任务

1. 施工项目进度控制方法

施工项目进度控制方法主要是规划、控制和协调。规划是指确定施工项目总进度控制目标和分进度控制目标，并编制其进度计划。控制是指在施工项目实施的全过程中，进行施工实际进度与施工计划进度的比较，出现偏差及时采取措施调整。协调是指疏通、优化与施工进度有关的单位、部门和工作队组之间的进度关系。

2. 施工项目进度控制的措施

施工项目进度控制采取的主要措施有组织措施、技术措施、合同措施、经济措施和信息管理措施等。

组织措施主要是指落实各层次的进度控制的人员，具体任务和工作责任；建立进度控制的组织系统；按着施工项目的结构、进展的阶段或合同结构等进行项目分解，确定其进度目标，建立控制目标体系；确定进度控制工作制度，如检查时间、方法、协调会议时间、参加人等；对影响进度的因素分析和预测。技术措施主要是采取加快施工进度的技术方法。合同措施是指对分包单位签订施工合同的合同工期与有关进度计划目标相协调。经济措施是指实现进度计划的资金保证措施。信息管理措施是指不断地收集施工实际进度的有关资料进行整理统计与计划进度比较，定期地向建设单位提供比较报告。

3. 施工项目进度控制的任务

施工项目进度控制的主要任务是编制施工总进度计划并控制其执行，按期完成整个施工项目的任务；编制单位工程施工进度计划并控制其执行，按期完成单位工程的施工任务；编制分部分项工程施工进度计划，并控制其执行，按期完成分部分项工程的施工任务；编制季度、月（旬）作业计划，并控制其执行，完成规定的目标等。

项目经理部的进度控制应按下列程序进行。

（1）根据施工合同确定的开工日期、总工期和竣工日期确定施工进度目标，明确计划开工日期、计划总工期和计划竣工日期，确定项目分期分批的开、竣工日期。

（2）编制施工进度计划，具体安排实现前述目标的工艺关系、组织关系、搭接关系、起止时间、劳动力计划、材料计划、机械计划和其他保证性计划。

（3）向监理工程师提出开工申请报告，按监理工程师开工令指定的日期开工。

（4）实施施工进度计划，在实施中加强协调和检查，如出现偏差（不必要的提前或延误）及时进行调整，并不断预测未来进度状况。

（5）项目竣工验收前抓紧收尾阶段进度控制；全部任务完成后进行进度控制总结，并编写进度控制报告。

（三）影响施工项目进度的因素

由于工程项目的施工特点，尤其是较大和复杂的施工项目，工期较长，影响进度因素较多。编制计划、执行和控制施工进度计划时，必须充分认识和估计这些因素，才能克服其影响，使施工进度尽可能按计划进行，当出现偏差时，应考虑有关影响因素，分析产生的原因。其主要影响因素有：

1. 有关单位的影响

施工项目的主要施工单位对施工进度起决定性作用，但是建设单位、设计单位、银行信贷单位、材料设备供应部门、运输部门、水、电供应部门及政府的有关主管部门等，都可能给施工的某些方面造成困难而影响施工进度。其中设计单位图纸不及时和有错误，以及有关部门对设计方案的变动是经常发生和影响最大的因素；材料和设备不能按期供应，或质量、规格不符合要求，都将使施工停顿；资金不能保证也会使施工进度中断或速度减慢等。

2. 施工条件的变化

施工中工程地质条件和水文地质条件与勘查设计的不符，如地质断层、溶洞、地下障碍物、软弱地基，以及恶劣的气候、暴雨、高温和洪水等，都对施工进度产生影响、造成临时停工或破坏。

3. 技术失误

施工单位采用技术措施不当，施工中发生技术事故；应用新技术、新材料、新结构缺乏经验，不能保证质量等都要影响施工进度。

4. 施工组织管理不利

流水施工组织不合理、施工方案不当、计划不周、管理不善、劳动力和施工机械调配不当、施工平面布置不合理、解决问题不及时等，将影响施工进度计划的执行。

5. 意外事件的出现

施工中如果出现意外的事件，如战争、内乱、拒付债务、工人罢工等政治事件；地震、洪水等严重的自然灾害；重大工程事故、试验失败、标准变化等技术事件；拖延工程款、通货膨胀、分包单位违约等经济事件都会影响施工进度计划。

二、施工项目进度控制原理

施工项目进度控制受以下原理支配：

（一）动态控制原理

施工项目进度控制是一个不断进行的动态控制，也是一个循环进行的过程。它是从项目施工开始，实际进度就出现了运动的轨迹，也就是计划进入执行的动态。实际进度按照计划进度进行时，两者相吻合；当实际进度与计划进度不一致时，便产生超前或落后的偏差。分析偏差的原因，采取相应的措施，调整原来的计划，使两者在新起点上重合，继续按其进行施工活动，并且充分发挥组织管理的作用，使实际工作按计划进行。但是在新的干扰因素作用下，又会产生新的偏差。施工进度计划的控制就是采用这种动态循环的控制方法。

（二）系统原理

1. 施工项目计划系统

为了对施工项目实际进度计划控制，首先必须编制施工项目的各种进度计划。其中有施工项目总进度计划、单位工程进度计划、分部分项工程进度计划、季度和月（旬）作业计划，这些计划组成一个施工项目进度计划系统。计划的编制对象由大到小，计划的内容从粗到细。编制时从总体计划到局部计划，逐层进行控制目标分解，以保证计划控制目标落实。执行计划时，从月（旬）作业计划开始实施，逐级按目标控制，从而达到对施工项目整体进度目标控制。

2. 施工项目进度实施组织系统

施工项目实施的全过程，各专业队伍都是按照计划规定的目标去努力完成一个个任务。施工项目经理和有关劳动调配、材料设备、采购运输等职能部门都按照施工进度规定的要求进行严格管理、落实和完成各自的任务。施工组织各级负责人，从项目经理、施工队长、班组长及其所属全体成员组成了施工项目实施的完整组织系统。

3. 施工项目进度控制组织系统

为了保证施工项目进度实施，还有一个项目进度的检查控制系统。从公司经理、项目经理，一直到作业班组都设有专门职能部门或人员负责检查、统计、整理实际施工进度的资料，并与计划进度比较分析和进行调整。当然不同层次人员负有不同进度控制职责，分工协作，形成一个纵横连接的施工项目控制组织系统。事实上有的领导可能既是计划的实施者又是计划的控制者。实施是计划控制的落实，控制是保证计划按期实施。

（三）信息反馈原理

信息反馈是施工项目进度控制的主要环节，施工的实际进度通过信息反馈给基层施工项目进度控制的工作人员，在分工的职责范围内，经过对其加工，再将信息逐级向上反馈，直到主控制室，主控制室整理统计各方面的信息，经比较分析做出决策，调整进度计划，使其符合预定工期目标。若不应用信息反馈原理，不断地进行信息反馈，则无法进行计划控制。施工项目进度控制的过程就是信息反馈的过程。

（四）弹性原理

工程项目施工的工期长、影响进度的因素多，其中有的已被人们掌握。根据统计资料和经验，可以估计出影响进度的程度和出现的可能性，并在确定进度目标时，进行实现目标的风险分析。在计划编制者具备了这些知识和实践经验之后，编制施工项目进度计划时就会留有余地，即使施工进度计划具有弹性。在进行施工项目进度控制时，便可以利用这些弹性，缩短有关工作的时间，或者改变它们之间的搭接关系，使检查之前拖延的工期，通过缩短剩余计划工期的方法，达到预期的计划目标。这就是施工项目进度控制中对弹性原理的应用。

（五）封闭循环原理

项目进度计划控制的全过程是计划、实施、检查、比较分析、确定调整措施、再计划。从编制项目施工进度计划开始，经过实施过程中的跟踪检查，收集有关实际进度的信息，比较和分析实际进度与施工计划进度之间的偏差，找出产生原因和解决办法，确定调整措施，再修改原进度计划，形成一个封闭的循环系统。

（六）网络计划技术原理

在施工项目进度的控制中，利用网络计划技术原理编制进度计划，根据收集的实际进度信息，比较和分析进度计划，又利用网络计划的工期优化，工期与成本优化和资源优化的理论调整计划。网络计划技术原理是施工项目进度控制完整的计划管理和分析计算的理论基础。

第二节　施工项目进度计划的实施与检查

一、施工项目进度计划的实施

施工项目进度计划的实施就是施工活动的进展，也就是用施工进度计划指导施工活动、落实和完成计划。施工项目进度计划逐步实施的过程就是施工项目建造的逐步完成过程。为了保证施工项目进度计划的实施、并且尽量按编制的计划时间逐步进行，保证各进度目标的实现，应做好如下工作。

（一）施工项目进度计划的审核

项目经理应进行施工进度计划的审核，其主要内容包括：

（1）进度安排是否符合施工合同确定的建设项目总目标和分目标的要求，是否符合其开、竣工日期的规定。

（2）施工进度计划中的内容是否有遗漏，分期施工是否满足分批交工的需要和配套交工的要求。

（3）施工顺序安排是否符合施工程序的要求。

（4）资源供应计划是否能保证施工进度计划的实现，供应是否均衡，分包人供应的资源是否满足进度要求。

（5）施工图设计的进度是否满足施工进度计划要求。

（6）总分包之间的进度计划是否相协调，专业分工与计划的衔接是否明确、合理。

（7）对实施进度计划的风险是否分析清楚，是否有相应的对策。

（8）各项保证进度计划实现的措施设计得是否周到、可行、有效。

（二）施工项目进度计划的贯彻

1．检查各层次的计划，形成严密的计划保证系统

施工项目的所有施工进度计划：施工总进度计划、单位工程施工进度计划、分部（项）工程施工进度计划，都是围绕一个总任务而编制的，它们之间关系是高层次计划为低层次计划提供依据，低层次计划是高层次计划的具体化。在其贯彻执行时，应当首先检查是否协调一致，计划目标是否层层分解、互相衔接，组成一个计划实施的保证体系，以施工任务书的方式下达施工队，保证施工进度计划的实施。

2．层层明确责任并利用施工任务书

施工项目经理、作业队和作业班组之间分别签订责任状，按计划目标明确规定工期、承担的经济责任、权限和利益。用施工任务书将作业任务下达到施工班组，明确具体施工任务、技术措施、质量要求等内容，使施工班组必须保证按作业计划时间完成规定的任务。

3．进行计划的交底，促进计划的全面、彻底实施

施工进度计划的实施是全体工作人员的共同行动，要使有关人员都明确各项计划的目标、任务、实施方案和措施，使管理层和作业层协调一致，将计划变成全体员工的自觉行动，在计划实施前可以根据计划的范围进行计划交底工作，以使计划得到全面、彻底的实施。

（三）施工项目进度计划的实施

1．编制月（旬）作业计划

为了实施施工进度计划，将规定的任务结合现场施工条件，如施工场地的情况、劳动力机械等资源条件和施工的实际进度，在施工开始前和过程中不断地编制本月（旬）作业计划，这是使施工计划更具体、更实际和更可行的重要环节。在月（旬）计划中要明确：本月（旬）应完成的任务；所需要的各种资源量；提高劳动生产率和节约措施等。

2．签发施工任务书

编制好月（旬）作业计划以后，将每项具体任务通过签发施工任务书的方式下达班组进一步落实、实施。施工任务书是向班组下达任务，实行责任承包、全面管理和原始记录的综合性文件。施工班组必须保证指令任务的完成。它是计划和实施的纽带。

施工任务书应由工长编制并下达。在实施过程中要作好记录，任务完成后回收，作为原始记录和业务核算资料。

施工任务书应按班组编制和下达。它包括施工任务单、限额领料单和考勤表。施工任务单包括：分项工程施工任务、工程量、劳动量、开工日期、完工日期、工艺、质量和安全要求。限额领料单是根据施工任务单编制的控制班组领用材料的依据，应具体列明材料名称、规格、型号、单位和数量、领用记录、退料记录等。考勤表可附在施工任务单背面，按班组人名排列，供考勤时填写。

3．做好施工进度记录，填好施工进度统计表

在计划任务完成的过程中，各级施工进度计划的执行者都要跟踪做好施工记录，及时记载计划中的每项工作开始日期、每日完成数量和完成日期，记录施工现场发生的各种情况、干扰因素的排除情况；跟踪做好形象进度、工程量、总产值、耗用的人工、材料和机

械台班等的数量统计与分析，为施工项目进度检查和控制分析提供反馈信息。因此，要求实事求是记载，并据以填好上报统计报表。

4．做好施工中的调度工作

施工中的调度是组织施工中各阶段、环节、专业和工种的互相配合、进度协调的指挥核心。调度工作是使施工进度计划实施顺利进行的重要手段。其主要任务是掌握计划实施情况，协调各方面关系，采取措施，排除各种矛盾，加强各薄弱环节，实现动态平衡，保证完成作业计划和实现进度目标。

调度工作内容主要有：监督作业计划的实施、调整协调各方面的进度关系；监督检查施工准备工作；督促资源供应单位按计划供应劳动力、施工机具、运输车辆、材料构配件等，并对临时出现问题采取调配措施；按施工平面图管理施工现场，结合实际情况进行必要的调整，保证文明施工；了解气候、水、电、汽的情况，采取相应的防范和保证措施；及时发现和处理施工中各种事故和意外事件；调节各薄弱环节；定期、及时地召开现场调度会议，贯彻施工项目主管人员的决策，发布调度令。

二、施工项目进度计划的检查

在施工项目的实施过程中，为了进行进度控制，进度控制人员应经常地、定期地跟踪检查施工实际进度情况，主要是收集施工项目进度材料，进行统计整理和对比分析，确定实际进度与计划进度之间的关系，其主要工作包括：

（一）跟踪检查施工实际进度

为了对施工进度计划的完成情况进行统计、进行进度分析和调整计划提供信息，应对施工进度计划依据其实施记录进行跟踪检查。

跟踪检查施工实际进度是项目施工进度控制的关键措施。其目的是收集实际施工进度的有关数据。跟踪检查的时间和收集数据的质量，直接影响控制工作的质量和效果。

一般检查的时间间隔与施工项目的类型、规模、施工条件和对进度执行要求程度有关。通常可以确定每月、半月、旬或周进行一次。若在施工中遇到天气、资源供应等不利因素的严重影响，检查的时间间隔可临时缩短，次数应频繁，甚至可以每日进行检查，或派人员驻现场督阵。检查和收集资料的方式一般采用进度报表方式或定期召开进度工作汇报会。为了保证汇报资料的准确性，进度控制的工作人员，要经常到现场察看施工项目的实际进度情况，从而保证经常地、定期地准确掌握施工项目的实际进度。

根据不同需要，进行日检查或定期检查的内容包括：

（1）检查期内实际完成和累计完成工程量；

（2）实际参加施工的人力、机械数量和生产效率；

（3）窝工人数、窝工机械台班数及其原因分析；

（4）进度偏差情况；

（5）进度管理情况；

（6）影响进度的特殊原因及分析。

（二）整理统计检查数据

收集到的施工项目实际进度数据，要进行必要的整理、按计划控制的工作项目进行统计，形成与计划进度具有可比性的数据，相同的量纲和形象进度。一般可以按实物工程量、工作量和劳动消耗量以及累计百分比整理和统计实际检查的数据，以便与相应的计划完成量相对比。

（三）对比实际进度与计划进度

将收集的资料整理和统计成具有与计划进度可比性的数据后，用施工项目实际进度与计划进度的比较方法进行比较。通常用的比较方法有：横道图比较法、S形曲线比较法、"香蕉"形曲线比较法、前锋线比较法和列表比较法等。通过比较得出实际进度与计划进度相一致、超前、拖后三种情况。

（四）施工项目进度检查结果的处理

施工项目进度检查的结果，按照检查报告制度的规定，形成进度控制报告向有关主管人员和部门汇报。

进度控制报告是把检查比较的结果，有关施工进度现状和发展趋势，提供给项目经理及各级业务职能负责人的最简单的书面形式报告。

进度控制报告是根据报告的对象不同，确定不同的编制范围和内容而分别编写的。一般分为项目概要级进度控制报告、项目管理级进度控制报告和业务管理级进度控制报告。

项目概要级的进度报告是报给项目经理、企业经理或业务部门以及建设单位或业主的。它是以整个施工项目为对象说明进度计划执行情况的报告。

项目管理级的进度报告是报给项目经理及企业业务部门的。它是以单位工程或项目分区为对象说明进度计划执行情况的报告。

业务管理级的进度报告是就某个重点部位或重点问题为对象编写的报告，供项目管理者及各业务部门为其采取应急措施而使用的。

进度报告由计划负责人或进度管理人员与其他项目管理人员协作编写。报告时间一般与进度检查时间相协调，也可按月、旬、周等间隔时间进行编写上报。

通过检查应向企业提供月度施工进度报告的内容主要包括：项目实施概况、管理概况、进度概要的总说明；项目施工进度、形象进度及简要说明；施工图纸提供进度；材料、物资、构配件供应进度；劳务记录及预测；日历计划；对建设单位、业主和施工者的工程变更指令、价格调整、索赔及工程款收支情况；进度偏差的状况和导致偏差的原因分析；解决问题的措施；计划调整意见等。

第三节　施工项目进度计划调整与施工进度控制总结

一、施工项目进度计划比较

施工项目进度计划比较分析与计划调整是施工项目进度控制的主要环节。其中施工项目进度计划比较是调整的基础。常用的比较方法有以下几种：

（一）横道图比较法

用横道图编制施工进度计划，指导施工的实施已是人们常用的、很熟悉的方法。它形象简明和直观，编制方法简单，使用方便。

横道图记录比较法，是把在项目施工中检查实际进度收集的信息，经整理后直接用横道线并列标于原计划的横道线一起，进行直观比较的方法。例如某混凝土基础工程的施工实际进度计划与计划进度比较，如表6-1所示。其中黑粗实线表示计划进度，涂黑部分则表示工程施工的实际进度。从比较中可以看出，在第8天末进行施工进度检查时，挖土方工作已经完成；支模板的工作按计划进度应当完成，而实际施工进度只完成了 83％ 的任务，已经拖后了 17％；绑扎钢筋工作已完成了 44％ 的任务，施工实际进度与计划进度一致。

某钢筋混凝土施工实际进度与计划进度比较表　　　　　　　表 6-1

工作编号	工作名称	工作时间（天）	施 工 进 度																
			1	2	3	4	5	6	7	8	9	10	11	12	13	14	15	16	17
1	挖土方	6																	
2	支模板	6																	
3	绑扎钢筋	9																	
4	浇混凝土	6																	
5	回填土	6																	

▲
检查日期

通过上述记录与比较，发现了实际施工进度与计划进度之间的偏差，为采取调整措施提供了明确的任务。这是人们施工中进行施工项目进度控制经常用的一种最简单、熟悉的方法。但是它仅适用于施工中的各项工作都是按均匀的速度进行，即是每项工作在单位时间里完成的任务量都是相等的。

完成任务量可以用实物工程量、劳动消耗量和工作量三种物理量表示。为了比较方便，一般用它们实际完成量的累计百分比与计划的应完成量的累计百分比，进行比较。

由于施工项目施工中各项工作的速度不一定相同，以及进度控制要求和提供的进度信息不同，可以采用以下几种方法：

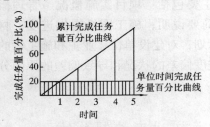

图 6-1　匀速进展工作时间与完成任务量关系曲线图

1. 匀速施工横道图比较法

匀速施工是指项目施工中，每项工作的施工进展速度都是匀速的，即在单位时间内完成的任务量都是相等的，累计完成的任务量与时间成直线变化，如图 6-1 所示；

作图比较方法的步骤为：

（1）编制横道图进度计划；

（2）在进度计划上标出检查日期；

（3）将检查收集的实际进度数据，按比例用涂黑的粗线标于计划进度线的下方，如表 6-1 所示；

（4）比较分析实际进度与计划进度。

1）涂黑的粗线右端与检查日期相重合，表明实际进度与施工计划进度相一致；

2）涂黑的粗线右端在检查日期的左侧，表明实际进度拖后；

3）涂黑的粗线右端在检查日期的右侧，表明实际进度超前。

必须指出：该方法只适用于工作从开始到完成的整个过程中，其施工速度是不变的，累计完成的任务量与时间成正比，如图 6-1 所示。若工作的施工速度是变化的，则这种方法不能进行工作的实际进度与计划进度之间的比较。

2．双比例单侧横道图比较法

匀速施工横道图比较法，只适用施工进展速度是不变的情况下施工实际进度与计划进度之间的比较。当工作在不同的单位时间里的进展速度不同时，累计完成的任务量与时间的关系不是成直线变化的，如图 6-2 所示，按匀速施工横道图比较法绘制的实际进度涂黑粗线，不能反映实际进度与计划进度完成任务量的比较情况。这种情况的进度比较可以采用双比例单侧横道图比较法。

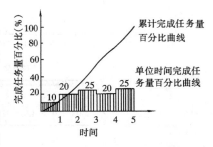

图 6-2 非匀速进展工作时间
与完成任务量关系曲线

双比例单侧横道图比较法是适用工作的进度按变速进展的情况下，工作实际进度与计划进度进行比较的一种方法。它是在表示工作实际进度的涂黑粗线同时，在表上标出某对应时刻完成任务的累计百分比，将该百分比与其同时刻计划完成任务累计百分比相比较，判断工作的实际进度与计划进度之间的关系的一种方法。其比较方法的步骤为：

（1）编制横道图进度计划；

（2）在横道线上方标出各工作主要时间的计划完成任务累计百分比；

（3）在计划横道线的下方标出工作的相应日期实际完成的任务累计百分比；

（4）用涂黑粗线标出实际进度线，并从开工日标起，同时反映出施工过程中工作的连续与间断情况；

（5）对照横道线上方计划完成累计量与同时间的下方实际完成累计量，比较出实际进度与计划进度之偏差：

1）当同一时刻上下两个累计百分比相等，表明实际进度与计划进度一致；

2）当同一时刻上面的累计百分比大于下面的累计百分比，表明该时刻实际施工进度拖后，拖后的量为二者之差。

3）当同一时刻上面的累计百分比小于下面的累计百分比，表明该时刻实际施工进度超前，超前的量为二者之差。

这种比较法，不仅适合于施工速度是变化情况下的进度比较，同时除找出检查日期进度比较情况外，还能提供某一指定时间二者比较情况的信息。当然，要求实施部门按规定的时间记录当时的完成情况。

值得指出：由于工作的施工速度是变化的，因此横道图中进度横线，不管计划的还是实际的，都是表示工作的开始时间、持续天数和完成时间，并不表示计划完成量和实际完成量，这两个量分别通过标注在横道线上方及下方的累计百分比数量表示。实际进度的涂黑粗线是从实际工程的开始日期画起，若工作实际施工间断，亦可在图中将涂黑粗线作相应的空白。

【例 6-1】　某工程的绑扎钢筋工程按施工计划安排需要 9 天完成，每天计划完成任务量百分比、每天工作的实际进度和检查日累计完成任务的百分比，如图 6-3 所示。

其比较方法的步骤为：

（1）编制横道图进度计划，如图 6-3 中的黑横道线所示。

（2）在横道线上方标出钢筋工程每天计划完成任务的累计百分比分别为 5%、10%、20%、35%、50%、65%、80%、90%、100%。

（3）在横道线的下方标出工作 1 天、2 天、3 天末和检查日期实际完成任务的百分比，

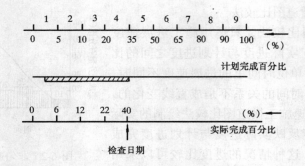

图 6-3 双比例单侧横道图比较图

分别为：6%、12%、22%、40%。

（4）用涂黑粗线标出实际进度线。从图 6-3 中看出，实际开始工作时间比计划时间晚半天，进程中连续工作。

（5）比较实际进度与计划进度的偏差。从图 6-3 中可以看出，第 1 天末实际进度比计划进度超前 1%，以后各天末分别为 2%、2% 和 5%。

综上所述可以看出：横道图记录比较法具有以下优点：记录比较方法简单，形象直观，容易掌握，应用方便，被广泛地采用于简单地进度监测工作中。但是，由于它以横道图进度计划为基础，因此，带有其不可克服的局限性，如各工作之间的逻辑关系不明显，关键工作和关键线路无法确定，一旦某些工作进度产生偏差时，难以预测其对后续工作和整个工期的影响，以及确定调整方法。

（二）S 形曲线比较法

S 形曲线比较法与横道图比较法不同，它不是在编制的横道图进度计划上进行实际进度与计划进度比较。它是以横坐标表示进度时间，纵坐标表示累计完成任务量，而绘制出一条按计划时间累计完成任务量的曲线，将施工项目的各检查时间实际完成的任务量与 S 形曲线进行实际进度与计划进度相比较的一种方法。

从整个工程项目的施工全过程而言，一般是开始和结尾阶段，单位时间投入的资源量较少，中间阶段单位时间投入的资源量较多，与其相关，单位时间完成的任务量也是呈同样变化的，如图 6-4（a）所示，而随时间进展累计完成的任务量，则应该呈 S 形变化，如图 6-4（b）所示。

1.S 形曲线绘制

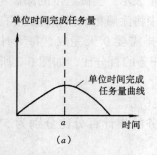

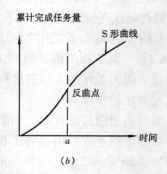

图 6-4　时间与完成任务量关系曲线

S形曲线的绘制步骤如下：

（1）确定工程进展速度曲线。在实际工程中计划进度曲线，很难找到如图6-4（a）所示的定性分析的连续曲线，但可以根据每单位时间内完成的实物工程量或投入的劳动力与费用，计算出计划单位时间的量值 q_j，则 q_j 为离散型的，如图6-5（a）所示。

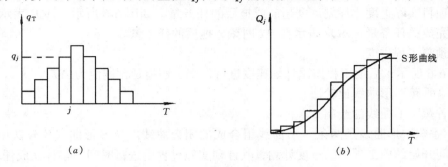

（a）   （b）

图6-5　离散型时间与完成任务量关系曲线

（2）计算规定时间 j 计划累计完成的任务量，其计算方法等于各单位时间完成的任务量累加求和，可以按下式计算：

$$Q_j = \sum_{j=1}^{j} q_j \qquad (6\text{-}1)$$

式中　　Q_j——某时间 j 计划累计完成的任务量；

　　　　q_j——单位时间 j 的计划完成的任务量；

　　　　j——某规定计划时刻。

（3）按各规定时间的 Q_j 值，绘制S形曲线如图6-5（b）所示。

2. S形曲线比较

S形曲线比较法同横道图一样，是在图上直观地进行施工项目实际进度与计划进度相比较。一般情况，计划进度控制人员在计划实施前绘制S形曲线。在项目施工过程中，按规定时间将检查的实际完成情况，绘制在与计划S形曲线同一张图上，可得出实际进度S形曲线，如图6-6所示。比较两条S形曲线可以得到如下信息：

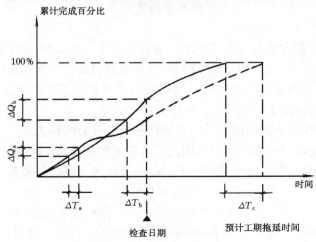

图6-6　S形曲线比较图

（1）项目实际进度与计划进度比较。当实际工程进展点落在 S 形曲线左侧，则表示此时实际进度比计划进度超前；若落在其右侧，则表示拖后；若刚好落在其上，则表示二者一致。

（2）项目实际进度比计划进度超前或拖后的时间。如图 6-6 所示：ΔT_a 表示 T_a 时刻实际进度超前的时间；ΔT_b 表示 T_b 时刻实际进度拖后的时间。

（3）项目实际进度比计划进度超前或拖后的任务量，如图 6-6 所示，ΔQ_a 表示 T_a 时刻，超前完成的任务量；ΔQ_b 表示在 T_b 时刻，拖后的任务量。

（4）预测工程进度

如图 6-6 所示，后期工程按原计划速度进行，则工期拖延预测值为 ΔT_c。

（三）"香蕉"形曲线比较法

1．"香蕉"形曲线的绘制

（1）"香蕉"形曲线是两条 S 形曲线组合成的闭合曲线。从 S 形曲线比较法中得知，按某一时间开始的施工项目的进度计划，其计划实施过程中进行时间与累计完成任务量的关系都可以用一条 S 形曲线表示。对于一个施工项目的网络计划，在理论上总是分为最早和最迟两种开始与完成时间的。因此，一般情况，任何一个施工项目的网络计划，都可以绘制出两条曲线。其一是计划以各项工作的最早开始时间安排进度而绘制的 S 形曲线，称为 ES 曲线。其二是计划以各项工作的最迟开始时间安排进度，而绘制的 S 形曲线，称 LS 曲线。两条 S 形曲线都是从计划的开始时刻开始和完成时刻结束，因此两条曲线是闭合的。一般情况，其余时刻 ES 曲线上的各点均落在 LS 曲线相应点的左侧，形成一个形如"香蕉"的曲线，故此称为"香蕉"形曲线，如图 6-7 所示。

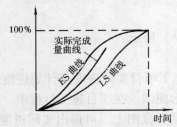

图 6-7　"香蕉"形曲线比较图

在项目的实施中进度控制的理想状况是任一时刻按实际进度描绘的点，应落在该"香蕉"形曲线的区域内。如图 6-7 中的实际进度线。

（2）"香蕉"形曲线比较法的作用

1）利用"香蕉"形曲线进行进度的合理安排；

2）进行施工实际进度与计划进度比较；

3）确定在检查状态下，后期工程的 ES 曲线和 LS 曲线的发展趋势。

2．"香蕉"形曲线的作图方法

"香蕉"曲线的作图方法与 S 形曲线的作图方法基本一致，所不同之处在于它是分别以工作的最早开始和最迟开始时间而绘制的两 S 形曲线的结合。其具体步骤如下：

（1）以施工项目的网络计划为基础，确定该施工项目的工作数目 n 和计划检查次数 m，并计算时间参数 ES_i、LS_i（$i=1$，$2\cdots n$）；

（2）确定各项工作在不同时间的计划完成任务量，分为两种情况：

1）以施工项目的最早时标网络图为准，确定各工作在各单位时间的计划完成任务量，用 $q_{i,j}^{ES}$ 表示，即第 i 项工作按最早时间开工，在第 j 时间完成的任务量（$i=1$、$2\cdots n$；$j=1$、$2\cdots m$）。

2）以施工项目的最迟时标网络图为准，确定各工作在各单位时间的计划完成任务量，用 $q_{i,j}^{ES}$ 表示，即第 i 项工作按最迟开始时间开工，在第 j 时间完成的任务量（$i=1$、$2\cdots n$；$j=1$、$2\cdots m$）。

（3）计算施工项目总任务量 Q。施工项目的总任务量可用下式计算：

$$Q = \sum_{i=1}^{n} \sum_{j=1}^{m} q_{i,j}^{\text{ES}} \qquad (6-2)$$

$$1 \leqslant i \leqslant n \qquad 1 \leqslant j \leqslant m$$

或

$$Q = \sum_{i=1}^{n} \sum_{j=1}^{m} q_{i,j}^{\text{LS}} \qquad (6-3)$$

（4）计算在 j 时刻完成的总任务量。分为两种情况：

1）按最早时标网络图计算完成的总任务量 Q_j^{ES} 为：

$$Q_j^{\text{ES}} = \sum_{i=1}^{i} \sum_{j=1}^{j} q_{i,j}^{\text{ES}} \quad 1 \leqslant i \leqslant n \quad 1 \leqslant j \leqslant m \qquad (6-4)$$

2）按最迟时标网络图计算完成的总任务量 Q_j^{LS} 为：

$$Q_j^{\text{LS}} = \sum_{i=1}^{i} \sum_{j=1}^{j} q_{i,j}^{\text{LS}} \quad 1 \leqslant i \leqslant n \quad 1 \leqslant j \leqslant m \qquad (6-5)$$

（5）计算在 j 时刻完成项目总任务量百分比分为两种情况：

1）按最早时标网络图计算在 j 时刻完成的总任务量百分比 μ_j^{ES} 为：

$$\mu_j^{\text{ES}} = \frac{Q_j^{\text{ES}}}{Q} \times 100\% \qquad (6-6)$$

2）按最迟时标网络图计算在 j 时刻完成的总任务量百分 μ_j^{LS} 为：

$$\mu_j^{\text{LS}} = \frac{Q_j^{\text{LS}}}{Q} \times 100\% \qquad (6-7)$$

（6）绘制"香蕉"形曲线，按 μ_j^{ES}，（$j = 1$，$2 \cdots m$），描绘各点，并连接各点得 ES 曲线；按 μ_j^{LS}（$j = 1$、$2 \cdots m$），描绘各点，并连接各点得 LS 曲线。由 ES 曲线和 LS 曲线组成"香蕉"形曲线。

在项目实施过程中，按同样的方法，将每次检查的各项工作实际完成的任务量，代入上述各相应公式、计算出不同时间实际完成任务量的百分比，并在"香蕉"形曲线的平面内绘出实际进度曲线，便可以进行实际进度与计划进度的比较。

3.举例说明"香蕉"形曲线的具体绘制步骤

【例 6-2】 已知某施工项目网络计划如图 6-8 所示，完成任务量以劳动量消耗数量表示。试绘制"香蕉"形曲线。

【解】（1）依据网络图确定施工项目的工作数 $n = 6$，计划检查次数 $m = 10$。计算各工作的有关时间参数见表 6-2。

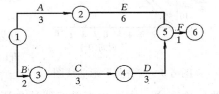

图 6-8 某施工项目网络计划图

各工作的有关时间参数 表 6-2

i	工作编号	工作名称	D_i（天）	ES_i	LS_i
1	1－2	A	3	0	0
2	1－3	B	2	0	1
3	3－4	C	3	2	3
4	4－5	D	3	5	6
5	2－5	E	6	3	3
6	5－6	F	1	9	9

（2）确定各项工作在不同计划时间内的完成任务量（由计划安排确定），见表6-3。

各项工作在不同计划时间内的完成任务量　　　　　　　　　　表 6-3

$q_{i,j}$ 　 i	$q_{i,j}^{ES}$（工日）										$q_{i,j}^{LS}$（工日）									
j	1	2	3	4	5	6	7	8	9	10	1	2	3	4	5	6	7	8	9	10
1	3	3	3								3	3	3							
2	3	3										3	3							
3			3	3	3									3	3	3				
4						2	2	1									2	2	1	
5				3	3	3	3	3	3					3	3	3	3	3	3	
6										5										5

（3）计算施工项目总任务

$$Q = \sum_{i=1}^{6} \sum_{j=1}^{10} q_{i,j}^{ES(LS)} = 52 \text{ 工日}$$

（4）j 时刻完成的总任务量，见表6-4

j 时刻完成的总任务量　　　　　　　　　　表 6-4

j	1	2	3	4	5	6	7	8	9	10	天
Q_j^{ES}	6	6	6	6	6	5	5	4	5	5	工日
Q_j^{LS}	3	6	6	6	6	5	5	5	4	5	工日
μ_j^{ES}	11	22	33	44	55	65	75	84	90	100	（%）
μ_j^{LS}	6	17	28	39	50	61	71	81	90	100	（%）

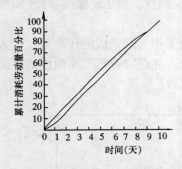

图 6-9　"香蕉"形曲线图

（5）绘制"香蕉"曲线。按表6-4中的 j、μ_j^{ES}；j、μ_j^{LS} 绘制 ES 和 LS 曲线，如图6-9所示。

（四）前锋线比较法

施工项目的进度计划用时标网络计划表达时，还可以采用实际进度前锋线法进行实际进度与计划进度比较。

前锋线比较法是从计划检查时间的坐标点出发，用点划线依次连接各项工作的实际进度点，最后到计划检查时间的坐标点为止，形成前锋线。按实际进度前锋线与工作箭线交点的位置判定施工实际进度与计划进度偏差。简言之：实际进度前锋线法是通过施工项目实际进度前锋线，判定施工实际进度与计划进度偏差的方法。见例6-3和图6-11所示。

（五）列表比较法

当采用时标网络计划时也可以采用列表分析法。即记录检查时正在进行的工作名称和已进行的天数，然后列表计算有关参数，根据原有总时差和尚有总时差，判断实际进度与计划进度的比较方法。

列表比较法步骤

（1）计算检查时正在进行的工作 $i-j$ 尚需作业时间 T_{i-j}^2 其计算公式为：

$$T_{i-j}^2 = D_{i-j} - T_{i-j}^1 \tag{6-8}$$

式中　D_{i-j}——工作 $i-j$ 的计划持续时间；

　　　T^1_{i-j}——工作 $i-j$ 检查时已经进行的时间；

（2）计算工作 $i-j$ 检查时至最迟完成时间的尚余时间 T^3_{i-j}，其计算公式为：

$$T^3_{i-j} = LF_{i-j} - T^2 \tag{6-9}$$

式中　LF_{i-j}——工作 $i-j$ 的最迟完成时间；

　　　T^2——检查时间。

（3）计算工作 $i-j$ 尚有总时差 TF^1_{i-j}，其计算公式为：

$$TF^1_{i-j} = T^3_{i-j} - T^2_{i-j} \tag{6-10}$$

式中　T^3_{i-j} 为至最迟完成时间尚余时间。

（4）填表分析工作实际进度与计划进度的偏差，可能有以下几种情况：

1）若工作尚有总时差与原有总时差相等，则说明该工作的实际进度与计划进度一致；

2）若工作尚有总时差小于原有总时差，但仍为正值，则说明该工作的实际进度比计划进度拖后，产生偏差值为二者之差，但不影响总工期；

3）若尚有总时差为负值，则说明对总工期有影响，应当调整。

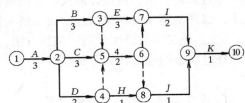

图 6-10　某施工项目网络计划图

【例 6-3】　已知网络计划如图 6-10 所示，在第 5 天检查时，发现 A 工作已完成，B 工作已进行 1 天，C 工作进行为 2 天，D 工作尚未开始。用前锋线法和列表比较法，记录和比较进度情况。

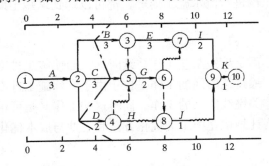

图 6-11　某施工项目进度前锋线图

【解】　（1）根据第 5 天检查情况，绘制前锋线，如图 6-11 所示。

（2）根据上述公式计算有关参数，如表 6-5 所示。

（3）根据尚有总时差的计算结果，判断工作实际进度情况，参见表 6-5 所示。

二、施工项目进度计划的调整

（一）分析进度偏差的影响

通过前述的进度比较方法，当判断出现进度偏差时，应当分析该偏差对后续工作和对总工期的影响：

网络计划检查结果分析表　　　　　　　　　　　　　表 6-5

工作代号	工作名称	检查计划时尚需作业天数	到计划最迟完成时尚有天数	原有总时差	尚有总时差	情况判断
①	②	③	④	⑤	⑥	⑦
2-3	B	2	1	0	-1	影响工期 1 天
2-5	C	1	2	1	1	正常
2-4	D	2	2	2	0	正常

1. 分析产生偏差的工作是否为关键工作

若出现偏差的工作为关键工作，则无论偏差大小，都对后续工作及总工期产生影响，必须采取相应的调整措施，若出现偏差的工作不为关键工作，需要根据偏差值与总时差和自由时差的大小关系，确定对后续工作和总工期的影响程度。

2．分析进度偏差是否大于总时差

若工作的进度偏差大于该工作的总时差，说明此偏差必将影响后续工作和总工期，必须采取相应的调整措施；若工作的进度偏差小于或等于该工作的总时差，说明此偏差对总工期无影响，但它对后续工作的影响程度，需要根据比较偏差与自由时差的情况来确定。

3．分析进度偏差是否大于自由时差

若工作的进度偏差大于该工作的自由时差，说明此偏差对后续工作产生影响。应该如何调整，应根据后续工作允许影响的程度而定；若工作的进度偏差小于或等于该工作的自由时差，则说明此偏差对后续工作无影响，因此，原进度计划可以不作调整。

经过如此分析，进度控制人员可以确认应该调整产生进度偏差的工作和调整偏差值的大小，以便确定采取调整措施，获得新的符合实际进度情况和计划目标的新进度计划。

（二）施工项目进度计划的调整方法

在对实施的进度计划分析的基础上，应确定调整原计划的方法，一般主要有以下几种：

1．改变某些工作间的逻辑关系

若检查的实际施工进度产生的偏差影响了总工期，在工作之间的逻辑关系允许改变的条件下，可改变关键线路和超过计划工期的非关键线路上的有关工作之间的逻辑关系，达到缩短工期的目的。用这种方法调整的效果是很显著的，例如可以把依次进行的有关工作改成平行的或互相搭接的，以及分成几个施工段进行流水施工的等，都可以达到缩短工期的目的。

2．缩短某些工作的持续时间

这种方法是不改变工作之间的逻辑关系，而是缩短某些工作持续时间，而使施工进度加快，并保证实现计划工期的方法。这些被压缩持续时间的工作是位于由于实际施工进度的拖延而引起总工期增长的关键线路和某些非关键线路上的工作。同时这些工作又是可压缩持续时间的工作，这种方法实际上就是网络计划优化中工期优化方法和工期与成本优化的方法，不再赘述。

3．资源供应的调整

如果资源供应发生异常，应采用资源优化方法对计划进行调整，或采取应急措施，使其对工期影响最小。

4．增减施工内容

增减施工内容应做到不打乱原计划的逻辑关系，只对局部逻辑关系进行调整。在增减施工内容以后，应重新计算时间参数，分析对原网络计划的影响。当对工期有影响时，应采取调整措施，保证计划工期不变。

5．增减工程量

增减工程量主要是指改变施工方案、施工方法，从而导致工程量的增加或减少。

6．起止时间的改变

起止时间的改变应在相应工作时差范围内进行。每次调整必须重新计算时间参数，观察该项调整对整个施工计划的影响。调整时可在下列方法中进行：

（1）将工作在其最早开始时间与其最迟完成时间范围内移动；

（2）延长工作的持续时间；

（3）缩短工作的持续时间。

（三）施工进度控制总结

项目经理部应在施工进度计划完成后，及时进行施工进度控制总结，为进度控制提供反馈信息。总结时应依据以下资料：

（1）施工进度计划；

（2）施工进度计划执行的实际记录；

（3）施工进度计划检查结果；

（4）施工进度计划的调整资料。

施工进度控制总结应包括：

（1）合同工期目标和计划工期目标完成情况；

（2）施工进度控制经验；

（3）施工进度控制中存在的问题；

（4）科学的施工进度计划方法的应用情况；

（5）施工进度控制的改进意见。